U0331587

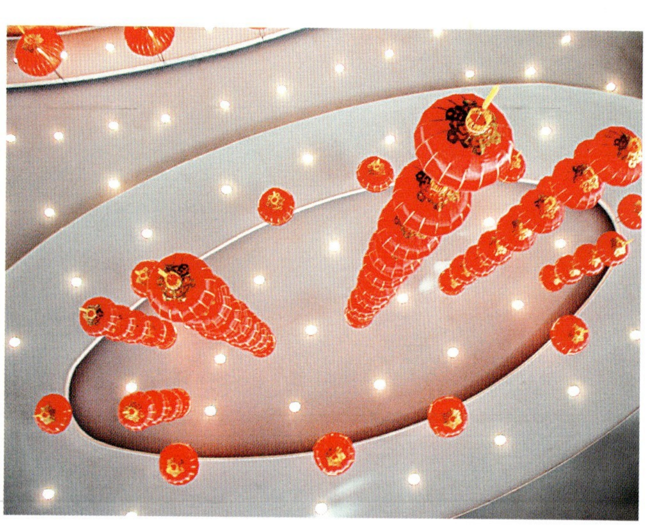

Hinduism
ON SALE

RRY CHRISTMAS

Cassa - Shop
WC
TRUCK CLUB
PIOTTA

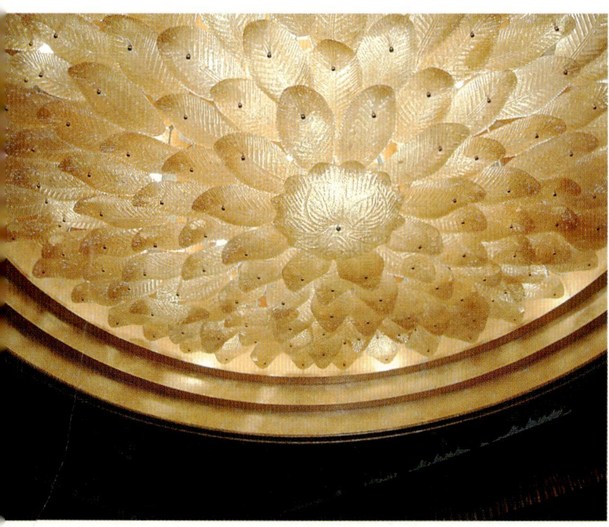

40

RedBull
红牛
巨星堡台球俱乐部
STAR CASTLE CLUB
RILEY
球王桌球台

室内设计细部图集

——顶棚　照明

王　萧　江运崇　主编
王　萧　魏　伟　摄影

中国建筑工业出版社

图书在版编目（CIP）数据

室内设计细部图集——顶棚 照明/王萧，江运崇主编.
北京：中国建筑工业出版社，2007
ISBN 978-7-112-09570-4

Ⅰ. 室… Ⅱ. ①王…②江… Ⅲ. ①室内设计：细部设计-图集②顶棚-室内装饰-室内设计：细部设计-图集③照明-室内装饰-室内设计：细部设计-图集
Ⅳ. TU238-64

中国版本图书馆 CIP 数据核字（2007）第 127302 号

责任编辑：杨 军
责任设计：崔兰萍
责任校对：安 东 王 爽

室内设计细部图集
——顶棚 照明

王 萧 江运崇 主编
王 萧 魏 伟 摄影

*

中国建筑工业出版社出版、发行（北京西郊百万庄）
各地新华书店、建筑书店经销
北京华艺排版公司排版
北京中科印刷有限公司印刷
*
开本：880×1230 毫米 横 1/16 插页：8 印张：13¼ 字数：406 千字
2007 年 11 月第一版 2007 年 11 月第一次印刷
印数：1—2500 册 定价：**68.00** 元
ISBN 978-7-112-09570-4
（16234）

主编：王　萧　江运崇

摄影：王　萧　魏　伟

参编：张　毅　魏　伟　王耀君　顾香君　邵　波　杨晶莹

编者的话

随着国民经济的飞速发展、社会文明程度的不断进步，以及人们物质生活水平的日益提高，建筑空间环境、室内设计在中国越来越受到广泛重视和关注。

从高标准的公共建筑到与人们生活息息相关的居住空间，建筑空间环境质量高低已成为社会文明进步的重要标志。社会需要一大批建筑室内设计的专业人才，同时也希望有更多的人能了解、认识建筑室内设计这样一个既历史悠久又方兴未艾的专业。

本图册在编集时，注重理论联系实际，注重专业贴近生活。既有一定的专业理论知识和标准规范，又收集了大量的实践资料和实际图例。在图册编排上，按照建筑室内空间构成的基本要素进行分类，即：门窗、墙面；顶棚、照明；楼梯、地面；家具、陈设。在各个基本要素中有从设计原理的基本知识到材料构造的基本知识进行介绍，并通过一些工程实例和经典案例来生动地再现。

在本书编写过程中得到了法国 PA 建筑师事务所、上海都林建筑设计有限公司高级建筑师、一级注册建筑师王帆叶总经理，一级注册建筑师曹文先生，一级注册建筑师、规划师萧烨先生的悉心指导，以及各级同仁的关心、支持，参编的人员还有张毅，魏伟，王耀君，顾香君，邵波，杨晶莹，在此深表感谢。

由于时间仓促，内容涉及广泛，书中疏漏偏差之处在所难免，敬请专家同仁和读者提出指正，以待今后再版时能更趋完善，更好地为读者服务。

编者

2007 年 7 月 30 日

目　　录

第一篇
设计原理

一、顶棚

（一）顶棚设计的历史、风格流派

1．古典装饰

（1）中国传统风格

中国古代建筑在形态上最显著的特征就是建筑所特有的大屋顶。中国建筑采用的是木结构体系，大致可分为叠梁式、穿斗式和井干式3种。由于是用木料来构成屋顶部分，房屋体形也显得大些，房屋面积越大，屋顶也越高大。硕大的屋顶，经过曲面处理，也变得轻盈，再加上一些装饰，使大屋顶富有了情趣，其装饰成分通常是出于结构上的需要，而不仅仅是形式上的美观。

这种建筑形态，在中国古代各时期的建筑上，无论是宫殿、陵墓、寺庙还是住宅、民房都是如此。这种在古建筑屋身的最上部分，在柱子上梁枋与屋顶的构架部分之间，可以看到有一层用小块木料拼合而成的构件，并均匀地分布在梁枋上，支挑着伸出屋檐，这种构件被称之为斗栱，是中国古代木结构建筑上所特有的。

斗栱是一种受力构件，古代工匠用弓形的短木来制成。斗栱出现得很早，公元前5世纪战国时期的铜器上就有斗栱的形象。山西五台山佛光寺大殿是我国现存最大的唐代木建筑，大殿内斗栱很大，一组在柱子上的斗栱有4层栱木相叠，层层挑出，使大殿的屋檐伸出墙体达4m之远，整座斗栱高度达到2m，充分显示了斗栱在结构上的重要作用，如图1－1－1所示。

为了便于制造和施工，斗栱的式样越来越趋于统一，组成斗栱的栱、斗等构件的尺寸因而也被规范化了。宋朝颁布的《营造法式》是一部关于房屋建造形制的法规，在这部法规中，正式规定将栱的断面尺寸定为“材”，这个“材”就成为一幢房屋从宽度、深度、立柱高低、梁枋粗细到一切房屋构件的基本单位。“材”本身又分为8等级，尺寸从大到小，各有定制，根据不同建筑的性质、规模来相应选用。这种制度一直沿用到清朝，只在斗栱构件名称上有所不同。在明、清两朝有关建筑的法规中，还出现了哪一级朝官的用房上允许或者不允许用斗栱的明文规定，在营造中将有斗栱的房屋称为大式做法，将没有斗栱的房屋称为小式和杂式做法，斗栱已成为区分建筑等级高低的一种标志。斗栱分件如图1－1－2所示。

宫殿、坛庙、陵墓是古代帝王所建造的最隆重、最宏大、最高级的建筑物，而北京故宫建筑集中体现了中国古代建筑在空间、造型、尺度、色彩、装饰等方面的特点。

中国古建筑的装饰几乎都是与建筑本身的构件相结合的，是对构件进行了美的加工而形成为装饰。在木构架体系中，屋顶中的梁、枋、檩、椽等主要构件几乎都是明露的，这些构件在对原木的加工过程中都进行了美化，横梁加工成中间向上微微起拱，整体成为富有弹性曲线的月梁，如图1－1－3所示。屋檐下支撑出檐的斜木多加工成各种兽形、几何形的撑栱和牛腿，如图1－1－4所示。

在中国古建筑的装饰内容里，龙占了很大的比重。尤其在北京故宫（紫禁城），体现得更为显著，在大殿的井字天花上布满着坐龙，屋檐下彩画里则有行龙、升龙和降龙。可以称得上是龙的世界，如图1－1－5所示。

在中国古代封建社会里，色彩、彩画有严格等级规定。色彩以黄为最尊，其下依次为：赤、绿、青、蓝、黑、灰。宫殿用金、黄、赤色调，民舍只能用黑、灰、白为墙面及屋顶颜色。紫禁城宁寿花园中的倦勤斋，檐下梁枋是青绿色调为主的彩画，它们和大红的柱子、门窗形成了强烈的对比，如图1－1－6所示。

彩画是指在建筑物的外部木构件上涂刷油漆而形成的彩绘装饰。彩画题材以龙凤为最贵，其次是锦绸几何纹样；花卉、风景，只可用于次要庭院建筑。彩画等级，还可以用金的多少来区分；清代的等级秩序是：和玺（合细）、金琢墨石碾玉、烟琢墨石碾玉、金线大点金、墨线大点金、墨线小点金、鸦伍墨等。此外，雄黄玉、苏式包袱彩画用于园林居住的次要建筑。彩画的主要类型有“和玺彩画”、“旋子彩画”与“苏式彩画”，如图1－1－7所示。

在我国历史上曾出现过多种宗教，比较著名和具有影响的是佛教、道教和伊斯兰教。其中又以佛教历史最为悠久，也留下了丰富的建筑和艺术遗产。佛教石窟是早期佛教建筑的一种形式。位于甘肃省河西走廊西端的敦煌石窟历史悠久，是中国规模最大、持续时间最长的古代石窟。从窟中塑像、画像及顶棚装饰仍可以看到西域艺术的影响，如图1－1－8所示。

占主要地位的佛教建筑仍是大量的佛教寺庙。洛阳“白马寺”是中国第一座佛寺建筑，随着佛教的发展，佛寺的内容日益增多，规模也日趋庞大。院落式成为早期佛寺建筑的格局。佛像越雕越大，使寺庙的中心大殿出现了高大楼阁式的新形式佛殿。如天津蓟县独乐寺的观音阁，外观是1座2层楼阁，而内部空间却是3层，中央有1个贯通3层的共享空间，供奉着一尊高达16m的11面观音像，使佛徒可以从3层不同的高度敬仰观音。中央顶棚也形成了攒尖式木构架穹顶，如图1－1－9所示。

伊斯兰教传入中国是在唐朝永徽二年（公元651年）。清真寺成为伊斯兰教礼拜寺在中国的通称。伊斯兰教的建筑装饰也随之传入中国，而新疆地区的清真寺则是表现这种装饰艺术最集中和最明显的地区。这种装饰在天花中也有其鲜明的特色。

礼拜寺的室内天花面积较大，在大多数的礼拜寺里，只对其中的藻井部分进行重点装饰。其位置多位于中心部位，或者礼拜寺入口的上方。做法是在顶棚上用木条围成方或长方形藻井，在藻井内又用支条木分隔成高低不同的几个层面，在这些层面上布满彩色图案。在四周围喜用小幅画面排列成行，每一幅画面中画着不同内容的风景、植物、花卉，比较写实。在藻井其他部分多用方、长方、套方、多角等形状做出分格，然后在每一格内都绘制植物、花卉、阿拉伯文字和各种几何形花饰，色彩多样而华丽，在总体色调上比门脸与外墙装饰显得更为深厚。除藻井外，其余天花部分多只在平行的顶棚楞木上略做花饰点缀，如艾提卡尔礼拜殿的外殿的大片天花，只在中央内殿大门的上方与南、北两侧各有一处藻井，其余皆为白色，保持着整座大殿色调的清畅。只有几块五彩缤纷的藻井，象征着美丽的天国世界，如图1－1－10所示。在较小的礼拜寺内，也有将整个天花装饰得很华丽的。

（2）西洋传统风格

古希腊早期文化——爱琴文化，它的中心先后在克里特岛和巴尔干半岛上的迈西尼。迈西尼最宏伟的纪念性建筑是被称为“蜂窝冢”的圆形建筑。这些陵墓主要用来安葬国王或者王亲。这些建筑中有的蜂窝冢窟窿被装饰得富丽堂皇，如图1－1－11所示。

古希腊留给世界的最具体而直接的建筑遗产是柱式。

古希腊人除了建造神庙之外，在希腊化时期，则大规模掀起了陵墓建筑的高潮。尤其是在小亚细亚，这些墓室通常在平面和设计上模仿神庙。哈利卡那苏斯陵墓就是这样的墓室建筑，它也是世界古代七大奇迹之一，如图1－1－12所示。

古罗马建筑是世界建筑史最光辉的一页。券拱技术是罗马建筑最大特色与成就。始建于公元118－128年的万神庙，是一座结构简单，形体单纯的单一空间庙宇。建筑室内在穹顶起拱线以下只有2条，而非3条分层线。穹顶的顶部是一个对天空开敞的小圆窗。它是建筑内部唯一的采光源。穹顶分为5层。每层有28个藻井。这些方格越向上接近小圆窗就越小，给人以穹顶更加高深的错觉。这样的形制也减轻了穹顶的重量，如图1－1－13所示。

古罗马建筑类型很多，按作用可分为两类：一类是为奴隶主最腐朽、最野蛮的生活服务的，如剧场、角斗场、公共浴场等；另一类是为军事帝国的侵略服务的，如中心广场，凯旋门、纪功柱、庙宇等。凯旋门是为了炫耀侵略战争的胜利，其代表作品如罗马城里的赛维鲁斯凯旋门，它有相当高水平的装饰性雕塑。门洞上的每个筒形拱都有精心装饰边的花饰藻井，如图1－1－14所示。

公元4世纪，罗马帝国的西部已经逐渐衰落，公元395年罗马帝国分裂为东西两个。东罗马建都于君士坦丁堡，后来得名为拜占庭帝国。4～6世纪，是拜占庭建筑最繁荣时期。其主要成就是创造了把穹顶支承在4个或者更多的独立支柱上的结构方法（帆拱技术）和相应的集中式建筑形制。这种形制主要在教堂建筑中发展成熟。最光辉的代表作品是首都君士坦丁堡的圣索非亚大教堂。其第一个成就就是它的结构体系。教堂正中是直径32.6m，高15m的穹顶，有40个肋架，通过帆拱架在4个7.6m宽的墩子上。第二个成就就是它的既集中统一又曲折多变的内部空间。平面深68.6m，宽32.6m，穹顶中心高55m，穹顶底脚每两个肋之间都有窗子，一共40个，他们是内部空间的唯一光源，如图1－1－15所示。

10世纪后，建筑也进入了新的阶段。尤其突出地表现在教堂建筑中。法国的封建制度在西欧最典型。其中世纪的建筑史也是最典型的，10～12世纪以教堂为代表的西欧建筑得名为“罗马风”建筑，这些教堂像古罗马人那样用砖石的拱券来建造，因此得名，又被称为罗曼式，意思是追摹罗马的，如图1－1－16所示。

罗马风建筑的进一步发展，就是12～15世纪西欧主要以法国的主教堂为代表的哥特式建筑。当时人们为独立自治和反封建领主而斗争，这些教堂成了市民思想文化的象征。尖券、肋拱和飞扶壁都是哥特式建筑中的必要元素，它们在罗马式建筑中已有所运用，只是没有一并使用，如图 1-1-17 所示。直到 12 世纪中期，在法国建筑中才得以融合运用。随着哥特式建筑的发展，这些元素特点越来越得到淋漓尽致的体现。到了 14 世纪，英国的哥特式教堂内部渐渐爱好装饰。拱顶上的骨架券编织成复杂的图案。代表作品有英国林肯主教堂，如图 1-1-18 所示。

14 世纪以意大利为中心的思想文化领域里的反封建、反宗教神学的运动，被称之为“文艺复兴”运动。意大利文艺复兴建筑的历史，是从佛罗伦萨主教堂的穹顶开始的。它的设计和建造过程，技术成就和艺术特色，都体现着新时代的进取精神。主教堂的穹顶是世界上最伟大的穹顶之一，它的结构和构造的精致远远超过了古罗马和拜占庭的建筑，结构规模也远远超过了中世纪的建筑，它的结构技术成就是空前的，如图 1-1-19 所示。

意大利文艺复兴最伟大的纪念碑是罗马教廷的圣彼得大教堂。它集中了 16 世纪意大利建筑、结构和施工的最高成就。教堂几经修改，最后于 1590 年建成。大穹顶直径达 41.9m，内部顶点高 123.4m，几乎是万神庙的 3 倍，如图 1-1-20 所示。

到了 17 世纪意大利的建筑现象十分复杂。在罗马掀起了一个新的建筑高潮，大量兴建了中小新型教堂、城市广场和花园别墅。新时期建筑主要特征是：炫耀财富、追求新奇、趋于自然、充满刚劲而又生机勃勃。拌随着文艺复兴运动的结束，是两股建筑新潮流的兴起即巴洛克和古典主义。“巴洛克”的原意是畸形的珍珠。罗马城里早期教堂形式新异。首先，节奏不规则地跳跃，如爱用双柱；其次，突出垂直划分，用的是叠柱式；第三，追求强烈体积和光影变化；第四，有意制造反常出奇的新形式。到了 17 世纪中叶以后，大量建造小型的教区小教堂，最具代表的是波洛米尼设计的罗马四喷泉圣卡罗教堂。其内部空间是椭圆形的，不大，但有深深的装饰着圆柱的壁龛和凹间，使空间不断变化难以捉摸。椭圆形穹顶的表面上密布几何形格子，天光从中央洒下，仿佛透明。格子越往上越小，夸张了高度，如图 1-1-21 所示。体现了意大利巴洛克风格的建筑进入了盛期。

18 世纪初，就像意大利在文艺复兴之后出现了巴洛克一样，法国在古典主义之后出现了洛可可。洛可可风格主要表现在室内装饰上，它反对古典主义的严肃和理性、巴洛克的放诞和强悍，而追求温雅细腻，软软的，轻轻的，细细的，千娇百媚，有点儿机巧的情趣，充满了女性化的色彩。室内装饰的母题主要是纤秀繁复的卷草，往往覆满了墙面和天花，如图 1-1-22 所示。多用镶板、镜子，凹圆线脚和柔软的涡卷、色彩艳丽的小幅绘画和薄浮雕。漆多用白色，后期又多用木材本色，打蜡。室内追求优雅、别致、轻松的格调。

18 世纪中期至 19 世纪中期，在工业革命的推动下欧洲各国的建筑事业十分活跃，建筑潮流是古典复兴，谋求几近失落的纯粹高贵的建筑风格的回归。繁琐的装饰物已经从古典主义风格建筑上消失了，这一时期被称之为“新古典主义”时期。

在英国，新古典主义风格不算是一种原创风格，但也不单单是对旧有风格的新诠释。形式上的创新已经被建筑构件、建筑整体、以及不同元素的排列顺序方面的创新所替代。从古典风格中总结出现的语汇，在新一轮的诠释下，产生了不同的建筑。在别墅设计中大会客室顶棚被吊高，顶棚设计中几何图形成了关键的细节，如图 1-1-23 所示。

2. 现代风格

（1）新建筑运动

在资本主义初期，由于工业大生产的发展，促使建筑科学有了很大的进步，新的建筑材料，结构技术，设备、施工工艺的出现，为近代建筑发展开辟了广阔的前景。

铁和玻璃的配合；为了采光的需要，这两种建材在 19 世纪建筑中获得了新的成就。1843 年～1850 年在巴黎建造的圣热内维埃夫图书馆是法国建筑师拉布鲁斯特的代表作之一。这是法国第一座完整的图书馆建筑，铁结构、石结构与玻璃材料在这幢建筑中得到有机的配合，如图 1-1-24 所示。

19 世纪后半叶，工业博览会给建筑的创造性提供了最好的条件与机会。1851 年在英国伦敦海德公园建造的伦敦“水晶宫”展览馆，开辟了建筑形式的新纪元。设计人帕克斯顿（Joseph Paxton）采用了装配花房的办法来完成这个玻璃铁架结构的庞大外壳。建筑长 563m（1851 英尺），象征 1851 年，宽度 124.4m（408 英尺），共有 5 跨，以 8 英尺为单位。外形为长方体，并有一个垂直的拱顶，各面只显出铁架和玻璃，没有任何多余装饰，完全表现了工业生产的机械本能。“水晶宫”的出现，曾轰动一时，成为当时建筑工程的奇迹。整个建筑于 1936 年毁于大火，如图 1-1-25 所示。

在欧洲真正改变建筑形式信号的出现是 19 世纪 80 年代开始于比利时布鲁塞尔的新艺术运动。创始人之一凡·德·费尔德原是画家，在 19 世纪 80 年代致力于建筑，他倡导结构和形式之间的新关系。新艺术运动的装饰主题是模仿自然界生长繁盛的草木形状的曲线，室内墙、家具、栏杆等的装饰无不如此。其建筑特征主要表现在室内，外形一般比较简洁。典型的例子如霍尔塔在 1893 年设计的布鲁塞尔都灵路 12 号住宅以及 1898 年设计的霍塔住宅，如图 1-1-26 所示。

19世纪70年代，在美国兴起了芝加哥学派，它是现代建筑在美国的奠基者。芝加哥学派在工程技术上的重要贡献是创造了高层金属框架结构和箱形基础。在建筑造型上趋向简洁与创造独特风格，其创始人是工程师詹尼。芝加哥学派的代表作品是荷拉伯特与罗许设计的马葵特大厦，这是19世纪90年代芝加哥典型的高层办公大楼。

赖特是美国著名的现代建筑大师。他的“草原住宅”在20世纪初期成为一种新流派。其特点是：平面成十字形；室内空间既分隔又联系；建筑外形充分反映内部空间；建材充分体现其本来面目。代表作之一罗伯茨住宅（1907年），西塔里埃森建筑，也集中体现了赖特的设计思想，如图1－1－27所示。

大工业生产，为建筑技术发展创造了条件，新材料、新结构在建筑中得到了广泛的试验机会。钢和钢筋混凝土对现代建筑发展有极重要的影响。

在德国，19世纪末的工业水平居于欧洲第一位。“德意志制造联盟”便是一个体现。在建筑中的代表作透平机车间（1909年），车间屋顶是由三铰拱构成，避免了柱子，为开敞的大空间创造了条件，如图1－1－28所示。

（2）现代主义

第一次世界大战结束后，格罗皮乌斯、勒·柯布西耶和密斯·凡·德·罗这些新一代年轻建筑师立即站到了建筑革新运动的最前列。他们的共同特点是：重视建筑功能；注意发挥新材料新结构的性能特点；讲求经济性；强调建筑形式与内容（功能）的统一；认为建筑空间是主角；反对外加装饰。这些建筑观被称为“功能主义”或“理性主义”，后来又被称为“现代主义”。

包豪斯校舍，哈佛大学研究生中心、萨伏依别墅、以及二战后的马赛公寓，朗香教堂、巴塞罗那博览会德国馆、伊利诺伊工学院建筑馆、西格拉姆大厦、西塔里埃森、古根海姆博物馆，都是现代主义建筑在这一历史时期的具有影响力的代表作品，如图1－1－29所示。

第二次世界大战后建筑设计思潮的主要特点是：“现代建筑”设计原则的普及，建筑形式呈多元化，美国成为设计思想发展的主要策源地之一。

“现代建筑”流派形成了以格罗皮乌斯、勒·柯布西耶和密斯·凡·德·罗等代表的欧洲的“现代建筑”，和以赖特为代表的美国“有机建筑”。虽然他们的设计原则与做法不完全相同，但却有着共同的特点：①要创时代之新（新功能、新技术、新形式）；②在理论上承认建筑具有艺术与技术的双重性；③认为建筑空间是建筑的实质；④提倡建筑表里如一；⑤反对外加装饰，提倡美应当和适用以及建造手段结合。

二战后的思潮概括地可分为3个阶段：

第一阶段是20世纪40年代末至50年代下半叶，其特点如上所述。

第二阶段是20世纪50年代末至60年代末的多元化时期，也是第一代建筑师开始受到第二代与第三代后起之秀挑战的时期。有人把这个时期称为“粗野主义”和“典雅主义”平分秋色的时代。前者的代表人物是勒·柯布西耶和英国年轻建筑师史密森夫妇。代表作有勒·柯布西耶设计的马赛公寓，以及路易斯·康设计的耶鲁大学艺术展厅等钢筋混凝土的顶棚。“典雅主义”也被称为“新古典主义”或“新复古主义”，它可以美国的第二代建筑师约翰逊，斯东和雅马萨奇（山崎实）等为代表。代表作有雅马萨奇设计的纽约世贸中心等。

第三阶段是20世纪60年代末至80年代初，形式各异和各有千秋的“现代建筑”仍占主导地位。除上述流派外还有注重“高度工业技术”的倾向，讲究“人情化”与地方性倾向，以及讲究“个性”与“象征”的倾向。如：贝聿铭在1978年设计的华盛顿特区国家艺术展览馆东馆是一座以三角形为元素组成的“个性化”建筑的代表。中庭的玻璃顶棚富有特色，如图1－1－30所示。

（二）顶棚的功能设计

1．限定设计

顶棚作为空间的顶界面也称之为天花。顶棚能反映空间的形状及相互之间的关系。空间的形状、范围以及各部分空间之间关系也能通过顶棚的处理使这些关系明确起来。从而分清主从，突出重点、中心和方向性或连续性等多种目的，如图1－2－1、1－2－2所示。

2．照明设计

在室内设计中，照明不仅是为满足人们视觉功能的需要，也是一个重要的美学因素。光可以形成空间、改变空间或者破坏空间，它直接影响到对空间的大小、形状、质地和色彩的感知。顶棚作为室内空间照明灯具布置及设计的主要界面，必须根据空间使用功能对照度的要求来进行照明设计，如图1－2－3所示。

3．声学处理

声学处理是指剧院、影视厅、报告厅等对声音有特殊要求的视听空间以及办公、商业等公共空间对音响或声音有特殊要求时对顶棚所作的声学处理。在材料上常选用纸面石膏板、矿棉板、金属板以及玻璃纤维板等，来改善空间的声音效果，也可通过一些构造处理来满足声学要求，从而实现空间的使用功能，如图1－2－4所示。

4．防火设计

防火设计是指建筑空间内部对防火分区、安全口设置、疏散距离以及选用装修材料等方面的规定。其中装饰装修材料的燃烧性能划分为A、B_1、B_2、B_3四级，在一些娱乐空间中室内装修的顶棚材料一般应采用A级，具体可参见《建筑内部装修设计防火规范》（GB 50222—95）和民用建筑装饰装修设计防火的强制性条文及有关规定，如图1－2－5所示。

（三）顶棚造型

顶棚按外观形式一般可分为：平滑式、井格式、分层式、浮云式、玻璃顶棚和结构顶棚。

1. 平滑式顶棚造型平整光滑，指顶棚标高基本相同或没有明显高低变化的顶棚造型，如图1－3－2所示。

2. 井格式顶棚造型成井字形分格，如中国传统的井字形天花或由建筑结构形成的井格式楼盖，如图1－3－1（*b*）所示。

3. 分层式顶棚造型有台阶式的高低层次，高低变化明显，顶棚有高低层次之分，如图1－3－1（*d*）、1－3－3所示。

4. 浮云式顶棚又称悬挂式顶棚，是指运用织物等柔性材料采用悬挂等方式来形成柔和的顶棚造型，如图1－3－4所示。

5. 玻璃顶棚又称采光顶棚，是指运用各种安全玻璃来设计、制作的顶棚造型，如中庭空间的自然采光天棚以及室内空间中用玻璃来进行装修的顶棚造型，如图1－3－5～1－3－7所示。

6. 结构顶棚指把原有建筑结构体系作为室内空间的顶棚造型，而不添加其他任何多余的装饰材料和造型，如图1－3－1（*a*）、（*c*）、1－3－8～1－3－10所示。

二、照明

（一）照明设计的要求

照明设计是一门综合性的学科，需要兼顾光学、电学、建筑学、美学、生理学、心理学、卫生学等方面的科学知识和技术，才能达到满意的效果。

照明设计与房屋和家具变化趋势类似，追随的是大多数人的喜好。由于当前的室内装饰是以场所开放、居室休闲、功能多样、环境协调、线条流畅为特征，因此，照明设计也要与之同步。

照明设计包括下列内容：

首先要按国家标准确定各室内空间的照度，明确进行基本功能照明和装饰照明的思路，然后确定照明方式和照明种类、选择光源、灯具及布置方式；最后还要对照度、照度均匀度、亮度分布、眩光、阴影、显色性等照明质量指标进行检验。

1. 基本功能照明

（1）散射照明：属于环境照明，以散射光为主，可选择向各方向均匀照射的光源和灯具，一般固定布置在空间四周，有一定的照度，光线分布均匀，能够照亮工作面、环境以至地面，以便眼睛舒适地分辨物体，保证有效的视觉功能。但如果光线分布过于均匀，也会使被照物体造型平淡无奇，环境单调乏味，如图2－1－1所示。

（2）局部照明：用光线投射，起到突出重点的作用。例如，对需要突出的艺术品、标识等，可以安装1～3盏射灯，1盏射在被照物品的中部，另2盏交叉斜射。但照明光线的指向性也不宜太强，以免阴影浓重，造型生硬，如图2－1－2所示。

2. 装饰照明

在现代的室内设计中，室内装饰的美，有很大一部分是依靠光线来表达的，从这个意义上来说，光线是室内装饰的灵魂。巧妙地运用灯光可以获得各种各样不同的艺术效果，如区分空间，增加层次，突出主体，营造氛围等。

装饰照明不但可以表现空间状态，还可以突出空间艺术个性。因而其欣赏价值更大。例如，利用光导纤维制成的艺术灯具，是一种“光艺术品”，会给人以梦幻般的感受。装饰照明有很强的个性，能以灯具特有的魅力为空间增加亮点，常常反映个人的爱好和性格特点。不变的光环境是缺乏生气的，装饰照明的变化反映了人们审美观和生活方式的变化，如图2－1－3所示。

装饰灯具会经常更换，因此它的美学观类似日常用品和服饰，具有流行性和变换性。由于它的构成简单，更利于创新和突破。因此，与基本功能照明具有相对稳定性不同，装饰照明常会改变和更新，用来配合室内环境与风格的变化，让生活在其中的人们有更为良好的感受。

（二）照明方式与种类

照明方式：照明器按其安装部位或使用功能而构成的基本形式称为照明方式。按照建设部《建筑照明设计标准》（GB 50034—2004），按照度分布分类，有下列4种照明方式：

1. 一般照明：也称整体照明，是为照亮整个场所而设置的均匀照明，如图2－2－1所示。

一般照明又可分为以下5种形式，如图2－2－2所示。

（1）直接照明：这是传统的一般照明，由于对裸露的光源不加处理，眼睛常常会受到直接眩光的危害。

（2）间接照明：将光源遮蔽而产生间接照明。把光线射向顶棚、墙面或其他表面，再从这些表面反射至室内，使得光线比较柔和，没有眩光，当间接照明紧靠顶棚时，还可以造成顶棚升高的错觉。但单独使用间接照明，会使室内平淡无趣。另外，光源使用多，用电也较多。

（3）半间接照明：半间接照明将60%～90%的光射向顶棚或墙面，而将10%～40%的光直接照于工作面。具有漫射的半间接照明灯具，对阅读和学习较有利。这种照明还可用于居室的空间分割。

（4）半直接照明：在半直接照明灯具装置中，有60%～90%光向下直射到工作面上，而其余10%～40%光向上照射。

（5）均匀漫射照明：利用光源透射或光线反射装置进行照明的方法。透射装置有织物，薄纸，细纱等，透射的光线比较柔和，给人细腻的感觉；光线反射运用时将光源隐藏在装修构造中，反射装置可以通过“行列矩阵，对称韵律”等艺术手段进行布置排列，给人以美的享受，如图2－2－3所示。

2. 分区一般照明：对某一特定区域，如进行工作的地点，设计成不同的照度来照亮该区域的一般照明。同一场所内的不同区域有不同照度要求时应采用分区一般照明，如图2－2－4所示。

3. 局部照明：特定视觉工作用的、为照亮某个局部而设置的照明。局部照明的目的是增加某一指定地点比如书桌工作面、绘画作品、雕塑等。局部照明可以采用台灯、轨道射灯、吸顶式射灯，吸顶灯等，如图2－2－5（*a*）所示。

4. 混合照明：由一般照明与局部照明组成的照明。对于部分作业面照度要求较高，只采用一般照明不合理的场所，宜采用混合照明。混合照明中的一般照明应按混合照明总照度的5%～10%选取，且最低不低于20lx，如图2－2－5（*b*）所示。

正确的投光方向有助于我们进行相应的视觉活动。譬如在阅读及书写时，光线宜来自后方（最好是左后方），以提高阅读效率；而在观察立体的东西时，光线宜来自左侧或右侧，以突出材料的立体感。

根据工作性质与工作地点的分布正确选择照明方式，使其既有助于提高照明效果，又有利于降低照明投资与日常的电费支出。

（三）室内光环境设计

室内光环境设计的过程如下：

构思→确定原则→基本设计→照度设计计算→色彩搭配→配电→绘制照明施工图

- 构思

充分考虑使用人的要求，深入了解建筑室内空间，针对各场所的视觉工作要求以及室内环境情况确定设计照度，使得在该室内进行的各项工作和活动能够舒适自如地进行，并且能够持久而无不舒适感。

- 确定原则

根据建筑室内空间风格确定照明理念。选择照明方式和布置灯具的方案，使室内照明场所形成理想的光照环境。光的照射要利于表现室内结构的轮廓、空间、层次以及室内家具的主体形象。首先确定一般照明方案，取得一定的照度，能够满足一定的活动要求；然后针对局部不同的功能要求，选择各种照度和灯具形式的局部照明。

- 基本设计

一般照明设计和局部照明设计，包括照明方式、光源、灯具及其分布。

- 照度设计计算

由于照度手工计算比较复杂，常通过照明软件进行。在确定各类灯具数量后，绘制施工图纸。

- 色彩搭配

室内设计方案通过空间与灯光设计之后，还应考虑色彩搭配的设计。色彩在整体的空间设计语言中占据较高的效果比例，它运用得成功与否直接关系到前期设计工作的成立与最终的体现。例如，如果室内装饰色调以红、黄等暖色调为主，则应选择色温较低的光源（如白炽灯），配合一定形式的花灯，产生迷离的散射光线，增加温暖华丽的气氛。在确定光色和照射强度时，还应能够正确显示织物材料表面、壁画、室内色彩和地毯图案等。

- 配电

计算各支线和支干线的电流，选定导线型号和截面、电线保护管的管径和材料。必要时进行电压损失校核。选择开关、保护电器和计量装置的规格和型号。

- 绘制照明施工图

照明施工图是施工的语言和根据。如果在施工中有所变更，应及时落实在图上，以便最后装修完毕绘制电气竣工图。便于以后使用功能再次改变时参考。

1. 形式一光源的选择

照明设计时可按下列条件选择光源：

（1）高度较低房间，如办公室、教室、会议室及仪表、电子产品等生产车间宜采用细管径的直管荧光灯如T5灯等；

（2）商店营业厅宜采用细管径的直管荧光灯、紧凑型荧光灯或小功率的金属卤化物灯；

（3）高度较高的工业厂房，应按照生产使用要求，采用金属卤化物灯或高压钠灯；

（4）一般照明场所不宜采用荧光高压汞灯，不应采用自镇流荧光高压汞灯；

（5）一般情况下，室内外照明不应采用普通照明用白炽灯，但在下列工作场所可采用额定功率不超过100W的白炽灯：

1）要求瞬时启动和连续调光的场所，使用其他光源技术经济不合理时；

2）对防止电磁干扰要求严格的场所；

3）开关灯频繁的场所；

4）照度要求不高，且照明时间较短的场所；

5）对装饰有特殊要求的场所。

（6）应急照明应选用能快速点燃的光源。

应根据识别颜色要求和场所特点，选用相应显色指数的光源。

2. 公共类室内空间

公共类室内空间有商店、图书馆、办公室、影剧院、旅馆、医院、学校、博物馆和体育建筑等。

（1）商业空间的照明设计

构成商业环境室内空间的3个基本要素是商品、消费者和装饰，其室内空间照明设计要突出人对室内环境的要求、符合消费者的行为心理。

商业照明就其功能来分类可以分为一般照明、重点照明和装饰照明。而就其商业的部位或地点来分，又可分为内部空间一般照明、重点商品或商业品牌的局部照明、橱窗照明、货架照明、通道照明等。

一般照明通常是指水平面和垂直面上较全面的照明，是使商店内各部位达到基本亮度的照明，由于空间尺度给人的直感形态是第一性的，人们喜欢有规则、有序列的几何形体和照明灯具排列，所以可以采用比较均匀的灯具布置。重点照明是为了增强顾客对某些区域或商品的吸引力而采取的局部照明，其目的是以最佳形式展示所售的商品，创造良好的购物环境，其亮度根据具体空间和需要而定。商店的整体照明虽然可使人觉得豁亮宽敞，但是当商店内各处都以同样的亮度展露在顾客面前的时候，却会显得平淡，如图2-3-1所示。

分区一般照明或局部照明容易让顾客区分出不同的商品领域。空间不同区域之间微妙的明暗变化是容易吸引顾客的。局部照明还能营造出商店内一个个趣味中心，而把平庸的角落隐藏在昏暗中。如图2-3-2所示。

重点照明用于商业橱窗、货架、部分重要商品以及商店的出入口。橱窗的照明环境是丰富多变的，它随着商品的种类、品牌、陈列方式及空间构成不同而异。为了突出橱窗内的某些物品，可以配置聚光灯或装饰照明灯具，以取得特别的光感、质感和色彩的表现效果。橱窗内照明应注意选择能自由变更照明方向的灯具，以适应橱窗陈列商品不断变更的需要。光源的组合宜按空间构成进行设计，采用不同照射方向的灯具来布置，如顶光、背光、耳光、面光和脚光等，使其整体表现富有层次感，给人留下美好、持久的印象，如图2-3-3所示。

商品质感的表现常常会引起顾客的兴趣，要求在照明设计时将商品的材质和表面处理特性与光源的特性紧密地结合起来考虑。方向性强的点光源如白炽灯、金卤灯等，落到物体表面上增加光亮与阴暗面的光亮对比度，可以很好地表现物体受光面的光泽，当用于照射金属或陶瓷制品时，常常能产生高光强，给人以闪耀醒目的感受。荧光灯等所产生的线光源或面光源则比较柔和，落到物体表面上产生的阴影较弱，给人以实在、稳重的感觉，一般适宜于织物衣饰之类商品的照明。在珠宝首饰或金属器皿等需要表现商品质感的地方，可采用定向照明。要把灯设在柜台前沿，以免灯的反射而妨碍看清楚商品，如图2-3-4所示。

与一般照明相比，柜台照度为2~3倍，陈列架照度为一般照明度的2~3.5倍，橱窗照度为1.5~2.5倍，重点商品的照度为3~5倍。陈列架照明是商业中用得较多的一种。其照明设计的垂直照度为整个商业环境一般照明的1.5~2倍，只有通过光照达到一定要求时，才可产生特殊的商业效果。在配置光源方面切忌将光源直射到顾客的眼睛高度，产生刺眼的感觉。

重点照明的另一个重要方面就是商店入口的照明。店门、商店标志等是吸引顾客的重要环节，其照明设计要表现出商业建筑的艺术性，同时反映出商业性质及其特点。适当加大光照度，加大动感式照明光源与商店标志、店名、图案等有机的结合，能起到画龙点睛的作用，如图2-3-5所示。

（2）办公空间、教学空间的照明设计

办公场所照明：现代办公空间是由多种视觉作业所组成的工作环境。阅读、书写、操作计算机等办公设备，都需要照度足够、舒适的、无眩光的照明条件。按照我国《建筑照明设计标准》，办公建筑照度值应300~500lx之间。办公室照明常使用荧光灯，通常采用色温在3500K~4000K左右的白光灯管，因为明亮的白色光会使人有明亮感，视觉开阔，容易集中精力。

限制直射眩光，一般可从光源的亮度、背景亮度与灯具安装位置等因素加以考虑，如一般照明宜设计在工作区的两侧，尽量避免将灯具布置在工作位置的正前方。限制反射眩光的方法，一是尽量使工作者避开照明光源同眼睛形成的镜面反射区，二是使用发光表面积大的灯具或使用在视觉方向反射光通较小的特殊配光灯具，如图2－3－6所示。

学校照明：教学环境不但要有足够的照度，还需要提供尽可能舒适的视觉环境。一般教室的照度在300lx，特殊教室的照度应为500lx，室内亮度分布要合理；要精心选择灯具，设法减少直接眩光和反射眩光。

学校照明使用的光源主要是荧光灯与白炽灯，荧光灯多用于一般照明，例如对教室、阅览室、办公室，可选用T5或T8直管荧光灯；白炽灯多用于局部照明，在照度与显色性要求较高的场所可选用金卤灯，如图2－3－7所示。

推广使用照明系统的智能化控制，能有效节约能源，提高学校管理水平。使用率很高的多功能教室或阶梯教室是学校重要的教学场所，推荐采用智能照明控制系统。精心设计多种灯光场景，采用预设置控制面板，通过对各照明回路进行调光控制，这样在不同的使用场合如迎宾、讲课、课间、投影、讨论、考试、清洁等都能有适合的灯光效果。而当需要改变灯光场景时，只需简单地按一下按键。多功能教室的灯光控制系统还可以和投影仪设备相连，当需要播放投影时，教室的灯能自动的缓慢调暗；关掉投影仪，灯又会自动、柔和地调节到合适的亮度。

图书馆照明：图书馆是在固定的时间内运行的室内学习场所，对阅览室和学习室的照明，可通过可编程开关、窗口照度感应器等进行智能化控制。图书陈列室除基本照明外，还可对图书分类区进行分段人体动态感应照明控制，如图2－3－8所示。

（3）视听空间照明设计

舞台灯光应具有的4个基本要素是：视觉、写实、审美和表现。舞台上4个可控制的灯光属性变化是：亮度、色彩、分布和移动。运用灯光的这些属性可达到以下4个目的：清晰度、组合、形状显示和气氛。

舞台灯光设计要充分考虑到活动面积范围，一般说来，舞台宽约15m，深约11m，灯光设计要满足大面积布光要求，避免出现灯光盲区。

通过调整灯光角度和颜色，可以改变人的视觉效果，因此，舞台灯光设计要提供足够充分的灯光语汇，向演员和观众表达情感寓意，在观众的心中产生灯光无声胜有声的舞台效果，给观众一种美上加美的艺术享受。

光色是舞台美术表现空间造型的基础，光色不仅可以强调人物的表演、事件的时间、季节等环境气氛，而且光色的明暗还能加强虚实的表现，有助于情绪感染，引起人们的联想。舞台还通过明暗手段来表现环境和突出人物，构思剧中各种明暗，强弱的变化，能起到配合剧情，烘托表演的作用。

聚光灯是舞台照明使用最多的灯具，根据投出光线形成的边缘形状，聚光灯又大致可分为柔光聚光灯、平凸聚光灯和轮廓聚光灯3种，聚光灯与换色器配合还可改变光色，通过色彩变化能衬托剧情，达到多姿多彩的效果。远射程聚光灯适用于大型演出场所及体育馆的照明，通过特殊的发射结构，聚光性能极为强烈，适用于面光、顶光、侧光等。

观众厅灯光设计通过调整灯光明暗的变化，能起到配合不同时间的功能要求，以满足观众进出与观看演出的需要，如图2－3－9所示。

歌厅照明要注重光线的可调性，照明设备应尽可能采用顶棚灯或内藏式壁灯。灯光要柔和，不宜过强、不能耀眼，以突出歌厅的气氛。在室外、通道等处使用形态各异的壁灯，也有一定的装饰作用，壁灯以使用白炽灯为宜，如图2－3－10所示。

（4）展览空间照明设计

博物馆是各种文物、自然标本和艺术品的收藏、保护、研究、展示和宣传的机构。一方面为妥善地保护好展品，必须尽可能地使之免受光学辐射的损害；另一方面，为了给观众创造良好的视觉环境，又需要提高展品的照度。因此要处理好这对矛盾，达到既有利于观赏、又有利于保护的目的。

观众进入博物馆内，是从明亮的室外进入到照度只有50～300lx的相对较暗的展室，如果中间没有一个过渡区域，就不能满足视觉适应的要求，导致无法看清展品。过渡区域的照度应由大到小，这样让观众进入照度较小的展室后，仍然能看清展品。

墙面陈列照明可采用定向性照明，把光线集中到挂在墙上的画面，有利于观众注意力的集中，而墙壁和画面的反射光，就能满足观众在展室内顺利通行，如果在“无光源反射映像区”内布置光源，不但能避免反射眩光，还能使有画框的绘画等展品不产生阴影。所谓“无光源反射映像区”，可以展出绘画为例：画面下沿一般离地0.8m～1.0m，画的中心一般离地1.5m，观众离墙的位置一般为画面对角线长度的1.0～1.5倍距离处，观众的眼睛距地面的高度平均为1.5m。在上面这些参数的基础上，首先在画面的下沿A作一条与墙面成20°夹角的直线AH，其次作观众眼睛E与画面上沿D的连线，根据反射定律，作其反射线为DE的入射线FD，最后在D点作与FD成10°角的直线DG，则H与G之间的区域即为“无光源反射映像区”，如图2－3－11（*c*）所示。

立体展品陈列照明：对于立体展品如石膏雕像来说，可以用大面积顶棚面的扩散光作一般照明，在雕像的一侧上方40°～60°的位置，以定向型聚光灯作重点照明，并使重点照明的照度为一般照明的2～5倍；对于青铜像或其他暗色的雕像，重点照明的照度为一般照明的5～10

倍，如图2－3－11（a）所示。

展柜陈列照明：展柜中的照度要比周围环境高5～10倍，为了不使展柜中的照度过大，也可设法压低顶棚和周围环境的照度，或使展柜的正面玻璃向前倾斜，或采用无反射的玻璃等。根据光源、观众和展品的位置关系布置光源，尽量避免柜内外光源对观众的眩光，如图2－3－11（b）、2－3－12所示。

商业会展：指产品展会、服务展示推荐等展示活动，如图1－2－3，如图2－3－12所示。

（5）交通空间的照明设计

高大的旅客候车室、候船室、候机室等交通空间场所，应采用效率高、显色性较好的高光强气体放电灯。灯具要与建筑物相协调并且安装维修方便。有些大型候车室常安装上万套各类照明灯具，这时应考虑安装智能照明控制系统，以应对不同时间的照明需求，如图1－3－8所示。

检票处、售票工作台、售票柜、结帐交班台、海关检验处和票据存放室（库）宜增设局部照明。

（6）餐饮空间的照明设计

餐厅、酒吧、咖啡厅等场所是餐饮空间的代表。对于各种功能不同的场所，照明效果在整个环境中起到十分关键的作用，因此照明设计显得尤为重要。餐厅照度设计高一些会增加热烈气氛；餐厅内的前景照明可在100lx左右，桌面照度要在300～750lx之间。多功能厅的照明应采用多种照明组合设计的方式，同时采用调光装置，以满足不同功能和使用上的需要。灯光控制应在厅内和灯光控制室两地操作，如图1－3－2所示。

酒吧、咖啡厅等场所宜采用低照度水平并可调光，以营造一种幽雅、亲切的气氛。局部照明可采用在餐台正上方、向下直接照射的悬挂式灯具，也可设烛台、台灯等局部低照度照明，如图2－3－13所示。但入口及收款台处的照度要高，达到满足功能上的需要。酒吧间照明强度要适中，酒吧后面的工作区和陈列部分要求有较高的局部照明，以吸引人们的注意力并便于操作（照度在0～320lx），酒吧台下可设光槽对周围地面照亮，给人以安定感，室内环境要暗，这样可以利用照明形成趣味以创造不同个性。照明可用在餐桌上或装饰上，只有清洁工作时才需要较高的照明。

餐饮空间在灯具选配上通常会使用多种光源，气派而且富有层次，通过调光和场景预设置功能营造多种灯光效果，给人以舒适完美的视觉享受，如图2－3－14所示。

3．居住类室内空间

居住类室内空间有客厅、书房、卧室、厨房、卫生间、门厅等，由于它们的功能不同，所需要的光源也不同，要根据不同的室内部位和功能选择不同的照明灯具。

（1）客厅灯具的配置

客厅是一家人活动的中心，也是聚会、娱乐、会客的重要场所，要求照明具有灵活性，如图2－2－5（b）所示。

在会客时，开启较多灯具，可以便于人们相互之间交流；听音乐时，可采用低照度的间接光，营造一种艺术氛围；看电视时，沙发后面开启一些较弱的照明，可保护视力；阅读时可以在右上方偏后处开启照明，这样能够避免纸面反光影响阅读；写字台上的光线最好从左上方位置射入（高度在工作面上方约30～40cm），在保证一定照度的同时避免手和笔的阴影遮住照在写字部位的光线，如图2－3－15所示。室内的挂画、盆景、雕塑等可用投射灯加以照明，书橱和摆设可采用有轨投射灯，如图2－3－16所示。对一些高档收藏品，采用半透明的面板来陪衬，里面装上小灯，会取得特殊的效果。

可见，客厅在照明设计上应当有主光源和多个副光源。主光源一般指吊灯、吸顶灯，起主要照明的作用，可以在客厅安装组合吊灯，这种灯外观豪华照度可改变，所以受到人们的喜爱；玻璃刻花吊灯由几组灯饰构成，外形华丽庄重，并可分别组织光源，极富时代感。但如果楼房层高在2.8m以下，不宜安装吊灯，安装吸顶灯或高度较小的组合灯具比较适合。对于有一定高度，面积较大的客厅，可以将四周吊顶设计成各种形状，吊顶内装上射灯和内嵌筒灯，在客厅中央装上吸顶灯，不会让人有客厅低矮的感觉。如图2－2－5（b）所示。

副光源一般指壁灯、台灯、落地灯、射灯等，起辅助照明作用。壁灯一般安装在门厅或客厅入口处，能起导向的作用。随着艺术灯具的广泛应用，有些壁灯起着装饰墙角、壁画的作用。而落地灯随意性较好，一般设置在会客区，照度要求高一些。落地灯的灯罩是室内装饰的重要因素，颜色尽量与沙发等大件家具相配套。会客用的茶几台灯，照度可以较小，最好用桶形半透明的灯罩，使光源均匀地从灯罩上洒向会客区，造成气氛温馨的会客环境。如图2－2－5（b）所示。

（2）卧室

卧室是人们休息和放松的场所，私密性较强，在灯具选择上力求气氛和谐，色彩淡雅，光线柔和，卧室要避免耀眼的光线和眼花缭乱的灯具造型。

卧室一般照明常采用吸顶灯，以满足整理床铺、穿衣戴帽等的要求，如果安装有调光器的灯具或多种灯具，能根据需要分开关控制就更好了，如图2-3-17所示。

卧室的局部照明，一是床头阅读照明，二是梳妆照明。在床头设落地灯或壁灯作局部照明，可满足睡前阅读的需要。化妆时，灯光要均匀照射，不要从正前方照射脸部，最好两侧也有辅助灯光，防止化妆不均匀。穿衣时，要求光源从衣镜和人的前方上部照射，避免产生逆光，如图2-3-19（*b*）所示。在目前一部分卧室兼作书房的情况下，更应有针对性地进行局部照明，如书柜照明和短时阅读照明，如图2-3-18所示。

对于儿童卧室，主要应注意用电安全问题，电源插座不要设在小孩能摸着的地方以免触电危险，较大的孩子的书桌上，可以增设一个照明点。睡眠灯光要较成人亮些，以免孩子睡觉时害怕或晚上起床时摸黑。老年人生活平静，卧室的灯饰应外观简洁，光亮充足，以表现出平和清静的意境，满足老人的心理要求。

（3）餐厅、厨房

餐厅是人们用餐的地方，设置一般照明，使整个房间有一定的照度，显示出清洁感；桌面和座位的局部照明，有助于创造出亲切的气氛；餐厅照明应能够起到激发人的食欲的作用。

为了兼顾用餐人数的变化，在餐厅可设置调光器。国外的餐厅为了追求安静，常使灯光暗淡，而我国在烹饪艺术方面，讲究色香味俱全，因此要求灯光稍亮些，照度可在150lx左右。

餐厅局部照明可采用悬挂式灯具，以突出餐桌效果为目的，宜选用在餐桌的正上方、向下直接照射的灯具，桌上照度可在150~300lx之间。光源宜采用容量在60W以上的白炽灯，若房间有吊顶，也可采用嵌入式灯具配以色温较低的稀土节能荧光灯，起到引人注目，增进食欲的效果。为防止照在人身上造成阴影，灯光应限制在餐桌范围内，如图2-3-19（*a*）所示。人的面部可通过壁灯或其它补充光源照明。餐厅也可能有其他用途，因此需有多个电源插座，以供台灯、落地灯等使用。

厨房是用来烹调和洗涤餐具的地方。面积一般较小，多数采用顶棚上的一般照明，可选择造型大方，功率在25~40W之间的吸顶灯或吊灯，不必过分追求外形和色彩，灯具要安全、明亮、易于清洗和维修，灯具材料应选用不易氧化和生锈的。在切菜、配菜部位可设置辅助照明，厨房在操作台上方可能设有柜子，可以在这些柜子下面设置局部照明，有利于操作，如图2-3-20所示。

（4）卫生间

卫生间应采用柔和的灯具，能显示环境的卫生和洁净，常在顶棚设置装有乳白灯罩的防潮顶灯，因卫生间内照明开关频繁，所以选用白炽灯作光源较适宜。在洗脸架上通常装一支荧光灯，如需要有化妆功能，可在两侧增设两个小壁灯，如图2-3-21、图2-3-22所示。灯具应具有防潮和不易生锈的功能。有窗的卫生间采用壁灯时要避免人在窗上映出影像。另外在卫生间门外设一个脚灯，方便夜间使用。对于面积较大的卫生间，在灯具的选择和配置上，可以讲究一些，能起到美化环境的作用。

（5）其他位置照明

门厅一般设置低照度的灯；走廊的穿衣镜和衣帽挂附近可设置能调节亮度的灯具，如图2-3-23所示。楼梯照明要明亮，避免危险。为防范而设有监视器时，其功能宜与单元内通道照明灯和警铃联动。阳台是室内和室外的结合部，是家居生活接近大自然的场所。在夜间灯光又是营造气氛的高手，可以安装吊灯、地灯、草坪灯、壁灯，甚至可以用活动的旧式煤油灯或蜡烛台，只要注意灯的防水功能就可以了。

4. 应急照明（安全指示照明）

应急照明是因正常照明的电源失效而启用的照明，供人员疏散、继续工作或保障安全之用。应急照明包括疏散照明、备用照明和安全照明。其中疏散照明属于消防照明设施。

（1）疏散照明

在正常电源发生故障时，为使人员能容易而准确无误地找到建筑物出口而设的应急照明，如图2-3-24所示。

（2）备用照明

在正常照明电源发生故障时，为确保正常活动继续进行而设的应急照明。通常为在断电后不进行及时操作或处置可能造成爆炸、火灾及中毒等事故的场所；造成较大社会影响或严重经济损失的场所；照明熄灭将妨碍消防救援工作进行的场所；重要的地下建筑；照明熄灭将造成现金、贵重物品被窃的场所设置。

（3）安全照明

在正常电源发生故障时，为确保处于潜在危险中人员的安全而设的应急照明部分。

安全照明的照度值不低于该场所一般照明照度值的5%；疏散通道的疏散照明的照度值不低于0.5lx。

（4）新光源的应用

应急照明灯源应推广使用节能新光源，例如，采用场致发光器件这种国际流行的高科技冷光源产品。场致发光灯不发热，它由电能直接转化为光能，转换效率高、功率低、寿命长，应急时间长达2h以上。加上其光线穿透烟雾能力强等特点，是消防部门推荐的安全设施之一。

常用的应急灯如图2-3-25~2-3-27所示。

山西五台山唐代佛光寺大殿是我国迄今为止留存下来最早木建筑之一，大殿屋身上的斗栱很大，一组在柱子上的斗栱，有4层栱木相叠，层层挑出，使大殿的屋檐伸出墙体达4m之远，整座斗栱的高度也达2m，几乎是柱身高度的一半，充分显示了斗栱在结构上的重要作用。

图1-1-1　佛光寺大殿斗栱图

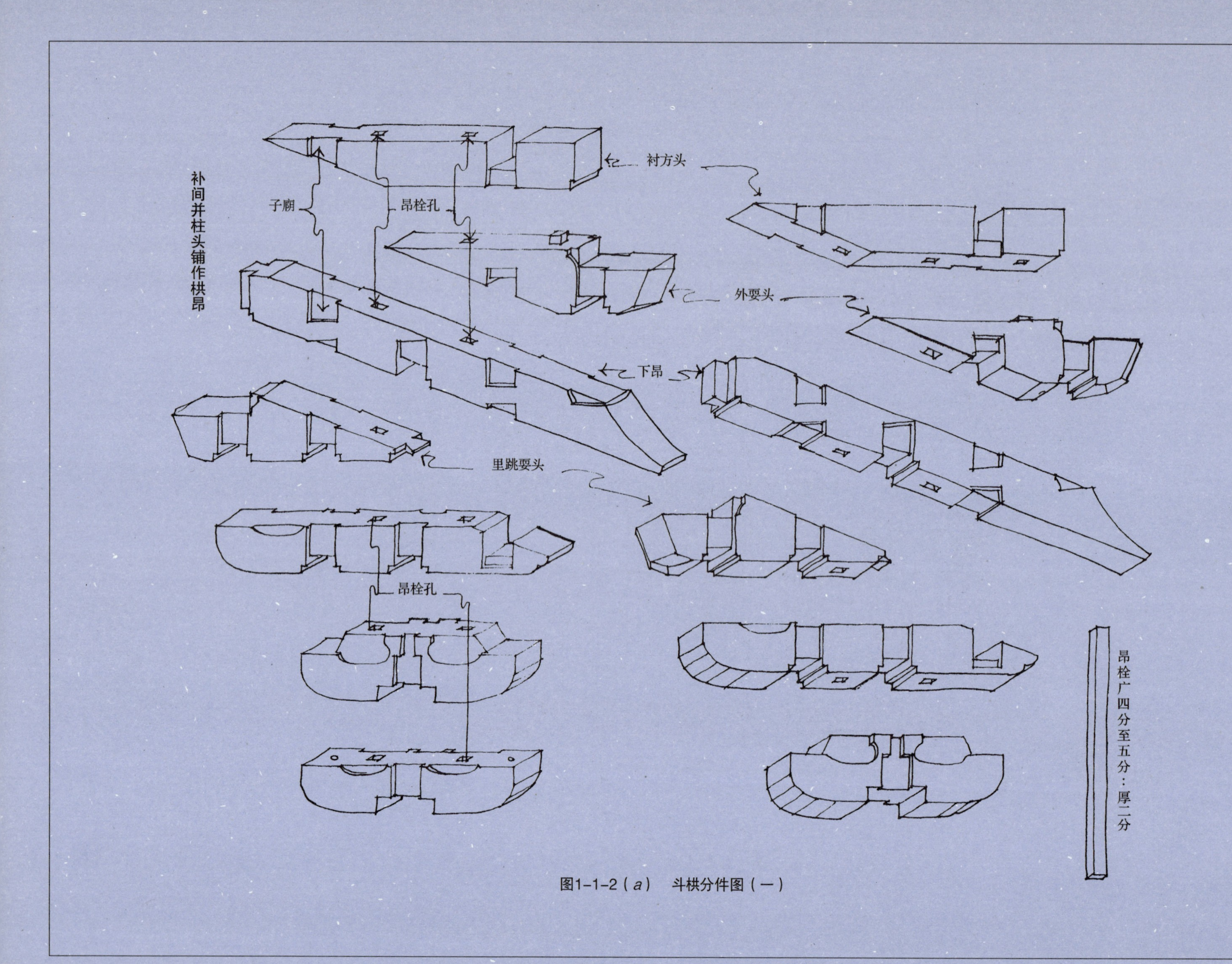

图1-1-2（a） 斗栱分件图（一）

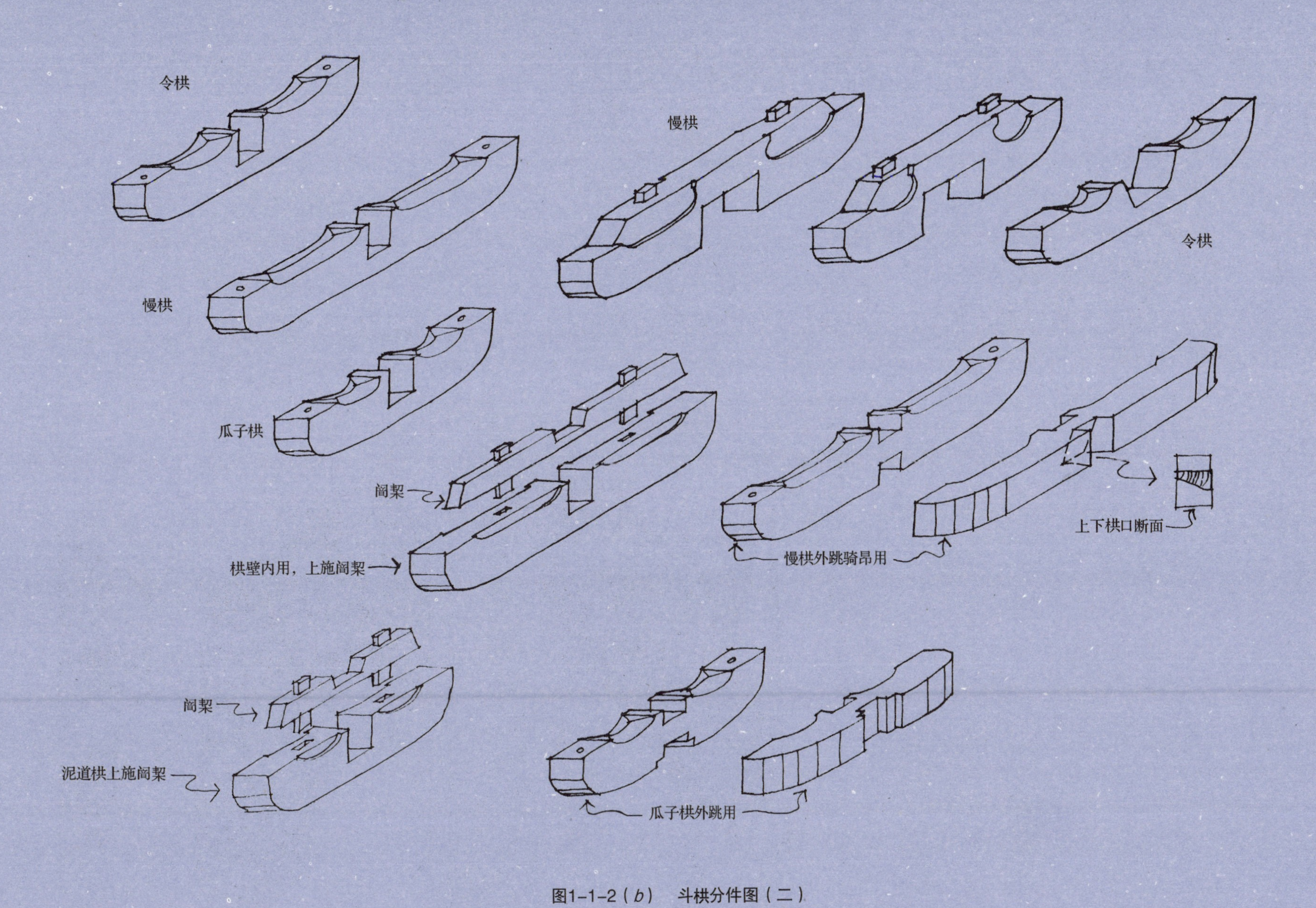

图1-1-2（*b*）　斗栱分件图（二）

图1-1-3 房屋构架的月梁

图1-1-4（*a*） 房屋檐下撑拱

图1-1-4（*b*） 房屋檐下牛腿

大殿的井字天花板上坐龙纹样局部

紫禁城宫殿天花龙纹

图1-1-5

檐下梁枋是青绿色调为主的彩画。梁上彩画的两端用的是黑色的墨线。

图1-1-6 紫禁城倦勤斋梁枋（宁寿花园中）

和玺彩画

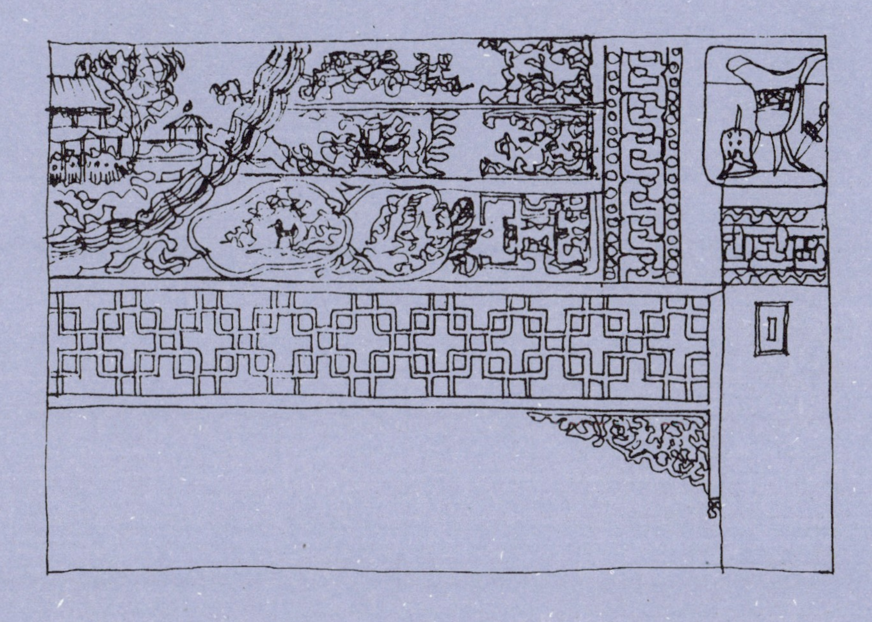

苏式彩画

彩画是指在建筑物的外部构件上涂刷油漆而形成的彩绘装饰。
北方建筑一般以暖色调（尤以丹朱为主）漆刷柱、墙及门窗，而檐下的阴影及被遮掩部分，包括斗栱和梁枋，则多饰以冷色系。

图1-1-7（*a*） 彩画

图1–1–7（*b*） 明式天花板彩画纹样

图1-1-8　敦煌石窟内景

莫高窟为中国规模最大、持续时间最长，（5世纪南北朝～14世纪元代）的古代石窟。

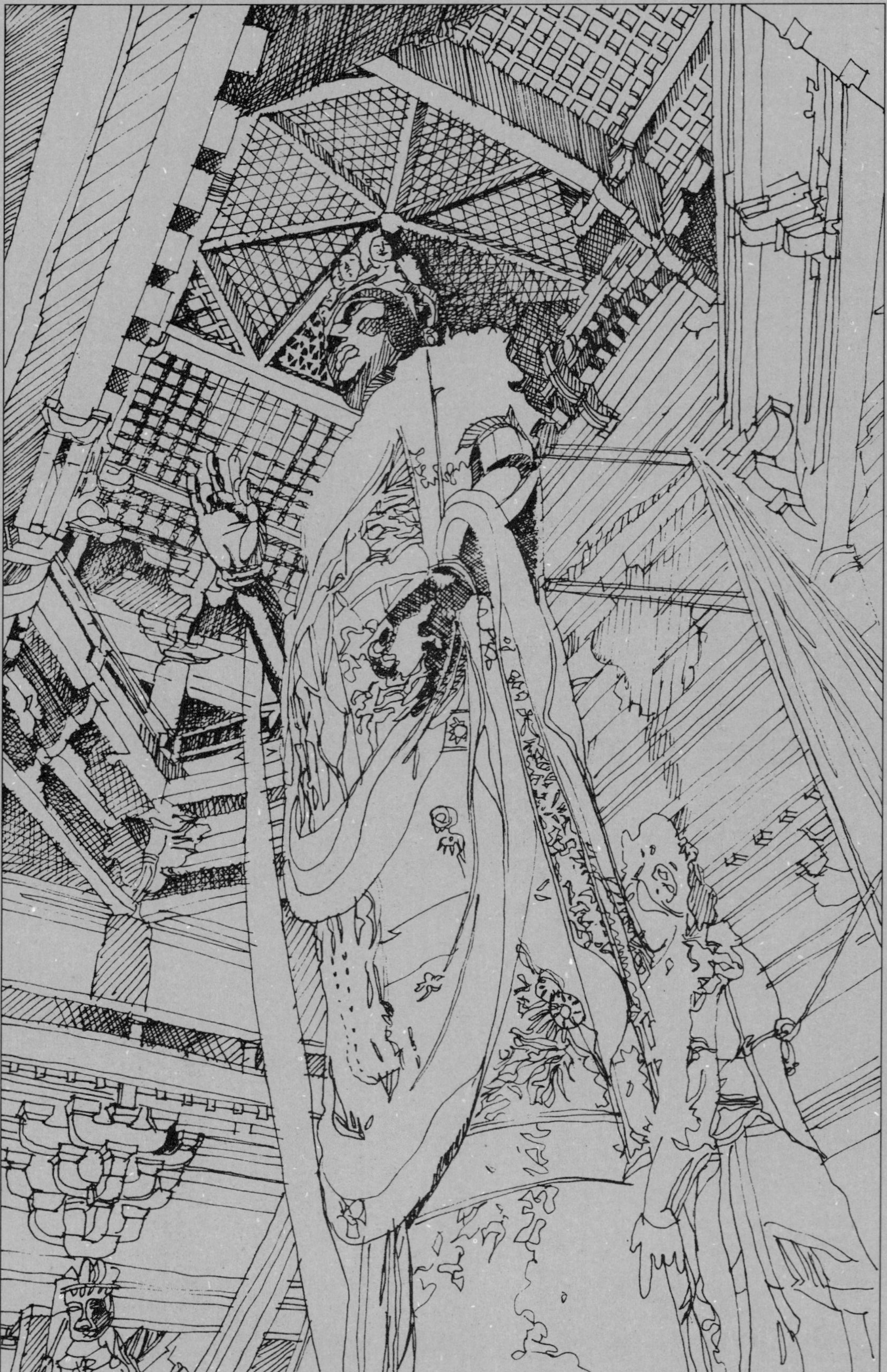

图1-1-9　天津蓟县独乐寺观音阁内景天花

乌鲁木齐市阿布拉里餐厅，墙顶装饰
维吾尔族建筑手工木雕．2006 年 5 月

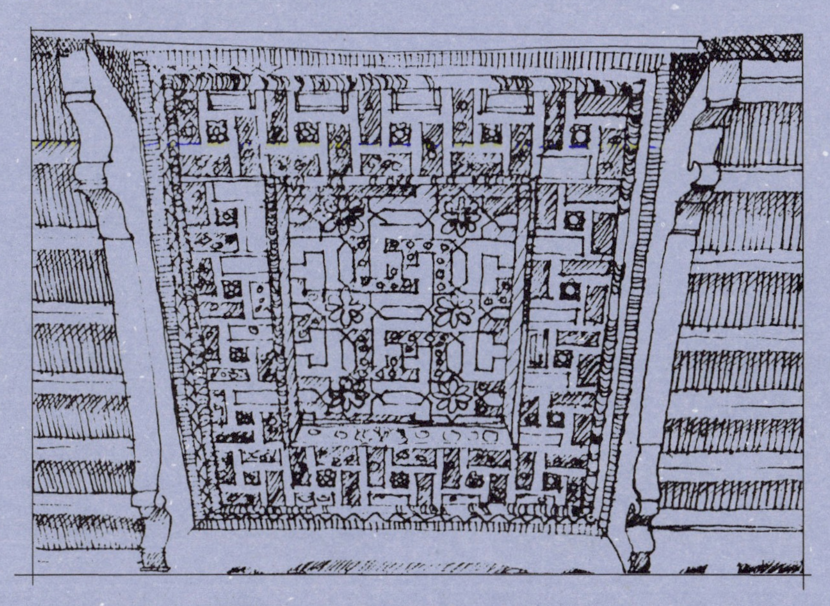

喀什艾提卡尔清真寺藻井（全景）

伊斯兰教建筑的装饰

图1-1-10（*a*）

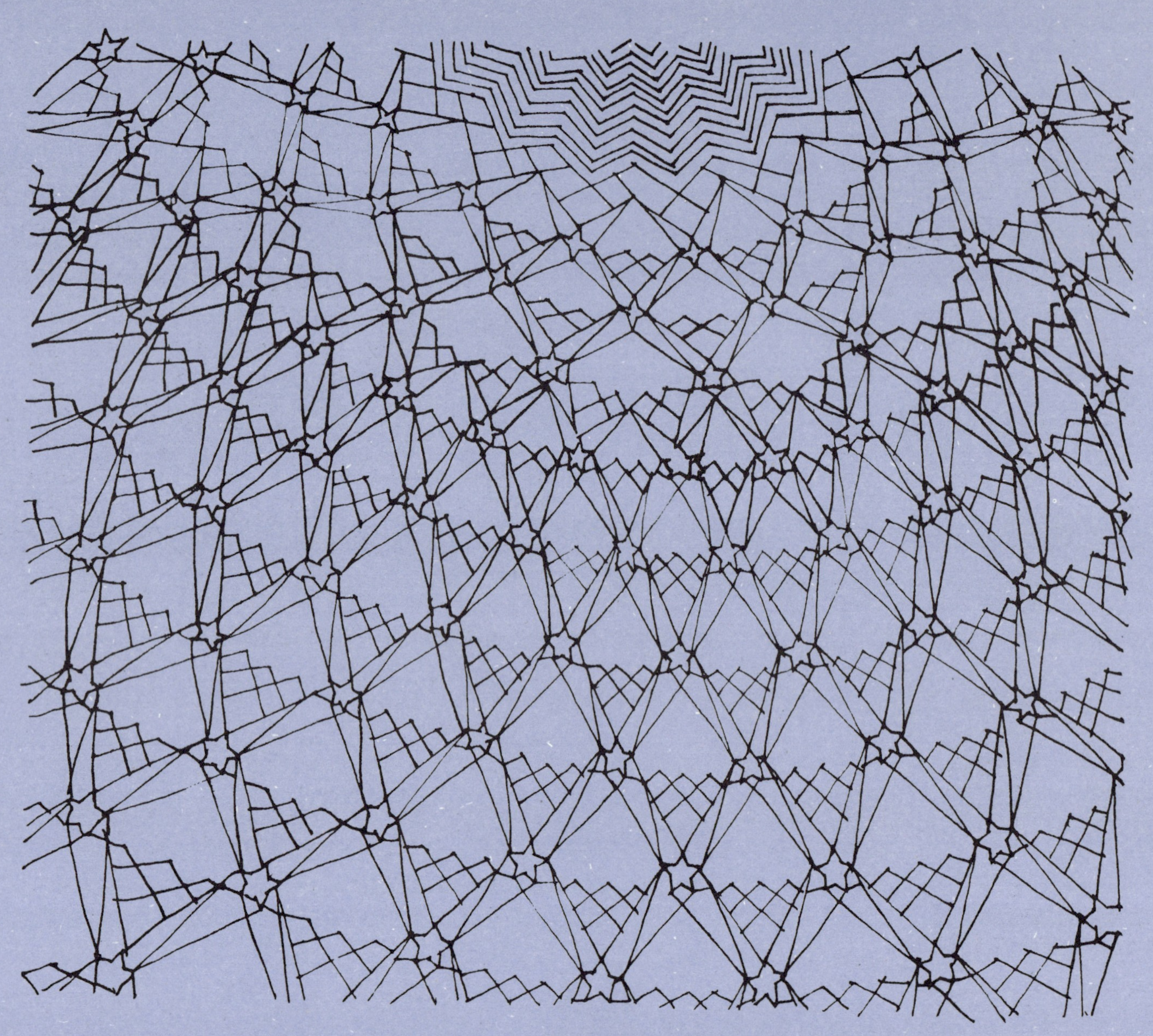

图1-1-10（*b*）　印度秦姬陵入口室内顶棚纹样

穹窿装饰

迈西尼最宏伟的纪念性建筑是称为“蜂窝”冢的圆形建筑，公元前1510年～前1220年之间发展起来。

最初期有部分蜂窝冢穹窿被装饰得富丽堂皇。在穹窿层与层之间留有铜钉的痕迹，可能那些地方以前饰有铜质圆花饰或铜星。在穹窿较低处还饰有金属檐壁。

表面装饰

迈西尼在公元前1220年，奥彻门那的闵亚斯宝库，边室的墙面和顶棚上都覆有平板，上面雕有涡旋形饰、圆花饰和其他一些流行主题装饰，至今上面还留有当年那些色彩的印迹。

图1–1–11

锁饰图案

回纹细饰是多立克式神庙中常见的装饰形式，这些细饰有锁饰图案、蜿蜒图案，以及如左图所示的迷宫图案。

卵箭形线脚

典型的爱奥尼柱式常常饰有的雕刻图案。最常见的雕刻图案是卵箭形线脚，也称为卵舌饰。

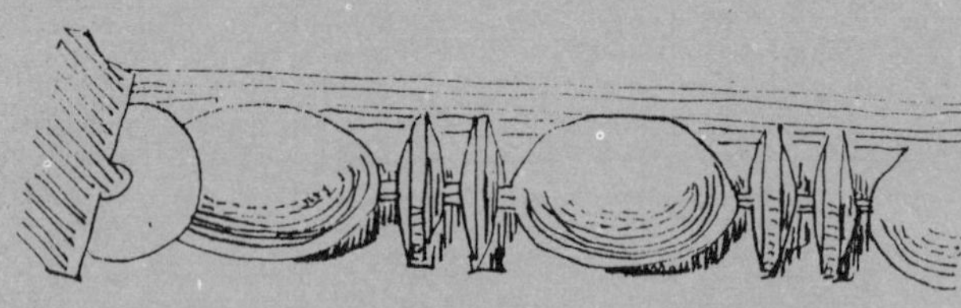

凸圆线脚

是爱奥尼柱式的另一种常用来装饰柱身和柱头之间的半圆带。也叫珠片饰。

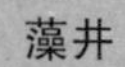

藻井

古希腊建筑平坦的顶棚被装饰以藻井，是一种凹陷的正方形或多角形面板。样式像是模仿了木制藻井的精细图案。

左图为哈利卡娜苏斯陵墓列柱廊内藻井的复原图。

图1–1–12

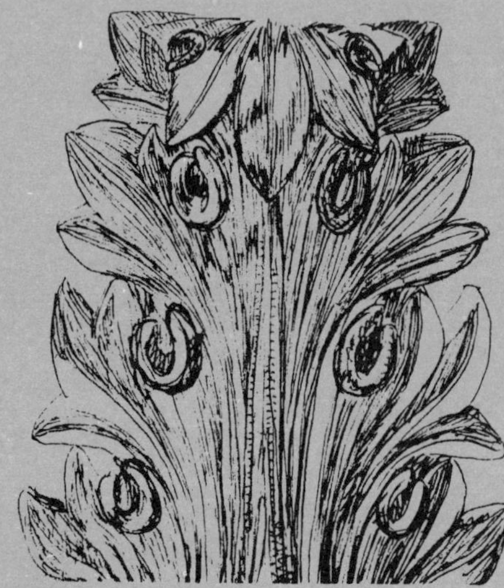

毛茛叶形装饰

是科林斯柱式的主要装饰元素，它是在地中海沿岸生长的一种坚韧的草本植物。希腊人从毛茛众多的尖叶类品种中找到了灵感。成为装饰主题。

图1-1-13　古罗马，万神庙穹顶，公元128年

穹顶跨度43.43m，最高点43.43m，共分为5层，每层有28个藻井。这些方格越向上越近小圆窗就越小，给人以更高深的错觉。这样也减轻了穹顶的重量。

图1-1-14　古罗马，塞维鲁凯旋门藻井，公元193元

塞维鲁凯旋门有相当高水平的装饰性雕塑。门洞上的每个筒形拱都精心饰以围绕以毛阿莨叶与卵箭形主题装饰边的花饰藻井。

图1-1-15　索非亚大教堂帆拱，公元537年

中央穹顶直径33m，比罗马万神庙的小了10m，但仍然是世界上少数大穹顶之一。它顶点高约60m，高于万神庙。穹顶结构用了40个肋架券再加蹼板，很轻。在肋券之间，蹼板的根部开窗子，一圈40个，使穹顶仿佛飘浮在空中。从窗子射进的光线，照得大堂朦朦胧胧，产生一种缥缈的幻觉。

图1-1-16　法国罗曼式教堂，公元10～12世纪

图1-1-23　新古典主义（英国）

顶棚设计通常会受古建筑的启发和影响，几何图形是顶棚设计中非常关键的细节。

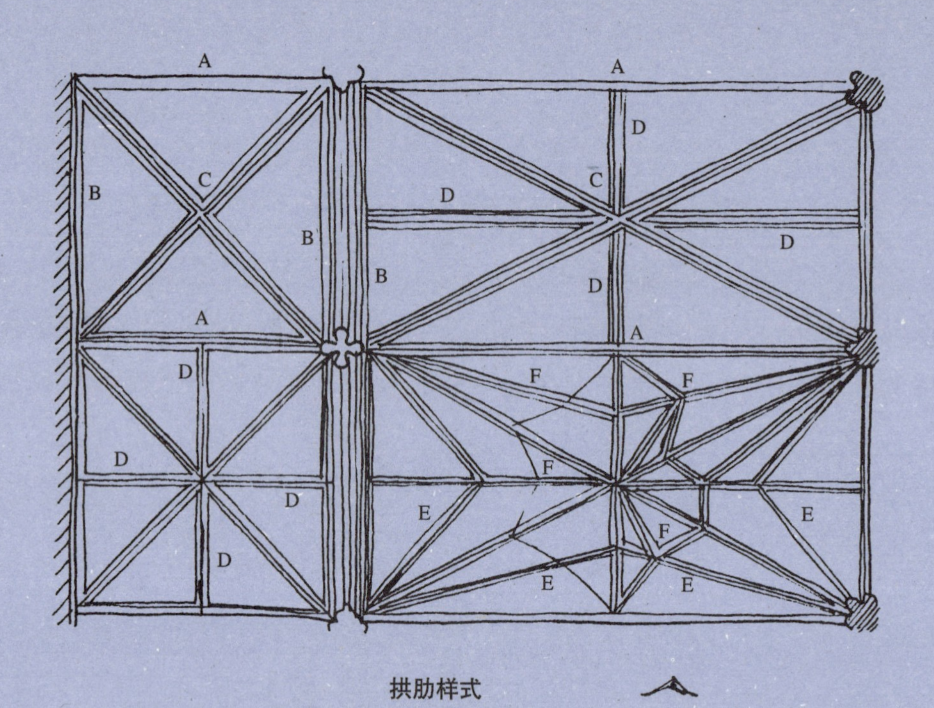

拱肋样式

拱肋的样式从简单的十字肋或棱发展到复杂的主肋、中肋以及三级肋或枝肋系统。

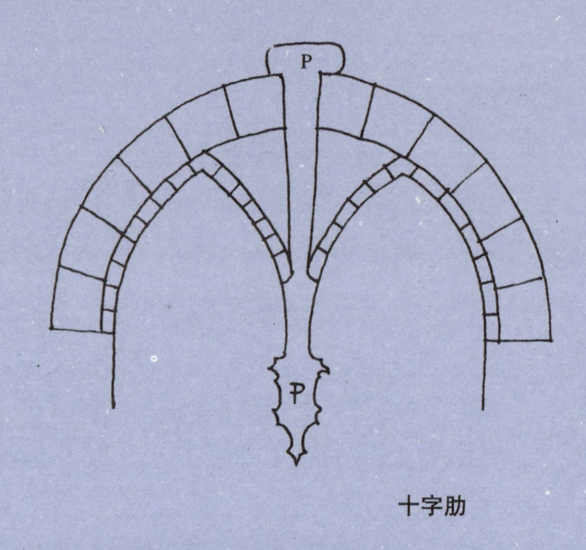

十字肋

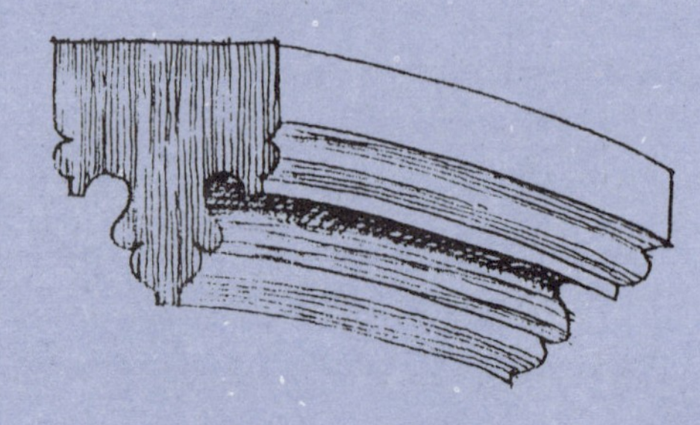

肋装饰

也为在拱顶表面做雕塑提供途径。

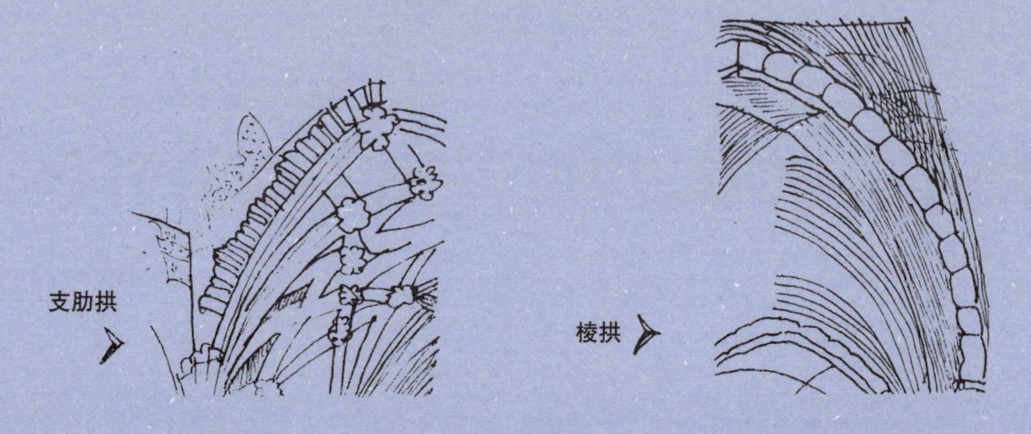

支肋拱

棱拱

图1-1-17

图1-1-18　英国林肯主教堂——成熟的哥特风格

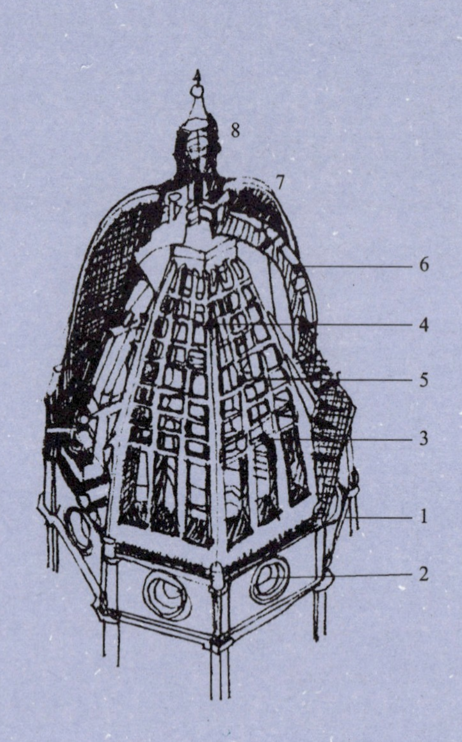

1. 八角形鼓座　2. 圆窗
3. 水平连系带　4. 主肋
5. 次肋　6. 内层蹼
7. 外层蹼　8. 采光亭

佛罗伦萨主教堂穹顶结构示意
穹顶直径42.2m，亭子尖端高118m。

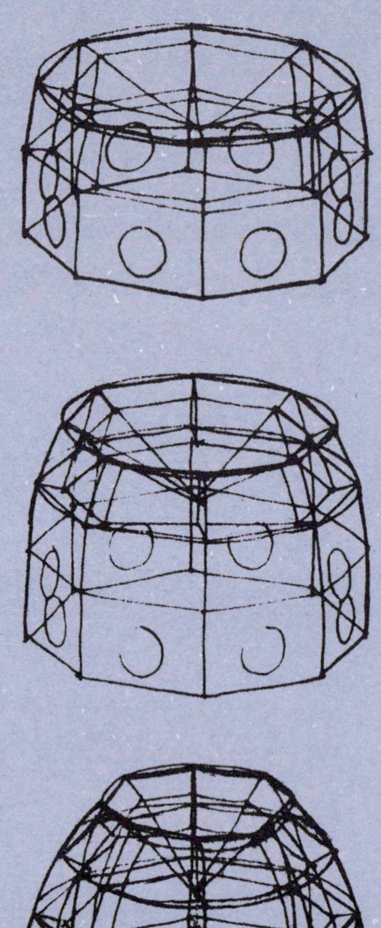

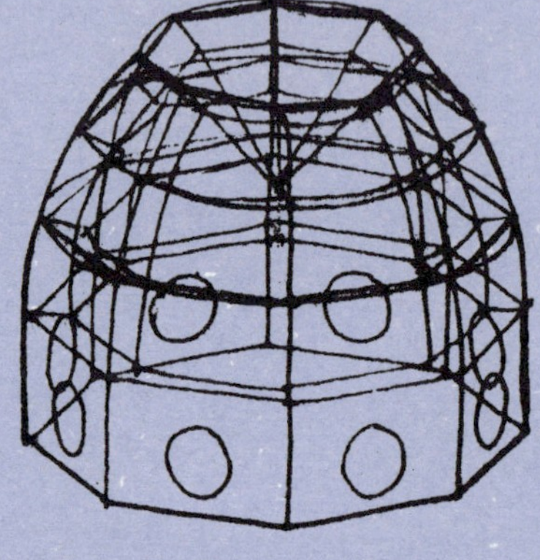

图1-1-19　穹顶1431年结构封顶

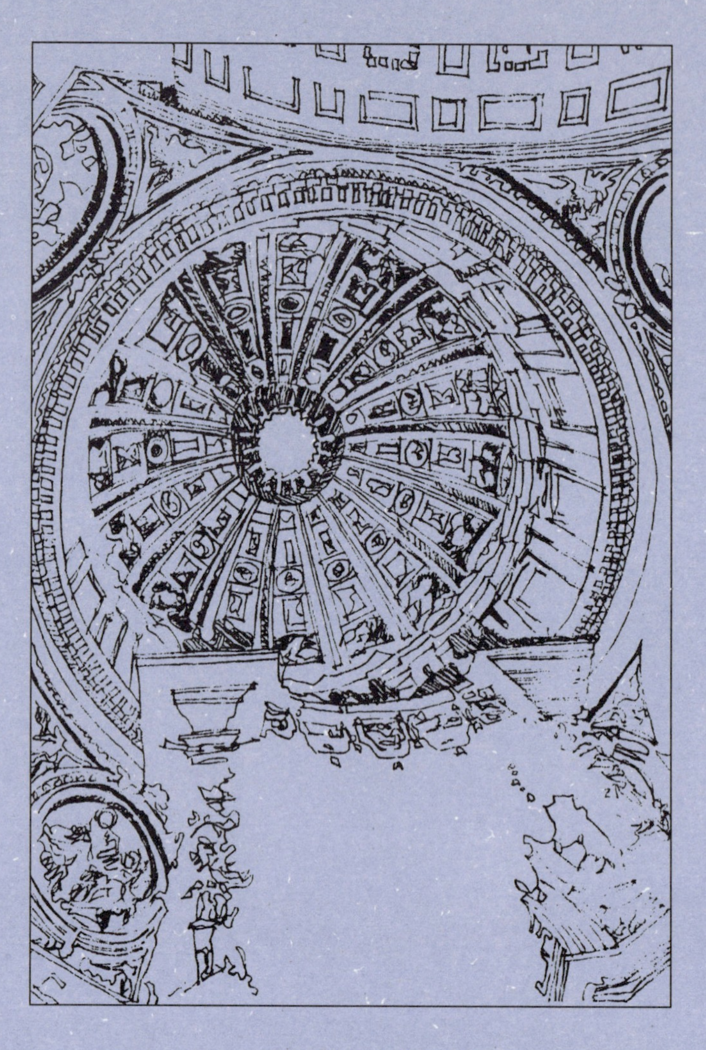

图1-1-20　圣彼得大教堂穹顶内景，1590年

穹顶直径41.9m，仅次于万神庙和佛罗伦萨主教堂。内部顶点高123.4m，几乎是万神庙3倍。

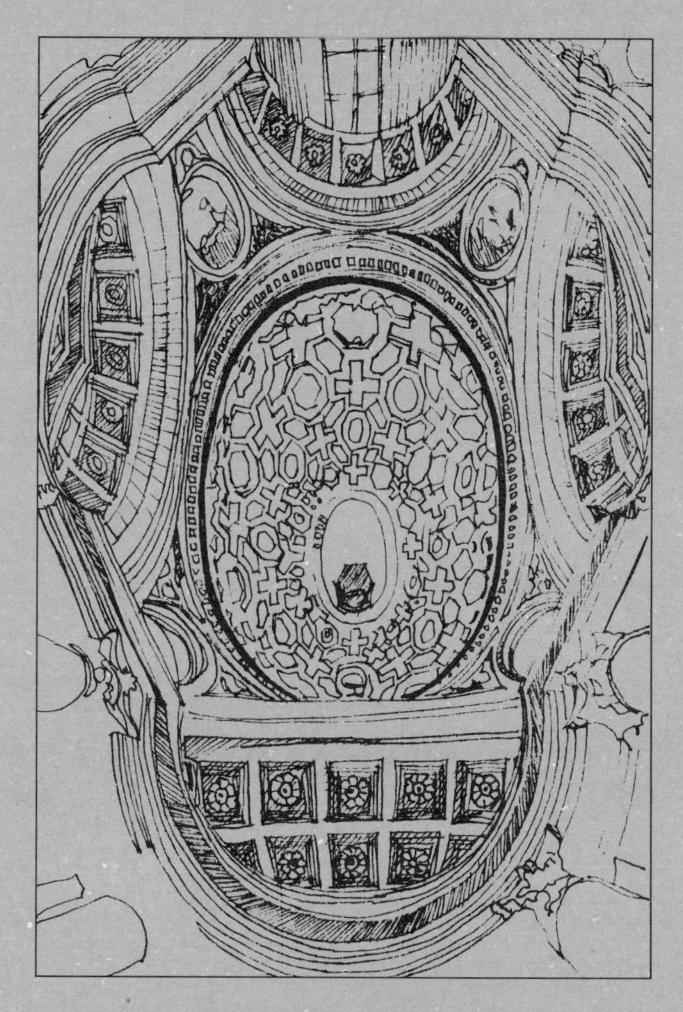

图1-1-21　罗马，四喷泉圣卡罗教堂，1638~1667年

设计人：普罗密尼

椭圆形穹顶，表面密布几何形格子，体现意大利巴洛克风格建筑进入盛期。

图1-1-22　法国，洛可可风格教堂内景，18世纪

铸铁柱子，铸铁的半圆形券，形成拱形顶棚，铁券以盘花透空，轻盈灵巧。

设计：拉布鲁斯特，1843～1850年

图1-1-24　巴黎圣热内维埃夫图书馆阅览室内景

(*a*) 伦敦水晶宫外观

(*b*) 伦敦水晶宫内景

图1-1-25

设计：帕克斯顿（Joseph Paxton），1850～1851年

铁构架和玻璃作为主要材料第一次被完美地表现。它是伦敦第一届工业博览会的英国展览馆。

图1-1-26（*a*）

楼梯间上层顶棚

图1-1-26（*b*）

霍塔住宅是新艺术运动代表作品之一，其楼梯间的设计将功能和形式通过不同材料的搭配揉和在一起，来丰富空间。主材为木和铸铁，空间整体气氛活泼，生动、连续完整。采光顶棚使光影效果更富于变化。

图1-1-27　西塔里埃森，赖特，1938年

这座建筑虽不是代表作，但却是赖特与他的助手设计并亲自建造的工作室，也体现了赖特的设计思想。大起居室，在高侧窗柔和光线的照射下，沙发座垫呈现斑斓的色彩，活跃了整个室内气氛。

透平机车间
德国，柏林 A.E.G 建筑，1909 年
P·贝伦斯

图1-1-28

（*a*）联合国教科文组织会议大厅，1952 ~ 1958年

设计：布劳耶（美），奈尔维（意），泽浮士（法）

图1-1-29

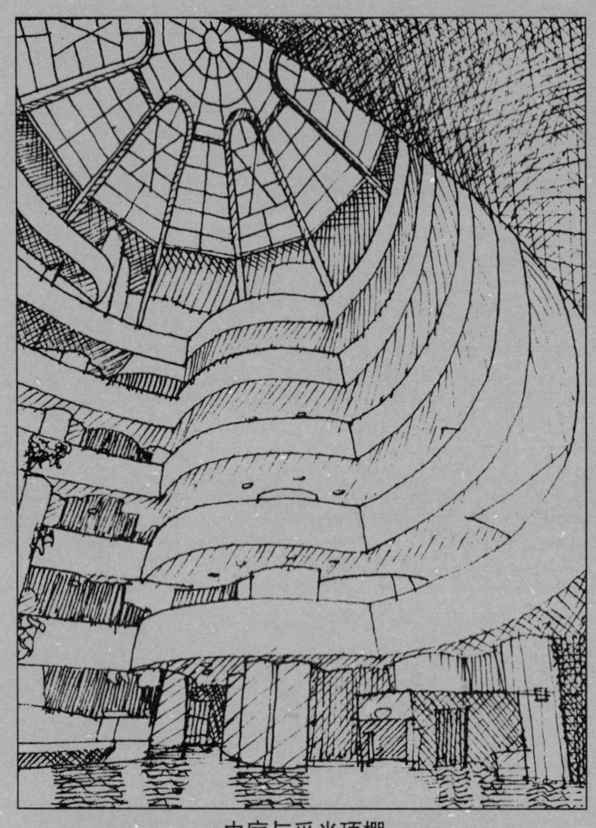

中庭与采光顶棚

（*b*）纽约，古根海姆博物馆，1959年

弗兰克·劳埃德·赖特

教堂入口与厚重顶棚

（*c*）法国，朗香教堂，1955年

勒·柯布西耶

图1-1-29

（*a*）美国康涅狄格州，耶鲁大学艺术展厅，1959年

路易斯·康（美）

钢筋混凝土井格式结构顶棚

（*b*）美国明尼苏达州，科勒吉维尔，圣约翰教堂，1960年

马歇尔·布劳耶（美）

钢筋混凝现浇结构技术顶棚

图1-1-30

图1-1-30（*c*）

华盛顿特区，国家艺术展览馆东馆中庭，1978年
贝聿铭（美籍华人）

图1-2-1　限定设计

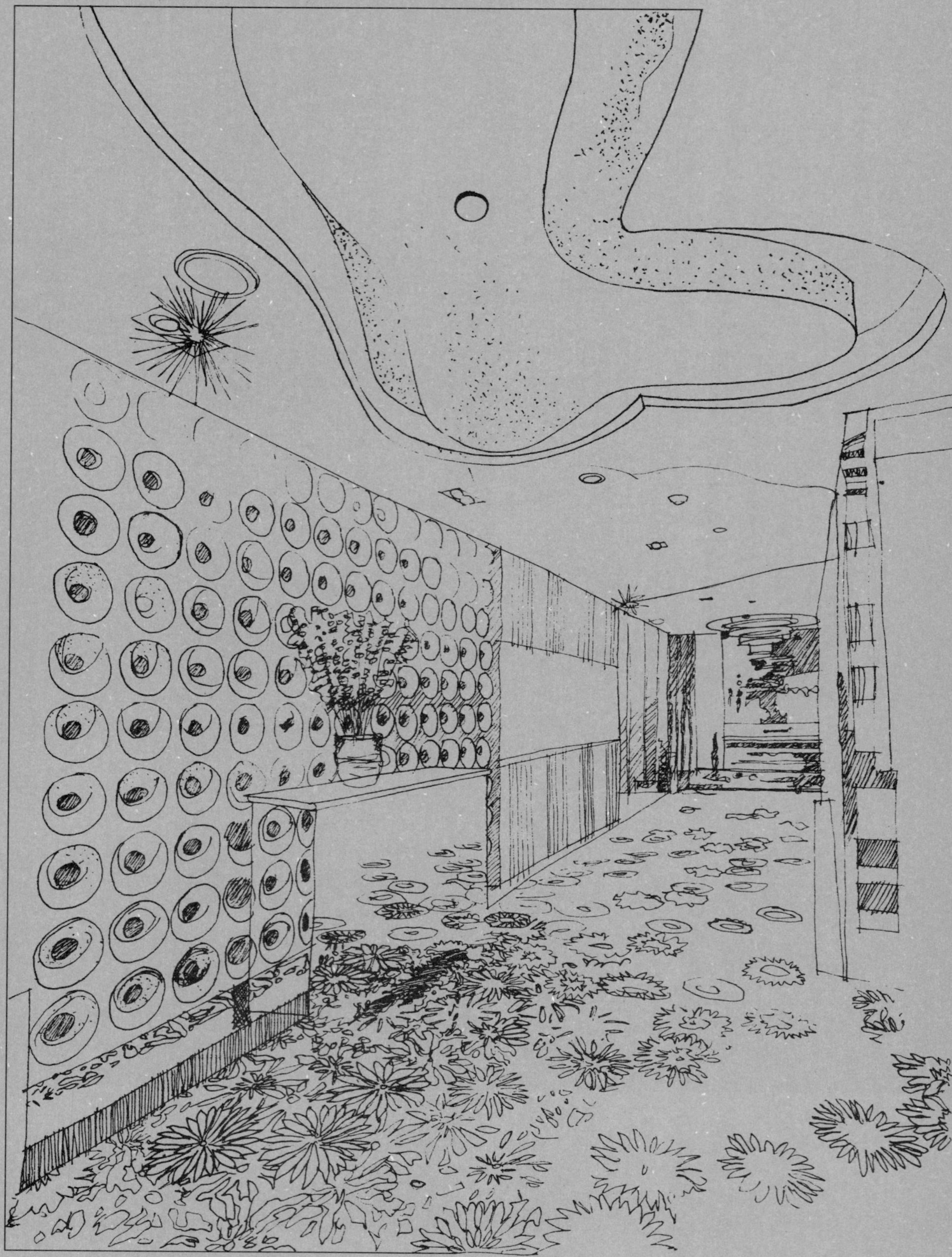

图1-2-2　限定设计

图1-2-3 照明设计

环形与一字形灯源，组成了“0”与“1”的特殊光照效果

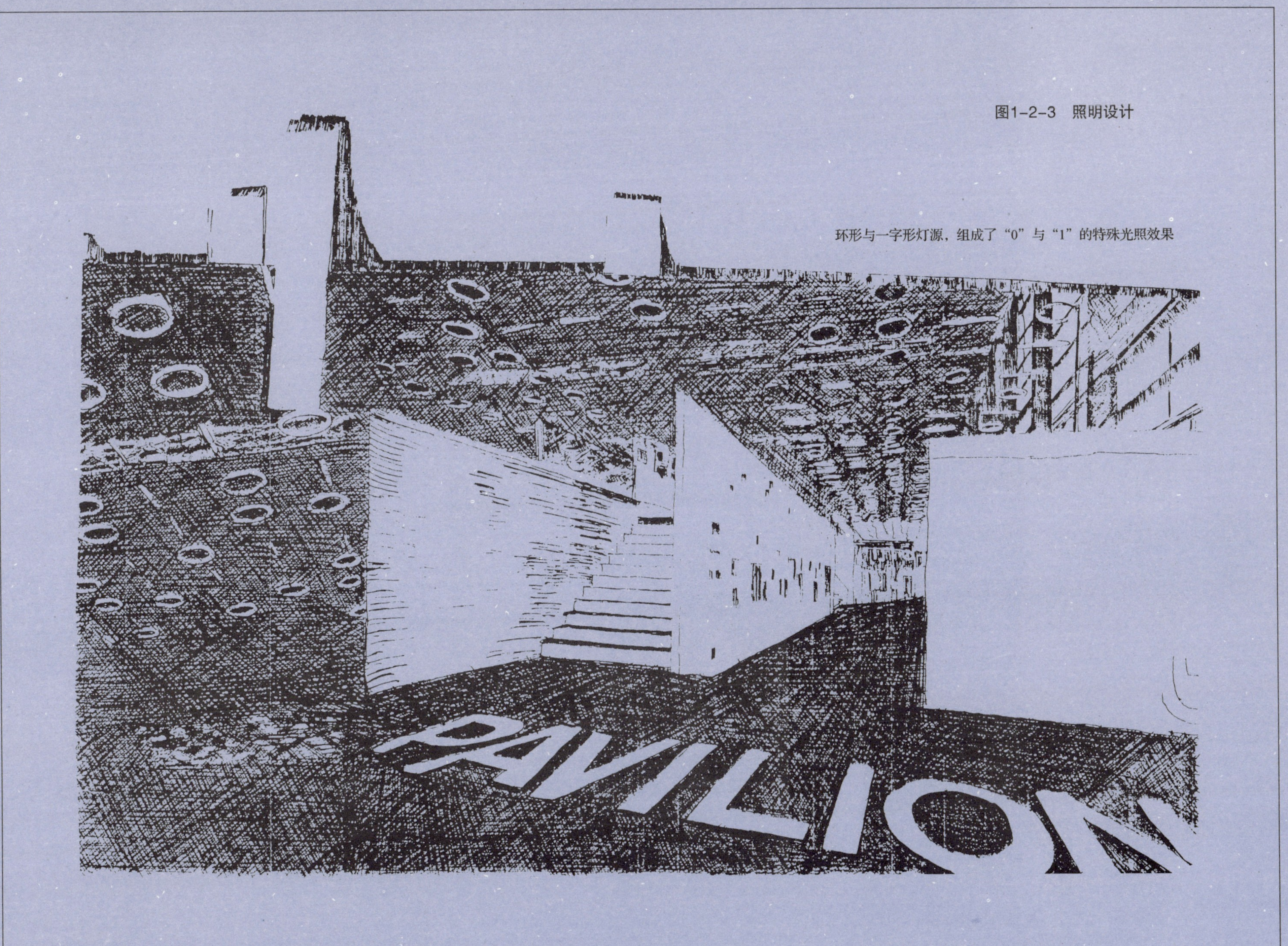

纽约，联合国总部，1947 年
瓦勒斯 · 哈里森（美国）

华盛顿特区，肯尼迪表演艺术中心
爱德华 · 斯东（美国），1971 年

图1-2-4　声学处理

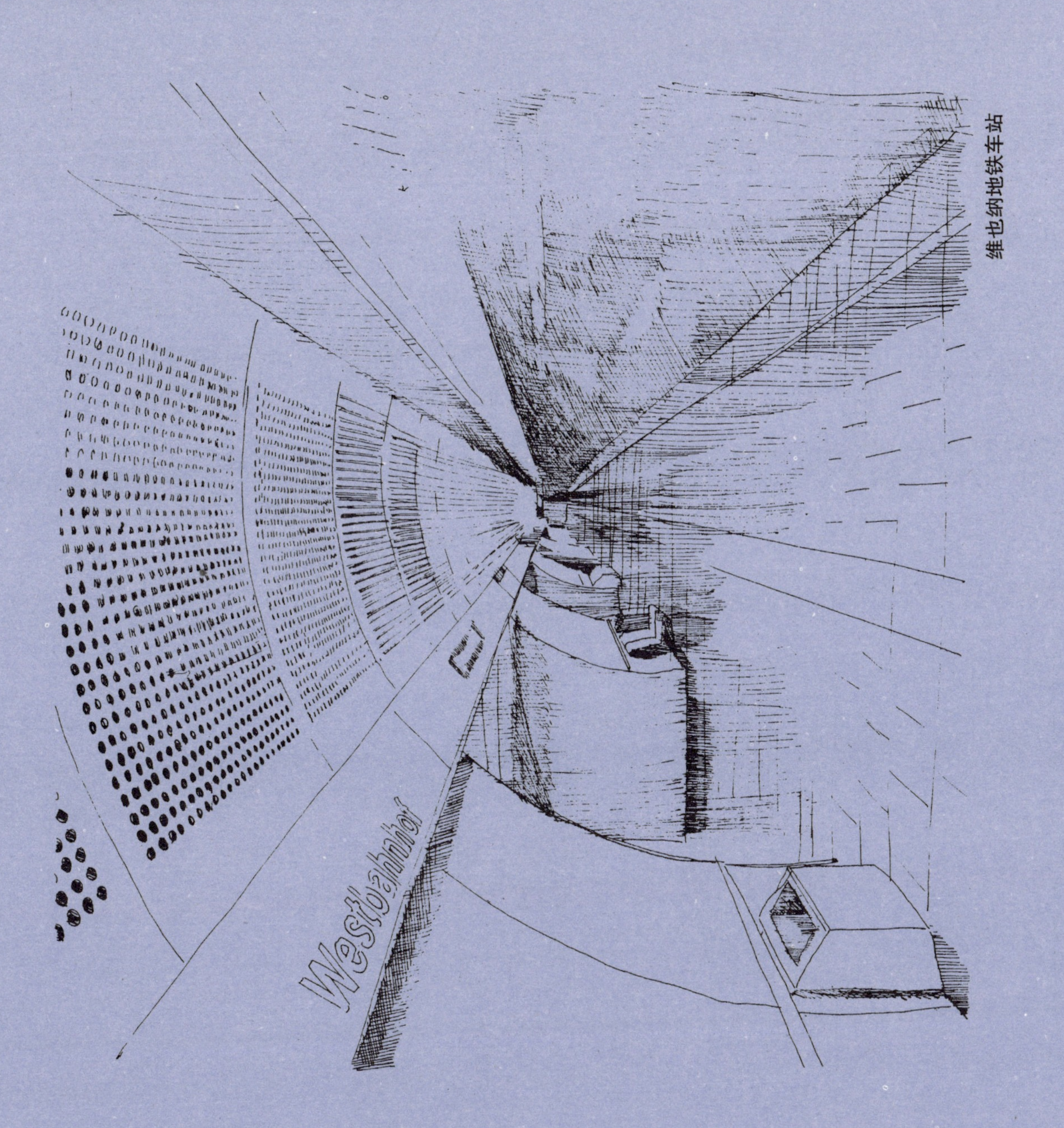

维也纳地铁车站

图1-2-5　防火设计

（*a*）结构顶棚

（*b*）井格式顶棚

（*c*）结构顶棚

（*d*）分层式顶棚

图1–3–1　顶棚造型

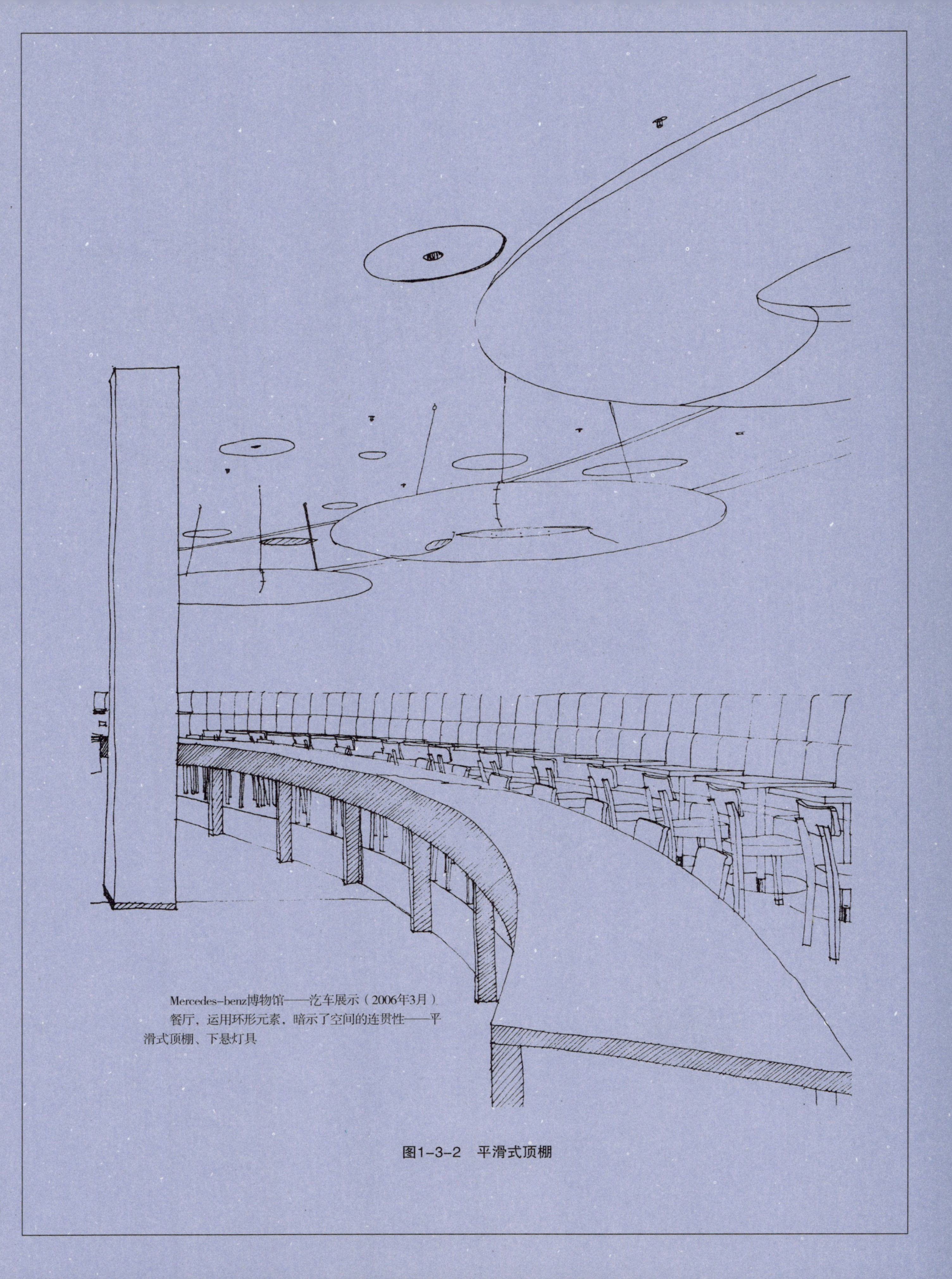
Mercedes-benz博物馆——汽车展示（2006年3月）
餐厅，运用环形元素，暗示了空间的连贯性——平滑式顶棚、下悬灯具

图1-3-2　平滑式顶棚

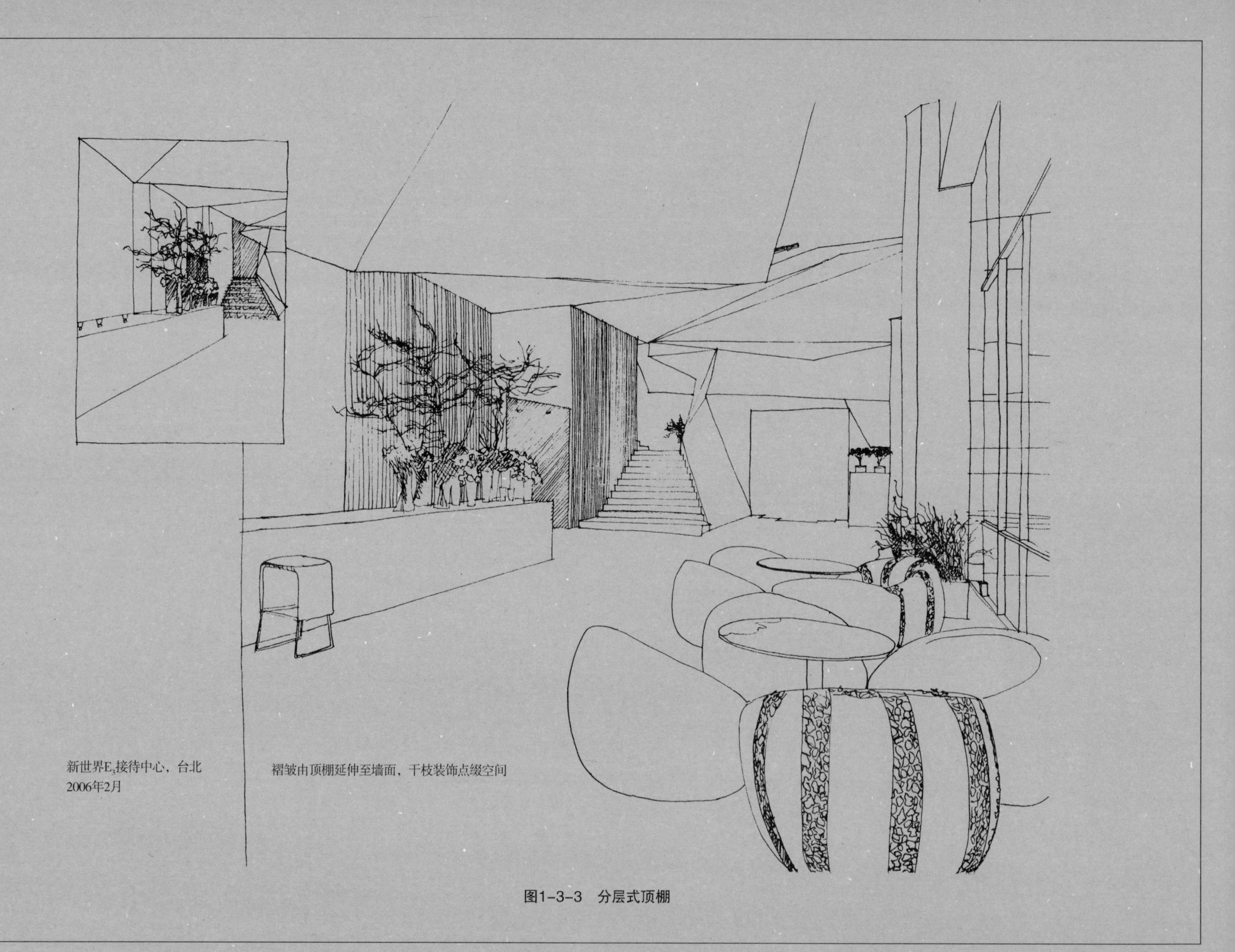

新世界E_3接待中心，台北
2006年2月

褶皱由顶棚延伸至墙面，干枝装饰点缀空间

图1-3-3　分层式顶棚

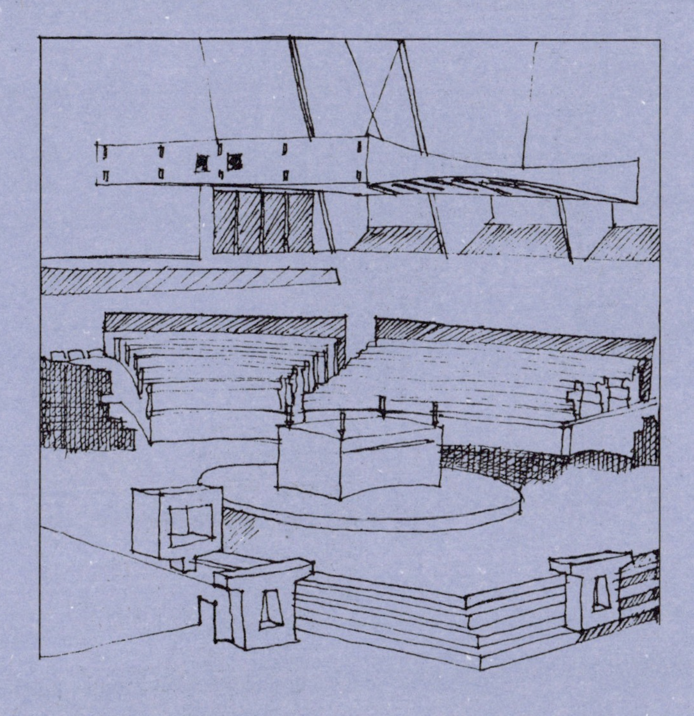

美国明尼苏达州，科勒吉维尔，圣约翰教堂1960

马歇尔·布劳耶

下悬式顶棚

图1-3-4　浮云式顶棚

明尼阿波利斯，IDS 中心，1973 年

菲利普·约翰逊（美）

钢和玻璃顶棚，强烈的光影效果

图1-3-5　采光顶棚

上海“外滩 9 号” 轮船招商总局大楼 (1901 年建)
木楼梯，采光天窗
英国维多利亚时代后期新古典主义风格的外廊式建筑

(*a*)

上海建国中路“8 号桥”2 号楼公共空间
直跑 (悬臂) 钢楼梯，采光天窗

(*b*)

图1-3-6 采光顶棚

商业共享空间

图1-3-7 采光顶棚

西班牙马德里新巴拉哈斯机场航站楼T4 建筑室内 (1997 年设计 2006 年初竣工)
离港层和到达层共享”峡谷”光庭
顶棚材料——竹和钢架，构成光滑的曲线美的形式的屋顶突现的流动感。

图1-3-8　结构顶棚

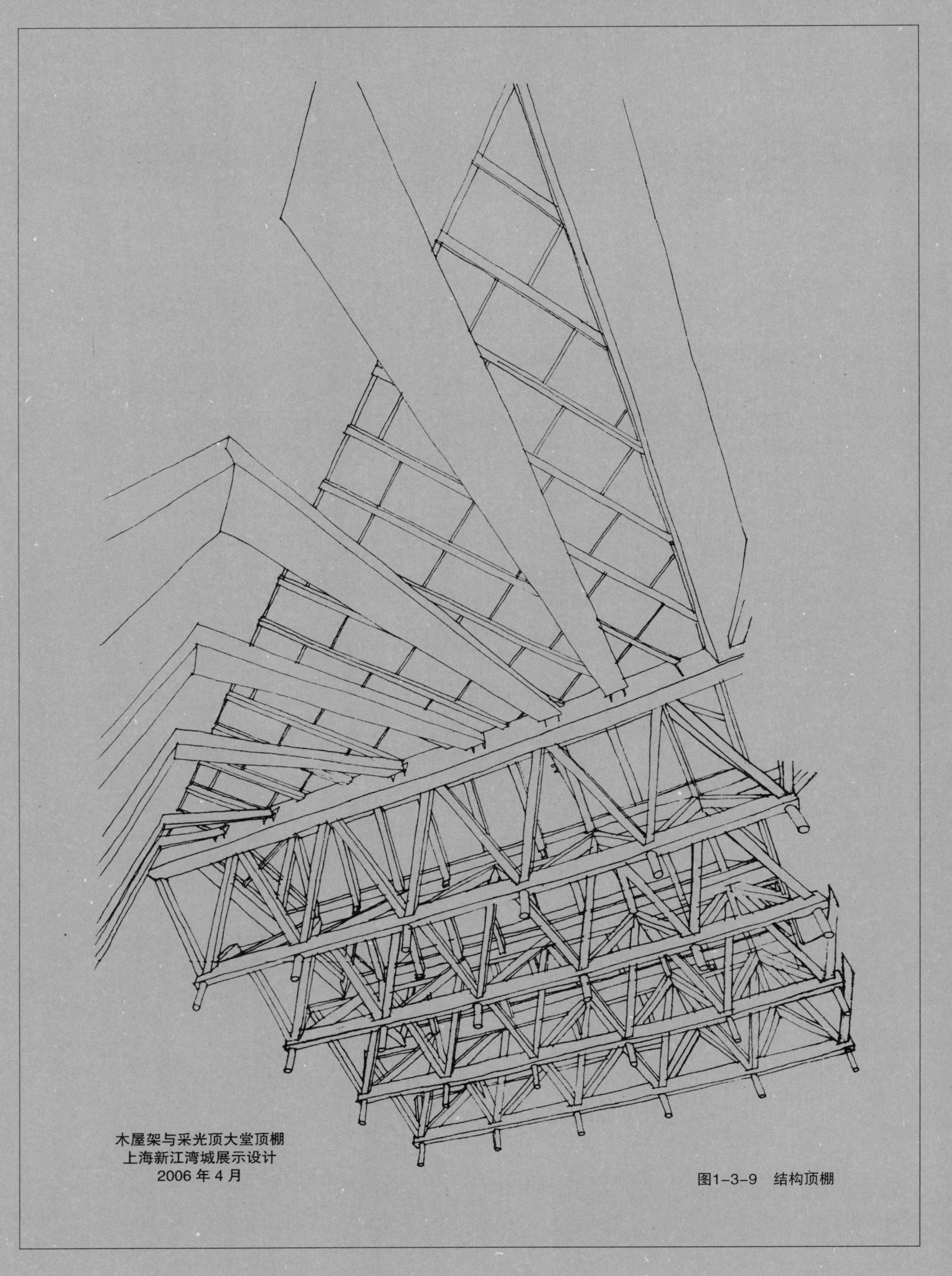

木屋架与采光顶大堂顶棚
上海新江湾城展示设计
2006 年 4 月

图1-3-9　结构顶棚

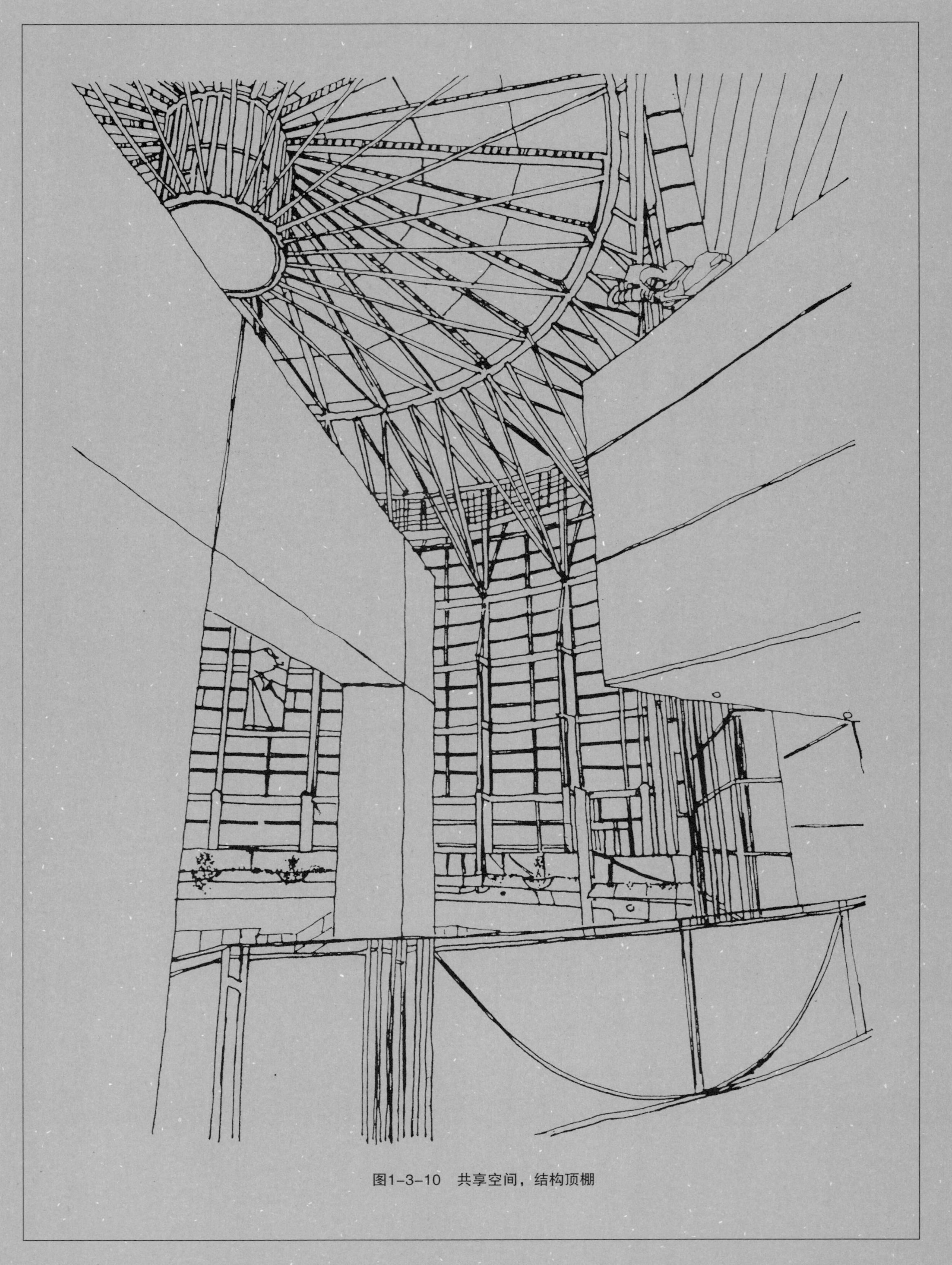

图1-3-10　共享空间，结构顶棚

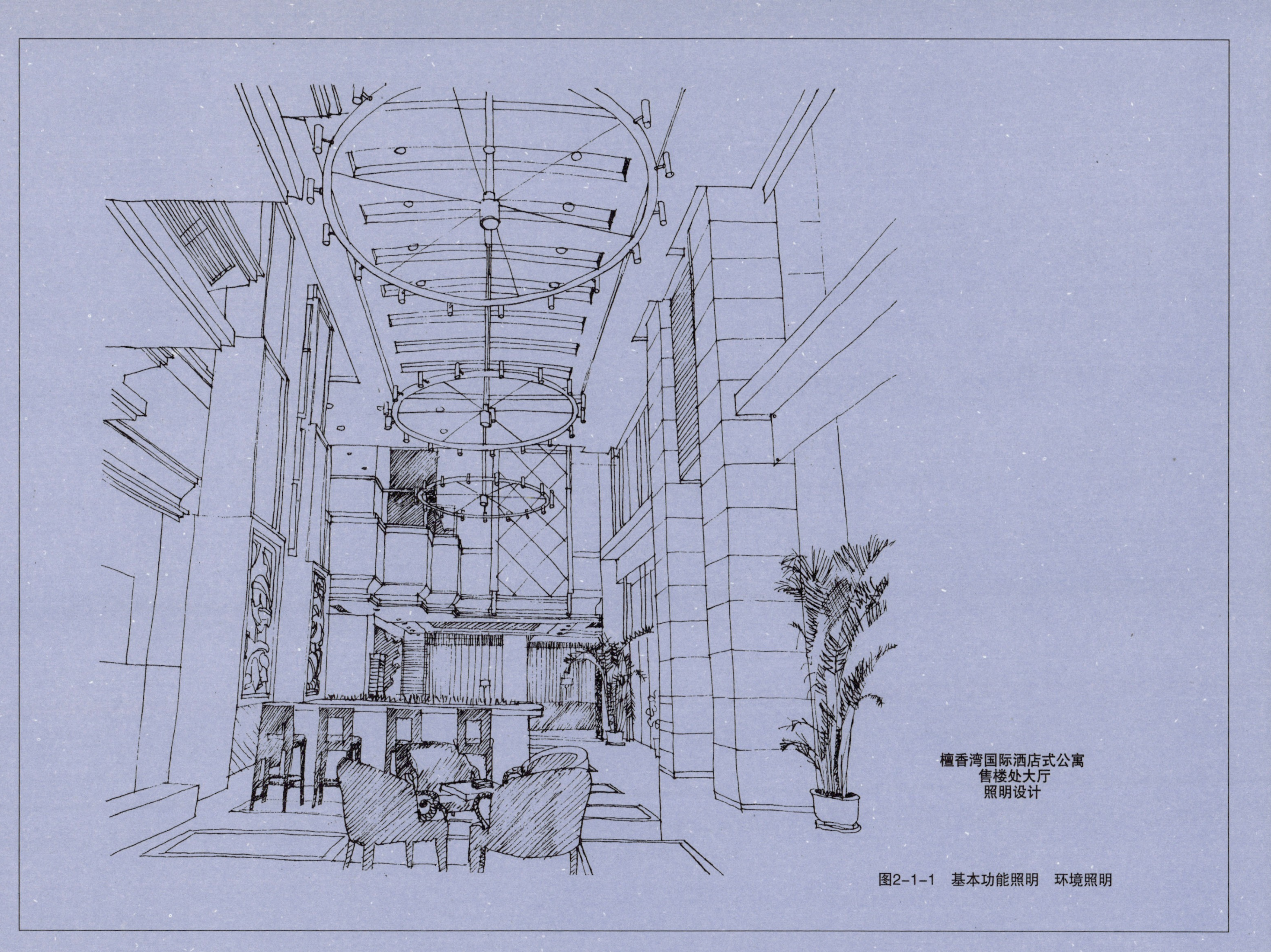

图2-1-1 基本功能照明 环境照明

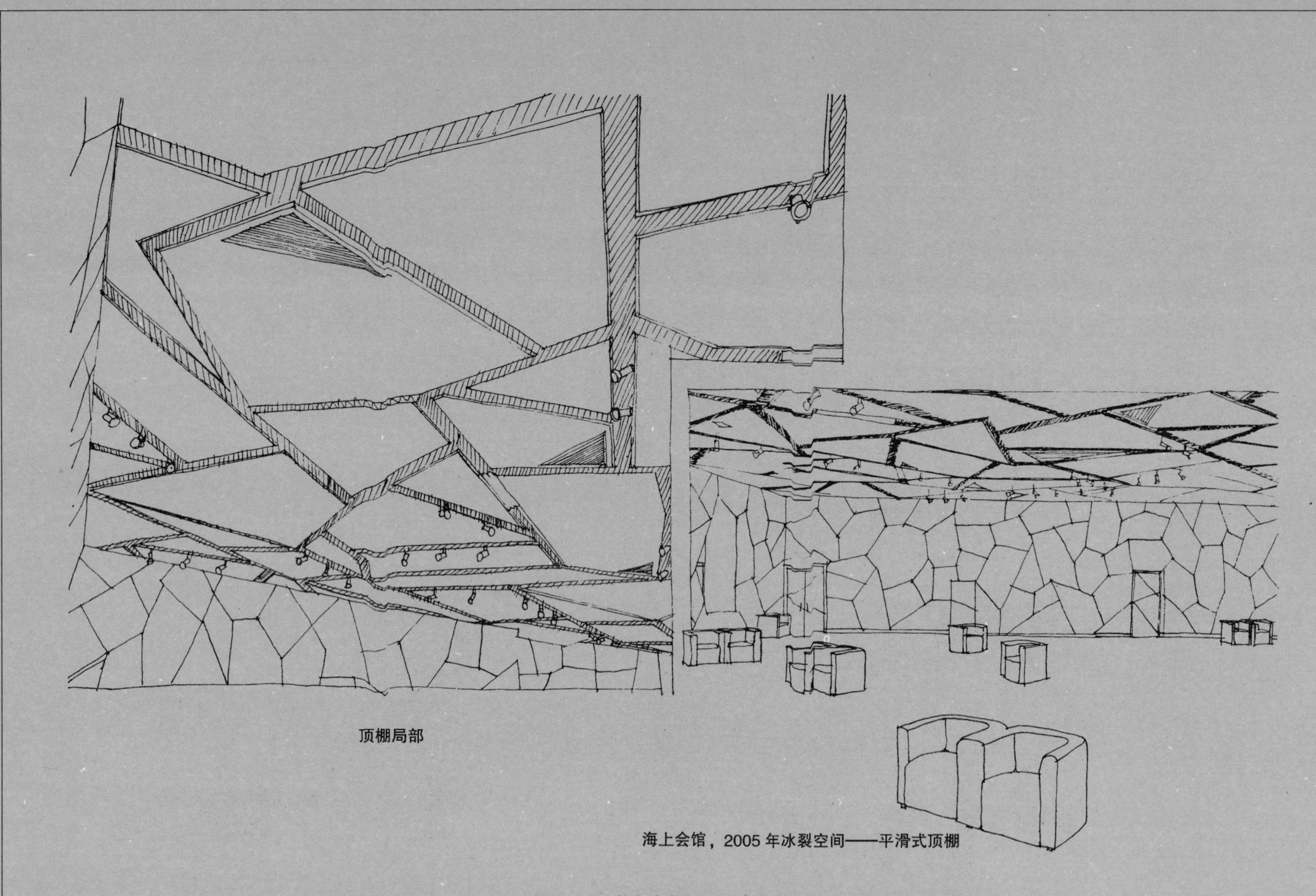

顶棚局部

海上会馆，2005 年冰裂空间——平滑式顶棚

图2-1-2　基本功能照明——局部照明

接待大厅　　武汉东湖宾馆“南山甲所”
2004.9

图2-1-3　装饰照明

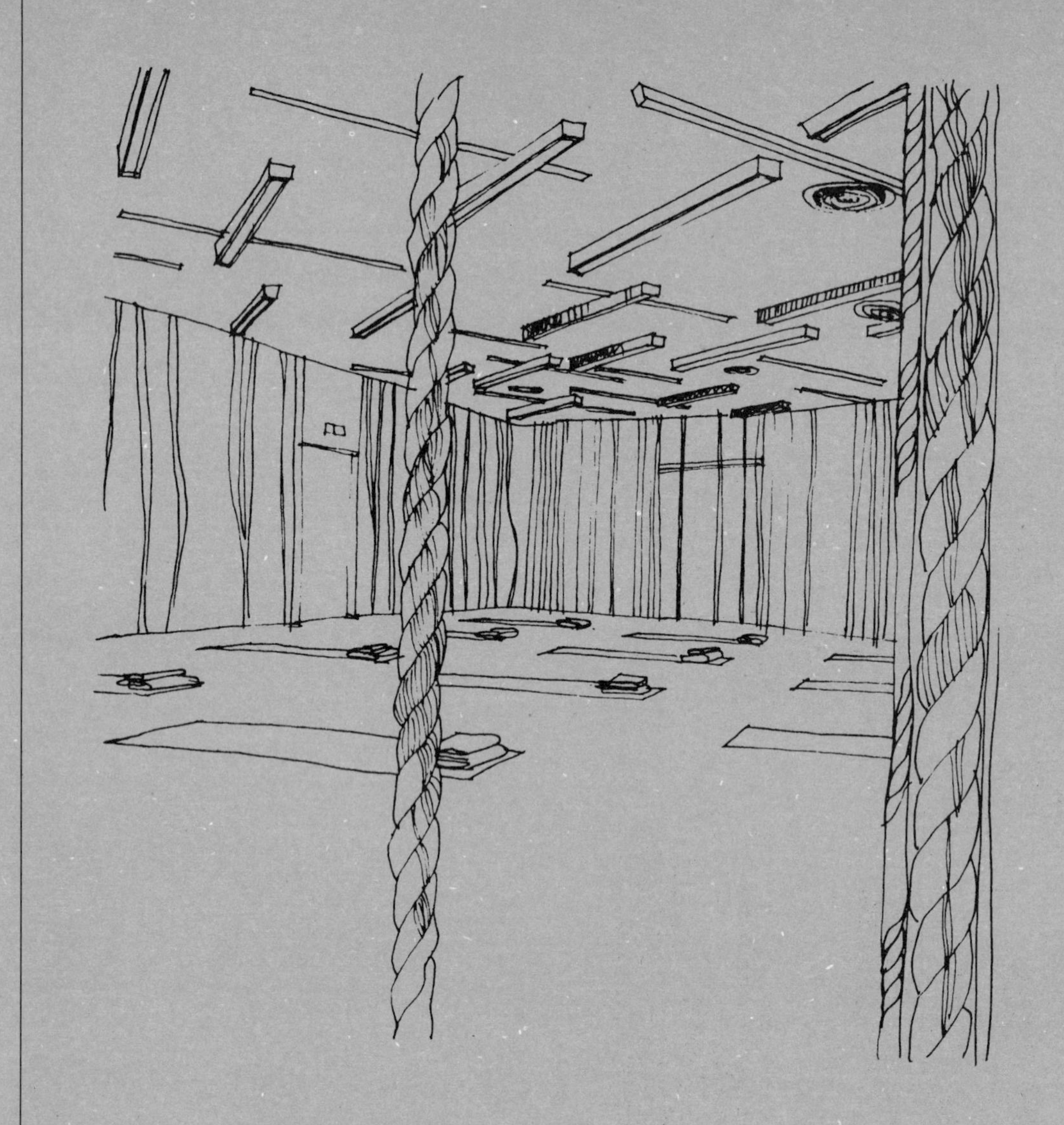

上海新天地瑜伽训练中心——瑜伽训练室以灯箱照明（顶棚）
建筑面积：1200m²，竣工：2005 年 12 月

图2-2-1　整体照明

南京炮兵学院炮缘宾馆——顶棚细部
为钻石玻璃制作。建筑面积：8500m²，竣工：2004 年 5 月

图2-2-3

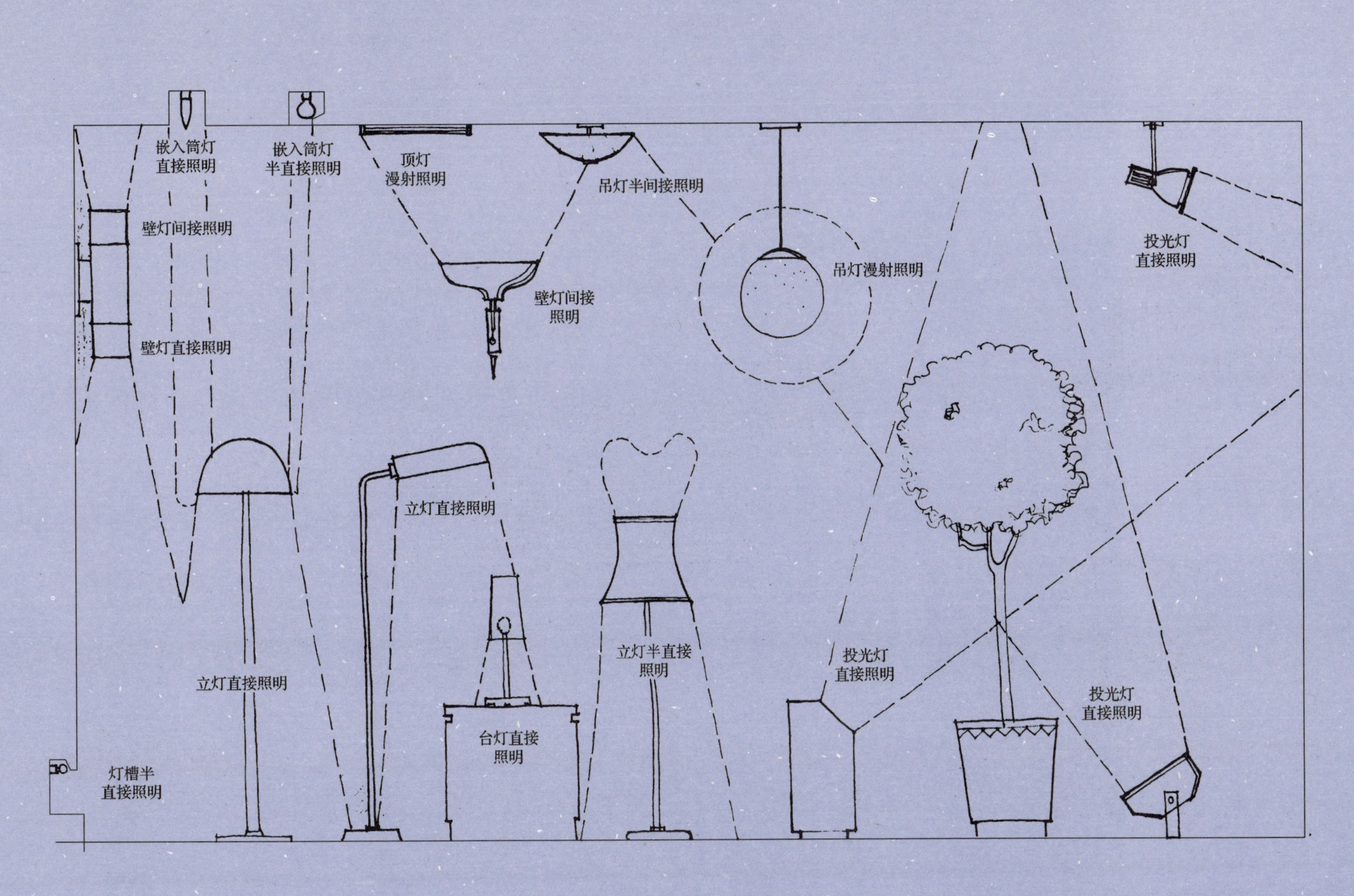
嵌入筒灯
直接照明
嵌入筒灯
半直接照明
顶灯
漫射照明
吊灯半间接照明
壁灯间接照明
壁灯直接照明
壁灯间接
照明
吊灯漫射照明
投光灯
直接照明
立灯直接照明
立灯直接照明
立灯半直接
照明
投光灯
直接照明
投光灯
直接照明
台灯直接
照明
灯槽半
直接照明

图2-2-2　照明灯具类型

四季铭座大酒店，餐厅总台不同功能区，采用不同照度的分区照明

图2-2-4　分区一般照明

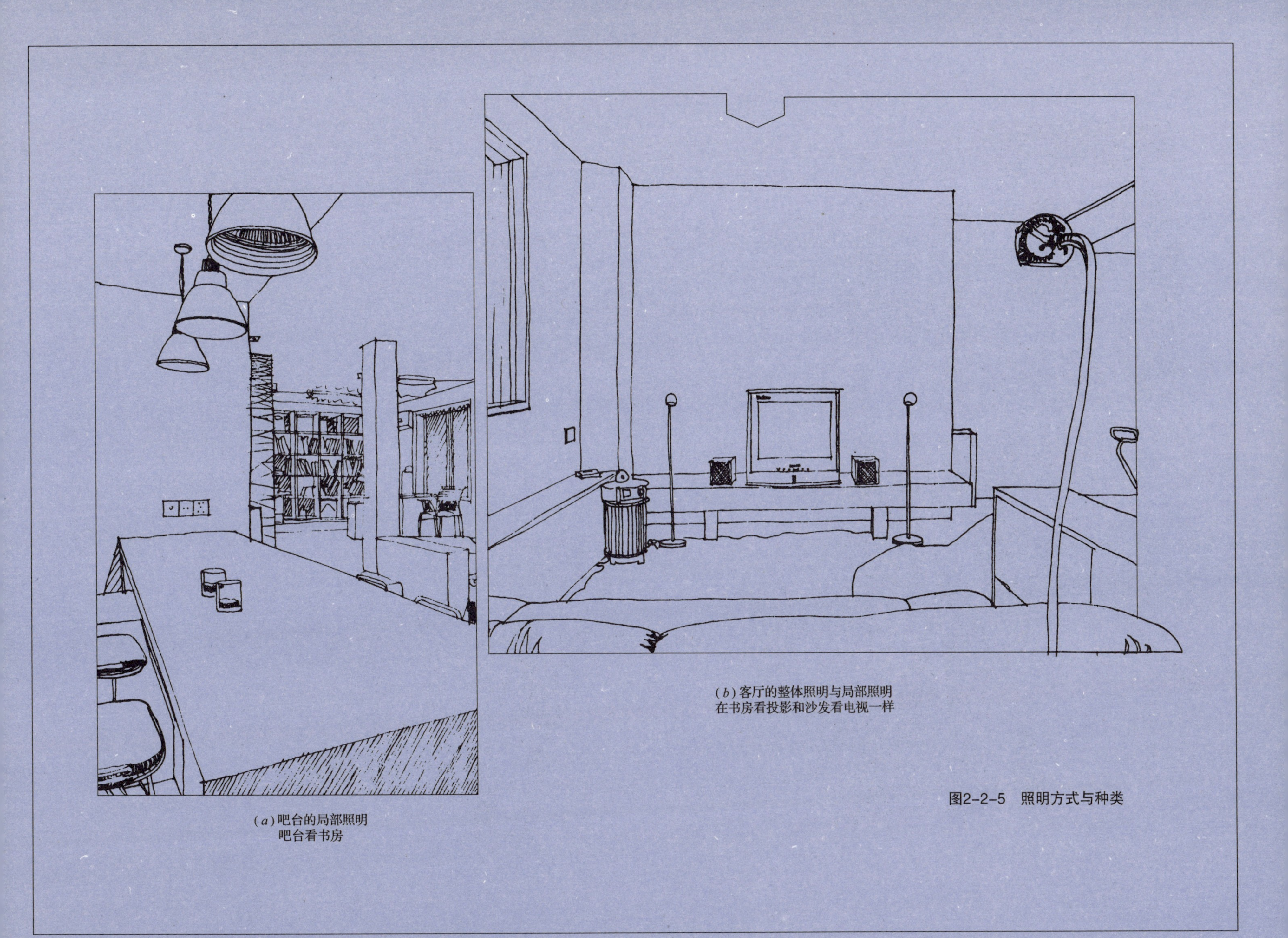

(*a*)吧台的局部照明
吧台看书房

(*b*)客厅的整体照明与局部照明
在书房看投影和沙发看电视一样

图2-2-5　照明方式与种类

图2-3-1　商业专卖空间照明结构顶棚中布置射灯

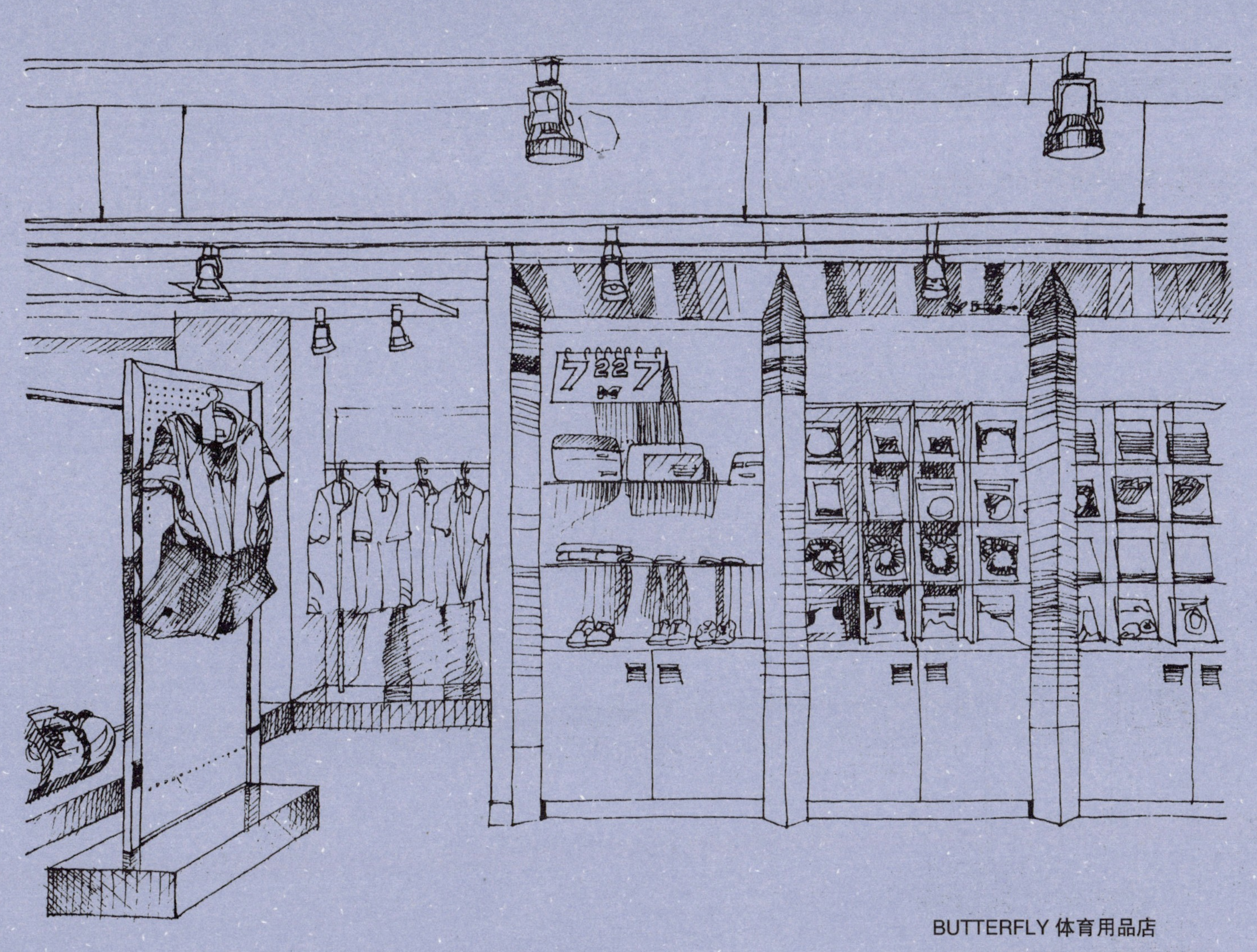

BUTTERFLY 体育用品店

分区局部照明让顾客区分不同商品领域
局部照明还营造出一个个趣味中心

图2-3-2　商业空间照明

服饰专卖

橱窗内不同照射方向，自由组合的灯具，使表现富有层次感

图2-3-3

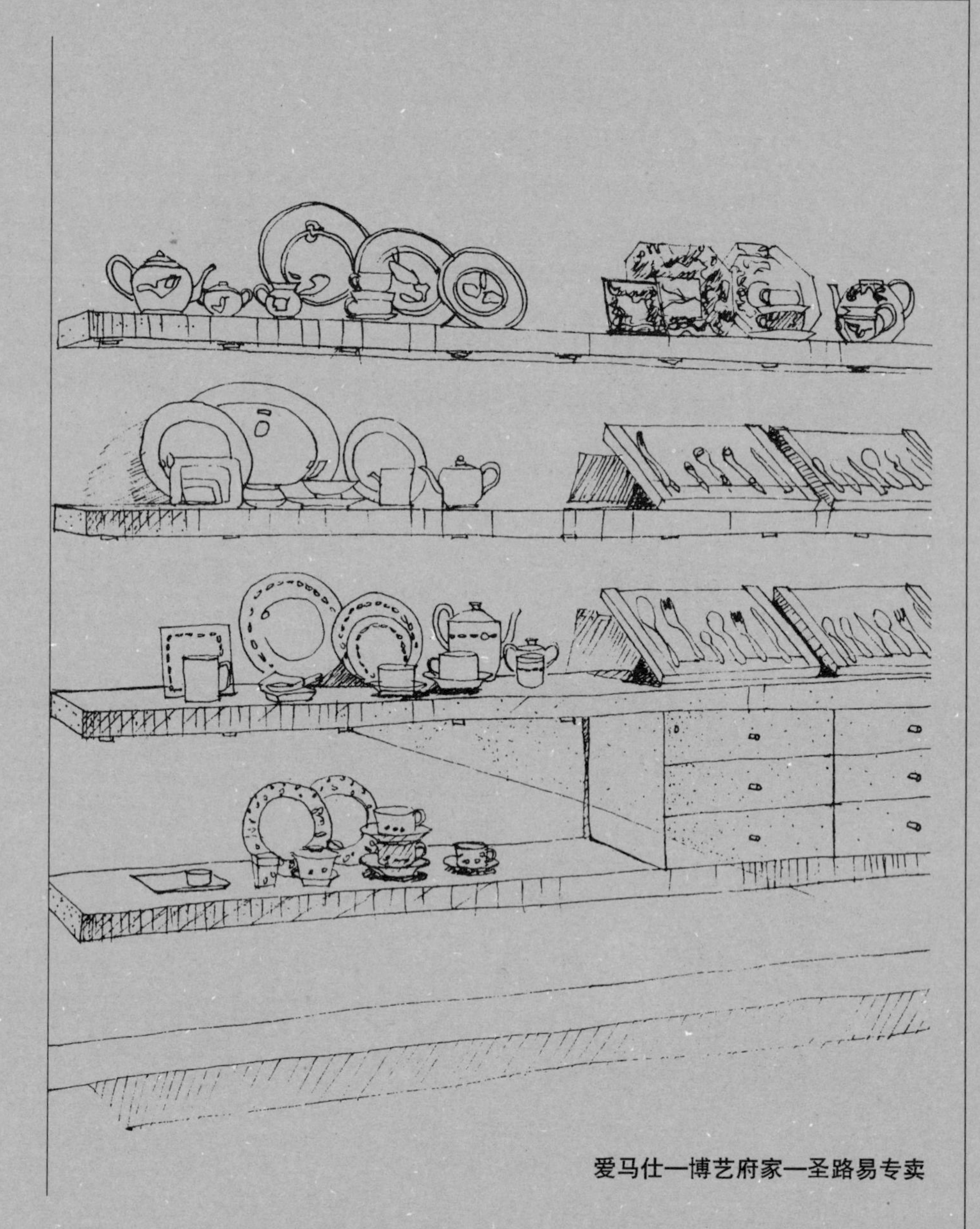

爱马仕—博艺府家—圣路易专卖

图2-3-4　金卤灯照射，很好地表现物体光泽

图2-3-5　商业空间照明

图2-3-6　办公空间照明

开放式办公区，简练的家具，地面、顶棚的装饰手法和用材变化解决了功能和美观的要求，以荧光照明为主。

教室讲台、黑板区的白炽灯局部照明

曲浪吊顶削减了 横梁的压抑
荧光灯组合的嵌入式一般照明

图2–3–7

图书馆阅览室照明

图2–3–8

点、线、面构成了报告厅
简洁明快的造型语言

报告厅台口

复旦大学附属中山医院

图2-3-9　视听空间照明

“同乐坊”KTV
VIP 空间

图2-3-10　视听空间照明

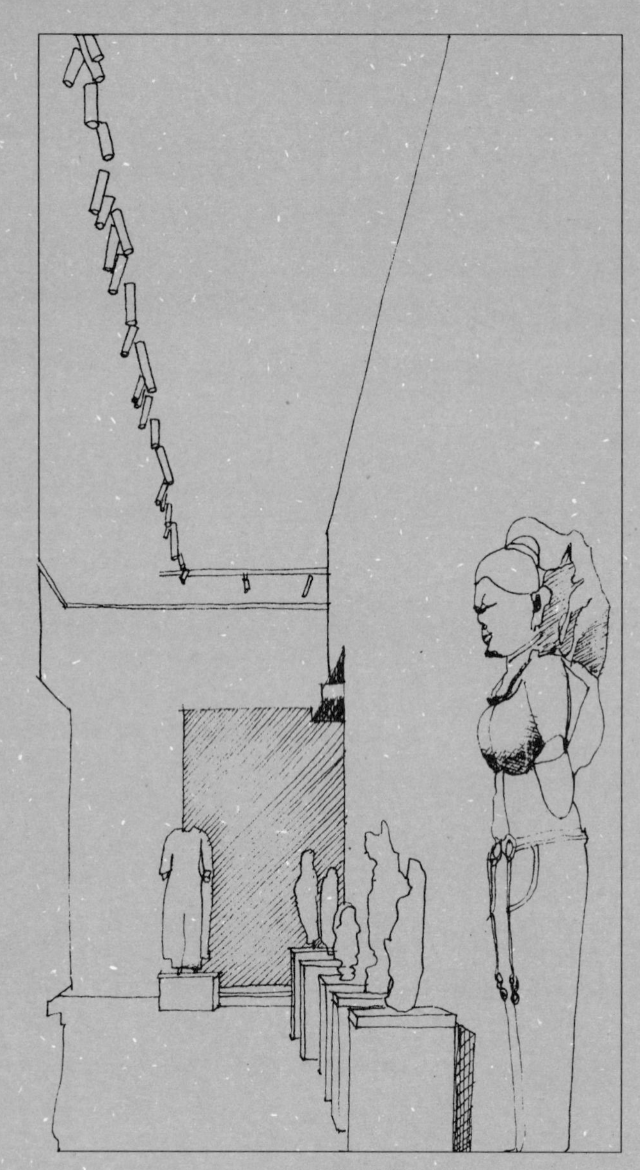

(*a*) 立体亚洲艺术展品

(*b*)
新南威尔士艺术馆
亚洲馆不同风格的
亚洲艺术展览展台

(*c*)
伊春恐龙博物馆原木展
台体现地域性立体展品
展示与墙面陈列照明

图2-3-11　展览空间照明

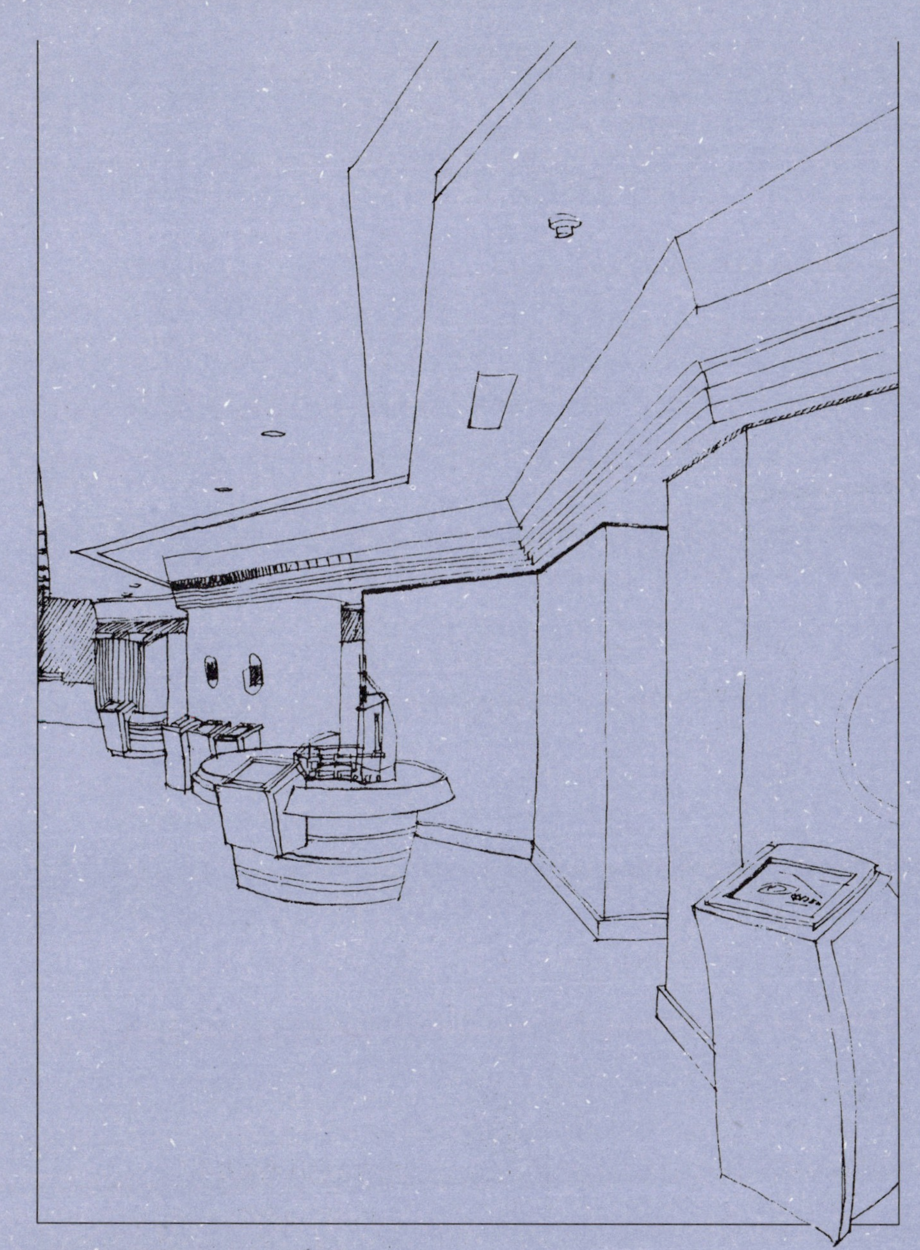

信息大厦电信业务演示厅

图2-3-12 展览空间照明

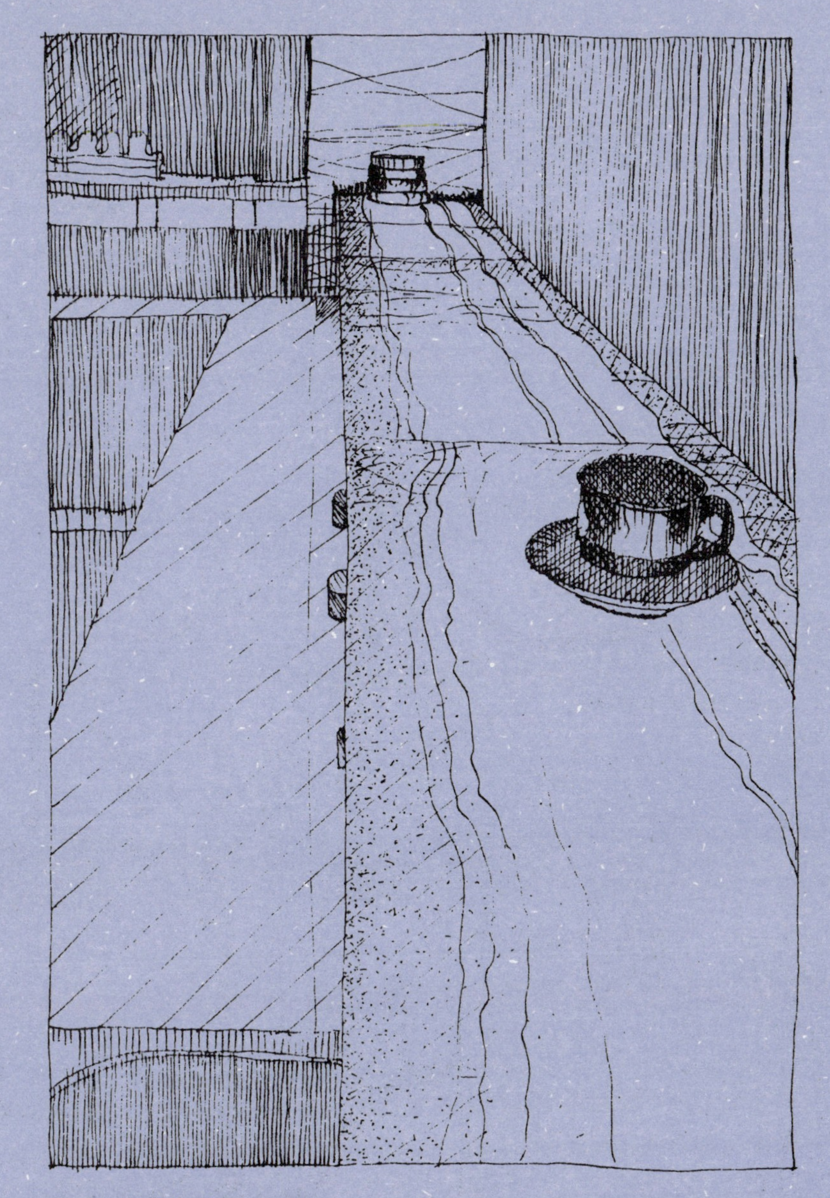

阳光·印象咖啡厅

吧面光色形成了室内的视觉中心

图2-3-13 吧台局部照明

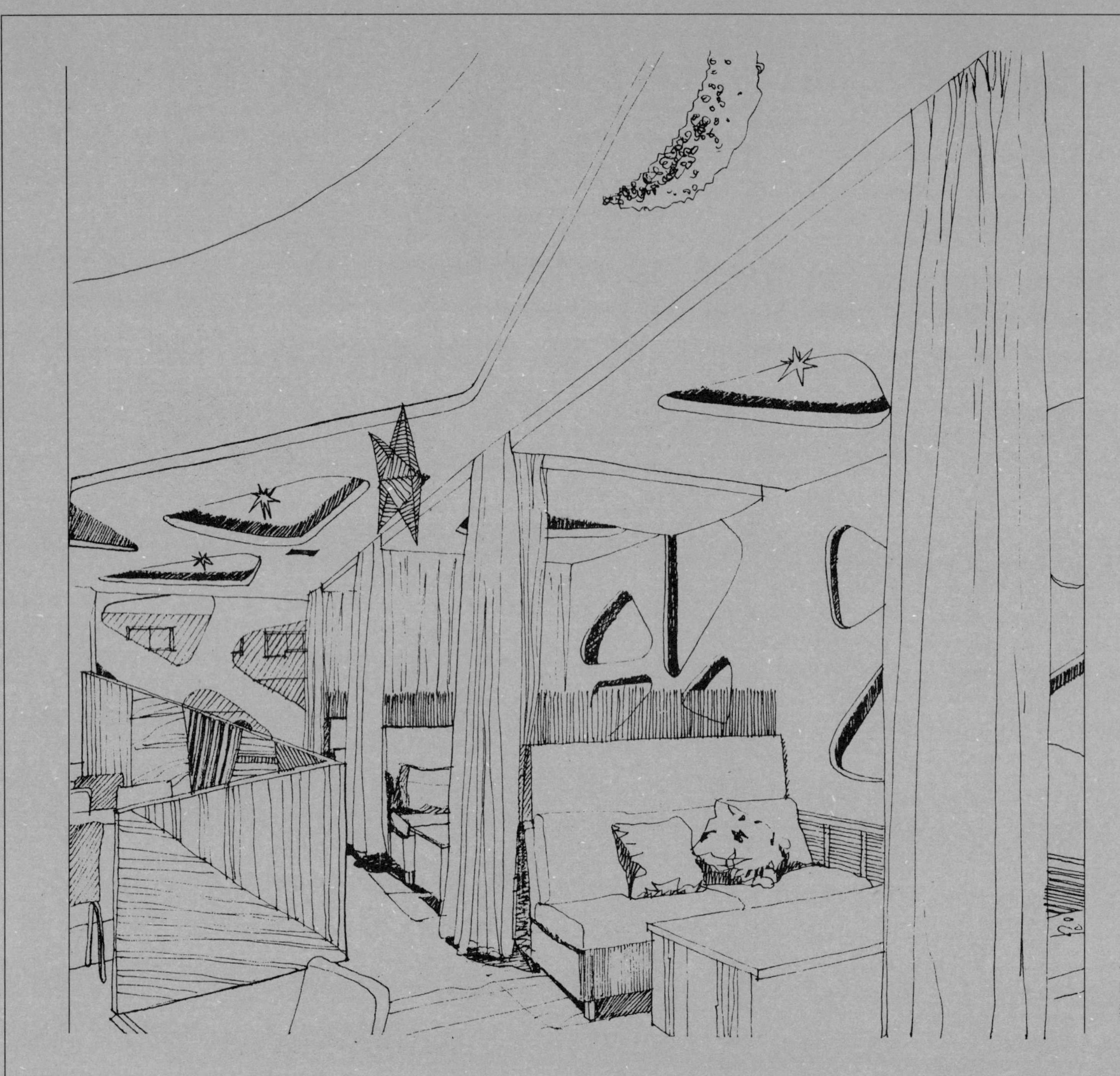

大力士牛冰激凌餐吧

二层材料的运用强调相互之间的顺序，运用垂幔，灯光划分独立的卡台区域

图2-3-14　餐饮空间照明

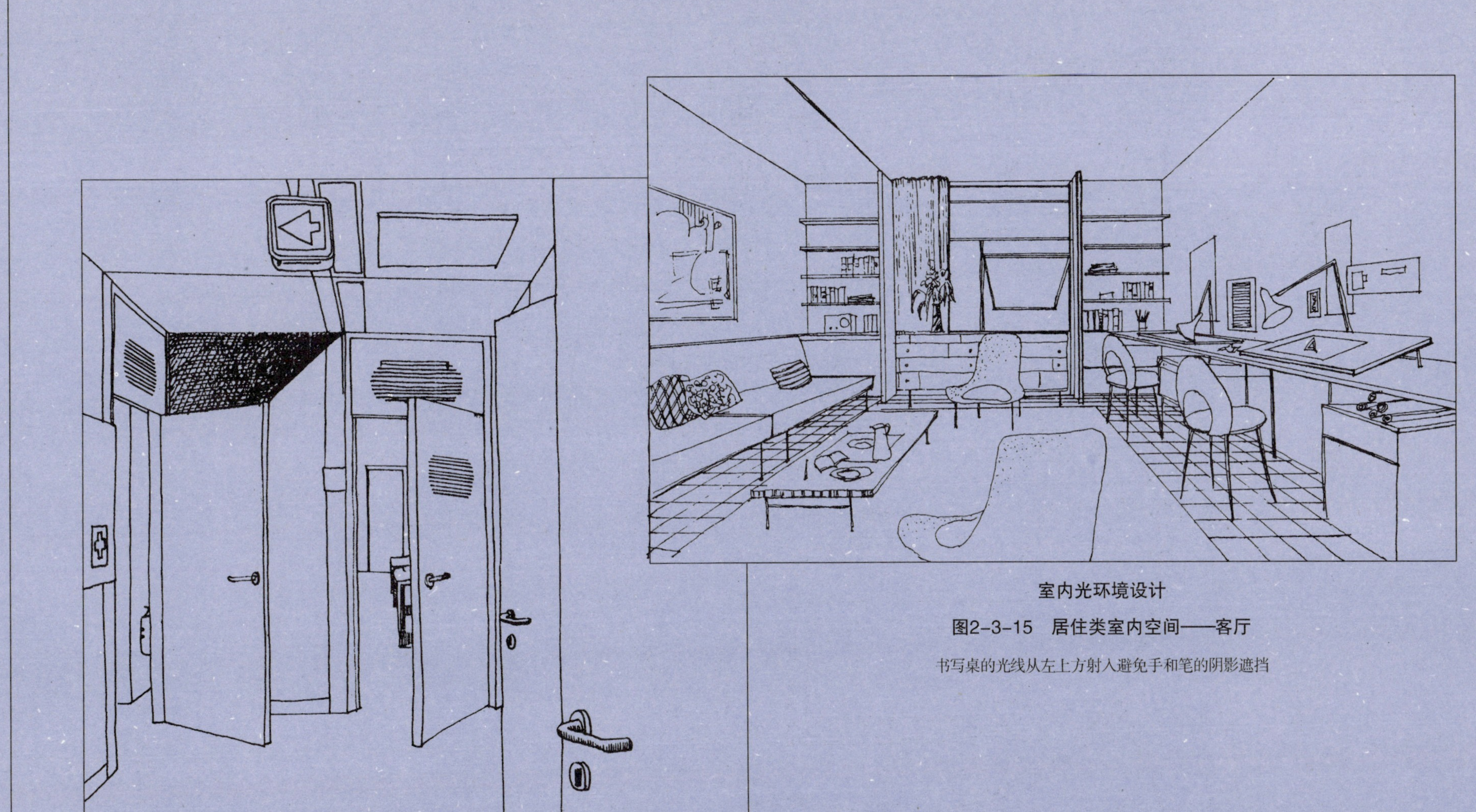

室内光环境设计

图2-3-15　居住类室内空间——客厅

书写桌的光线从左上方射入避免手和笔的阴影遮挡

图2-3-24　安全指示照明

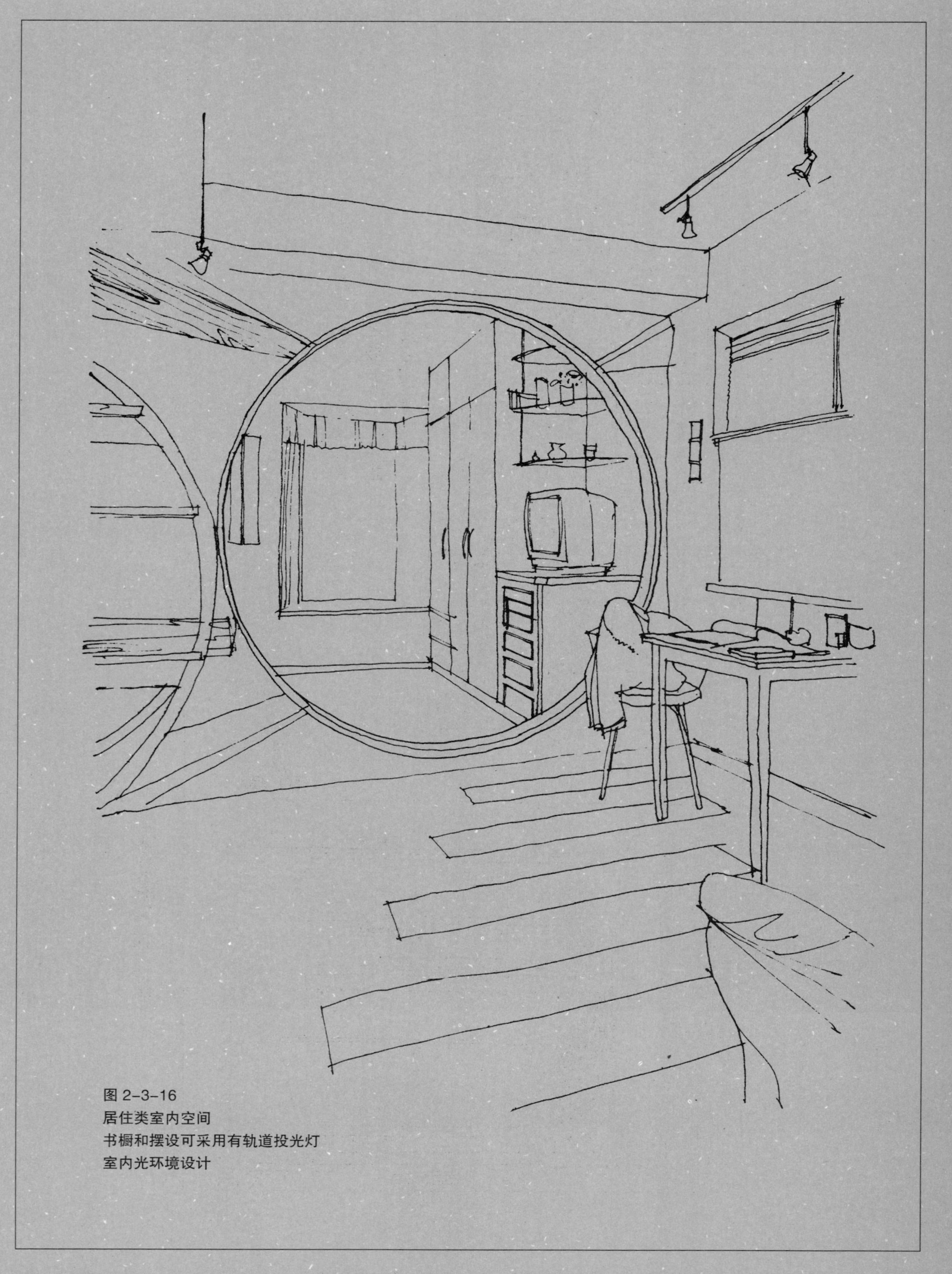

图 2-3-16
居住类室内空间
书橱和摆设可采用有轨道投光灯
室内光环境设计

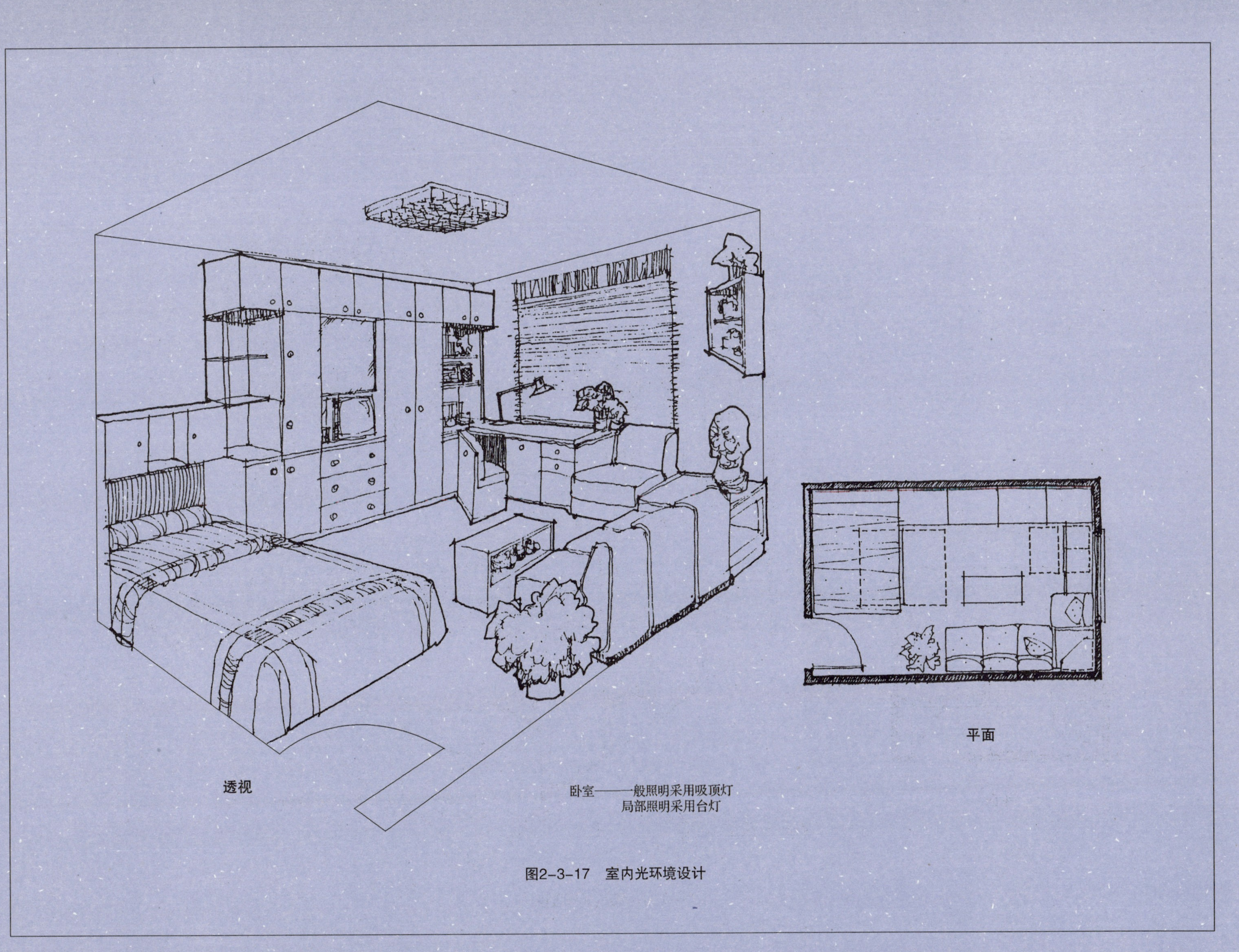

图2-3-17　室内光环境设计

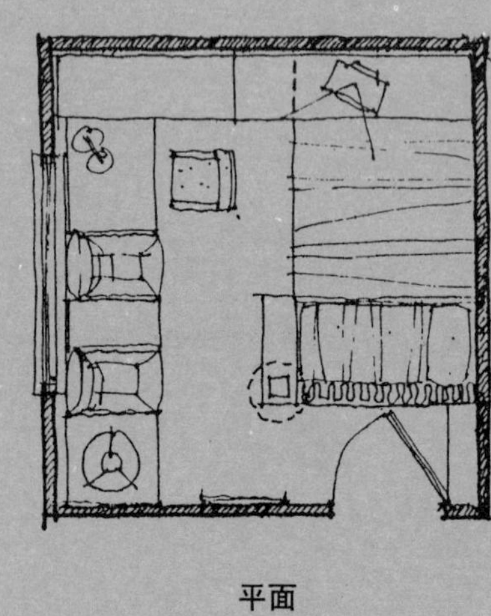

平面

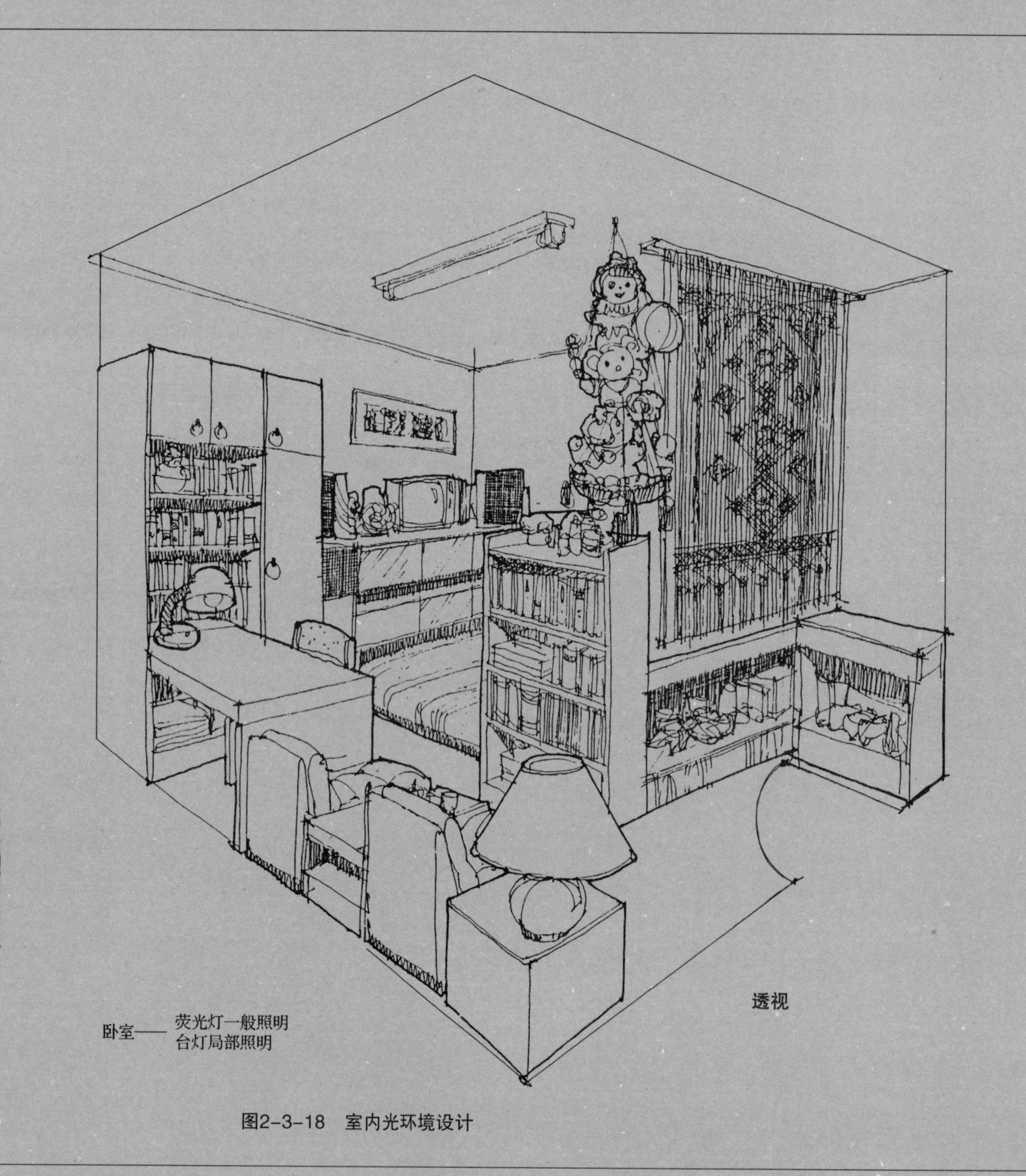

透视

卧室——荧光灯一般照明
　　　　台灯局部照明

图2-3-18　室内光环境设计

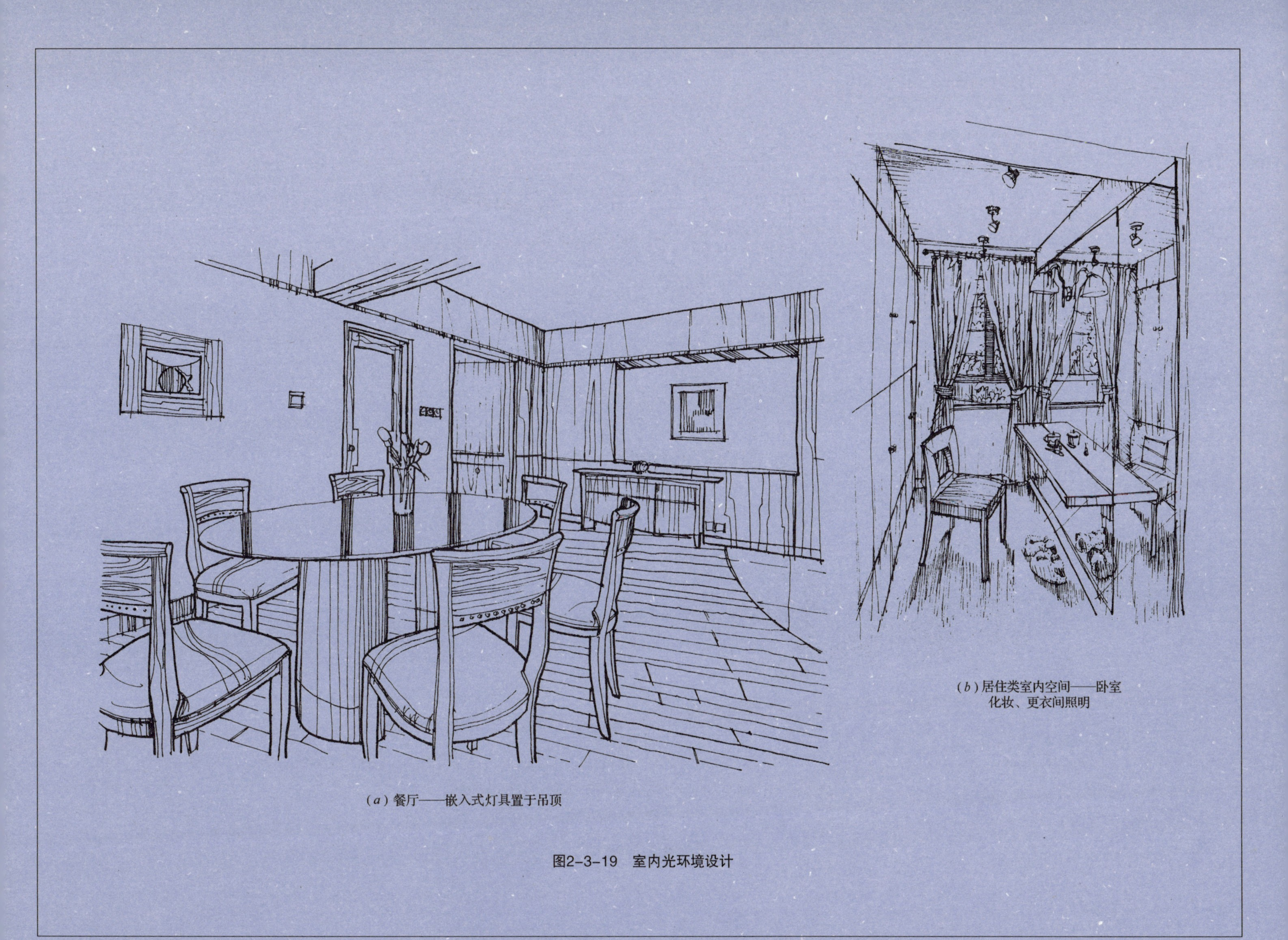

（*a*）餐厅——嵌入式灯具置于吊顶

（*b*）居住类室内空间——卧室化妆、更衣间照明

图2-3-19　室内光环境设计

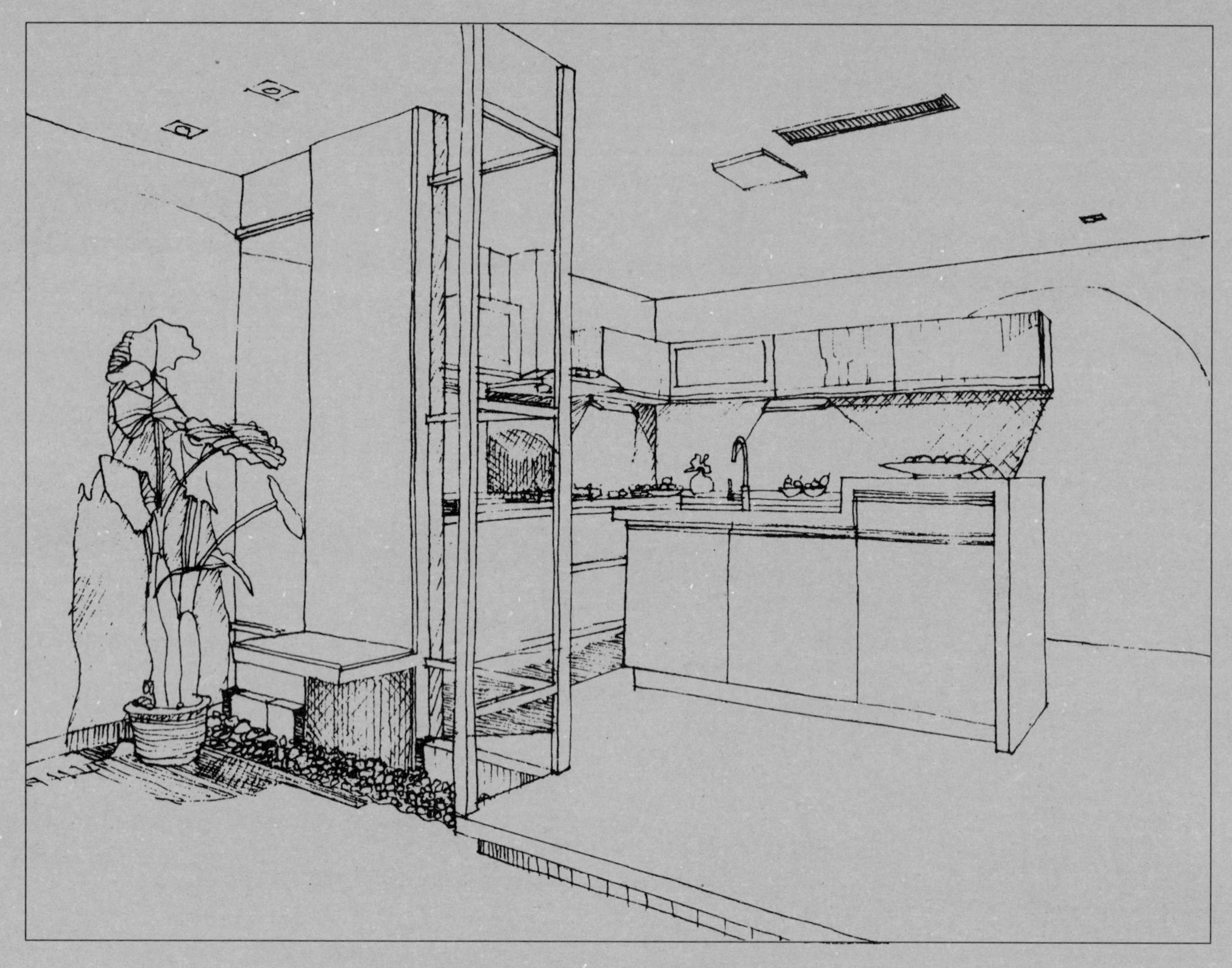

顶棚简洁照明与操作台上方柜子下的局部照明，满足了厨房烹饪的需求

图2-3-20

居住类室内空间——卫生间
两侧壁灯有助于化妆

图2-3-21　室内光环境设计

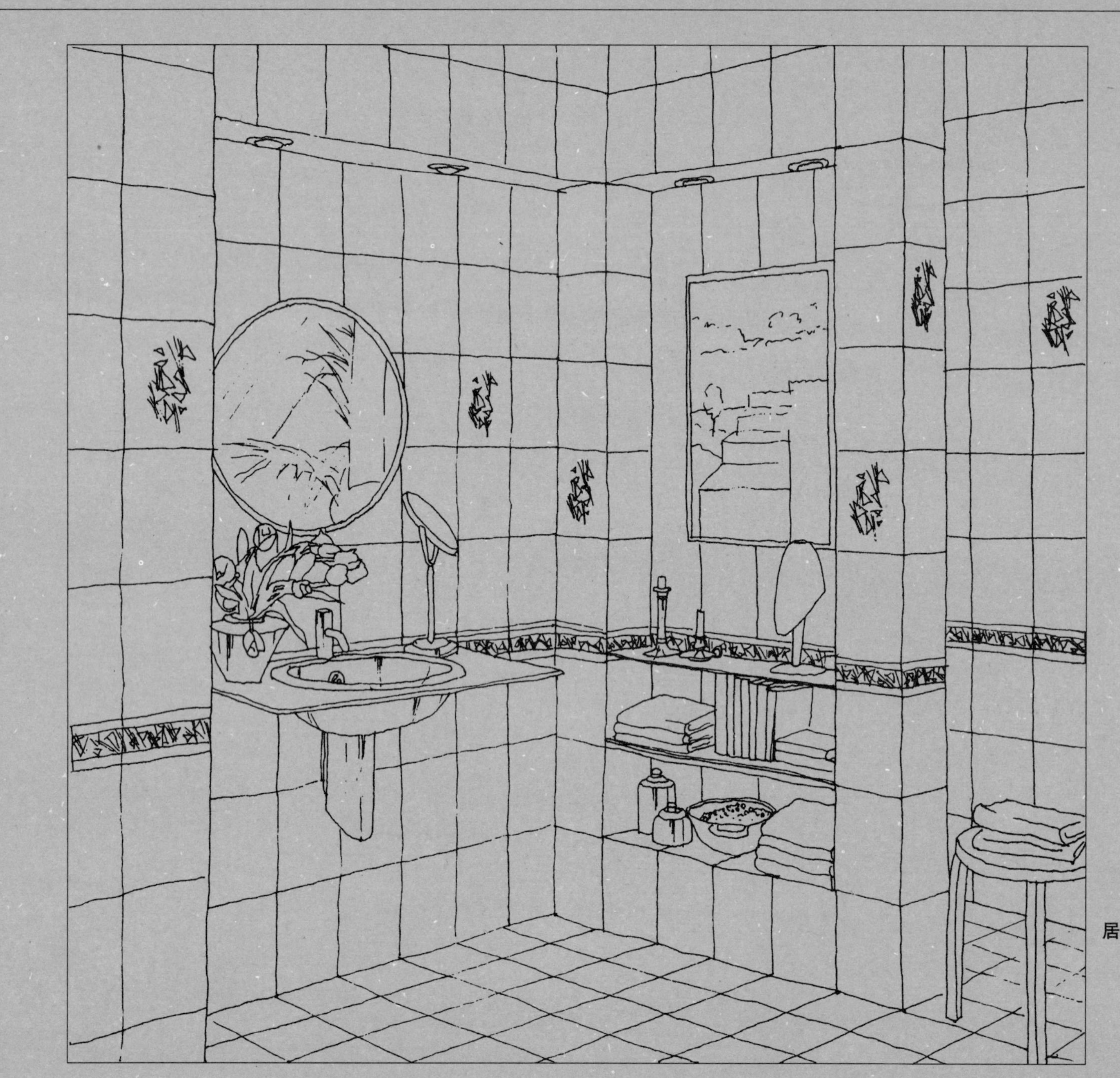

居住类室内空间——卫生间
洗脸台上方设照明

图2-3-22　室内光环境设计

图2-3-23 门厅照明

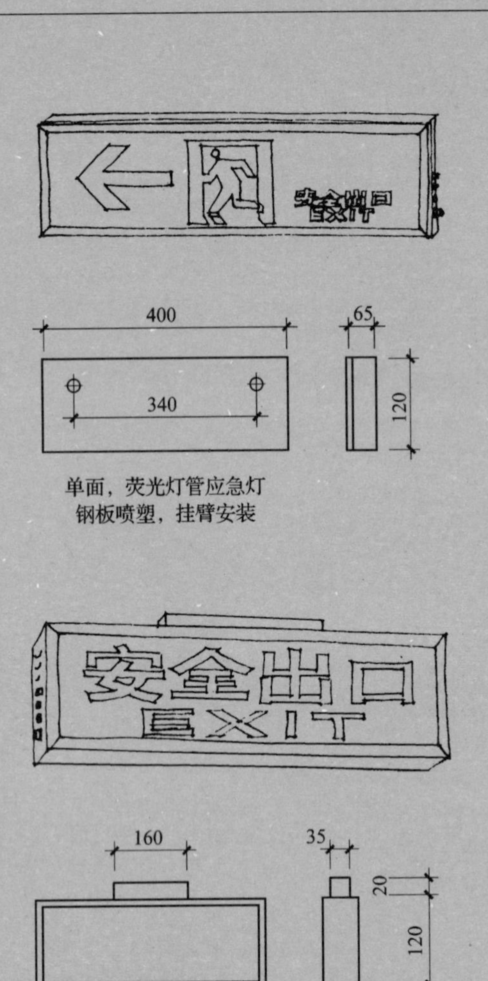

单面，荧光灯管应急灯
钢板喷塑，挂臂安装

双面，荧光灯管应急灯
钢板喷塑，吸顶安装

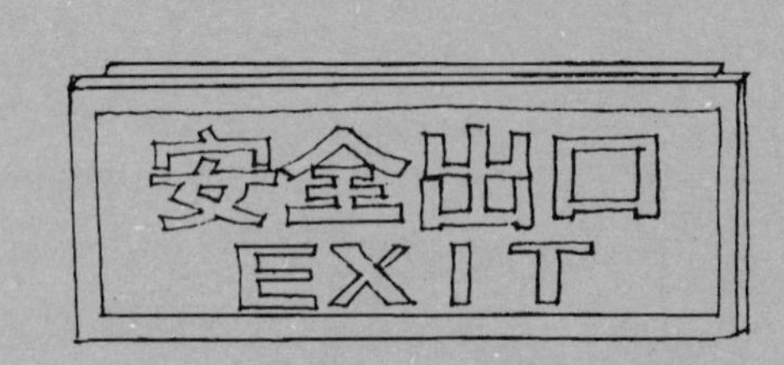

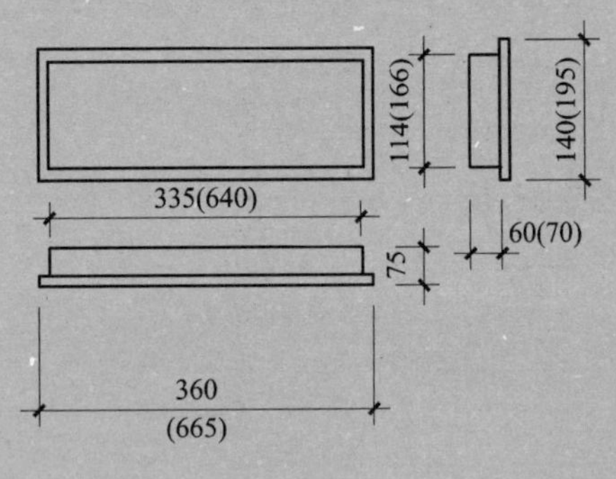

荧光灯管应急灯
钢板喷塑、铝合金面框
嵌入安装

双面，荧光灯管应急灯
铝合金、吸顶安装

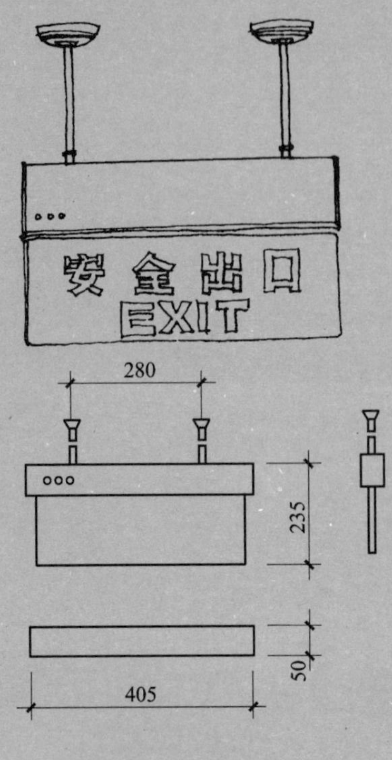

荧光灯管应急灯
钢板喷塑、不锈钢
吊挂安装

图2-3-25　应急灯图示

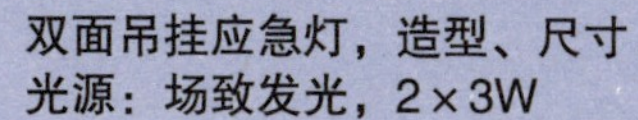

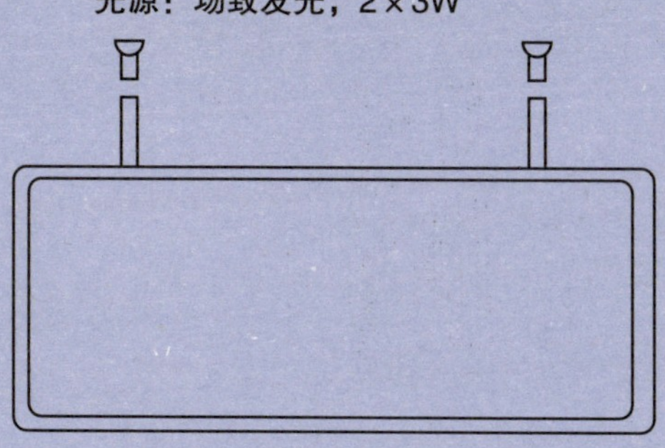

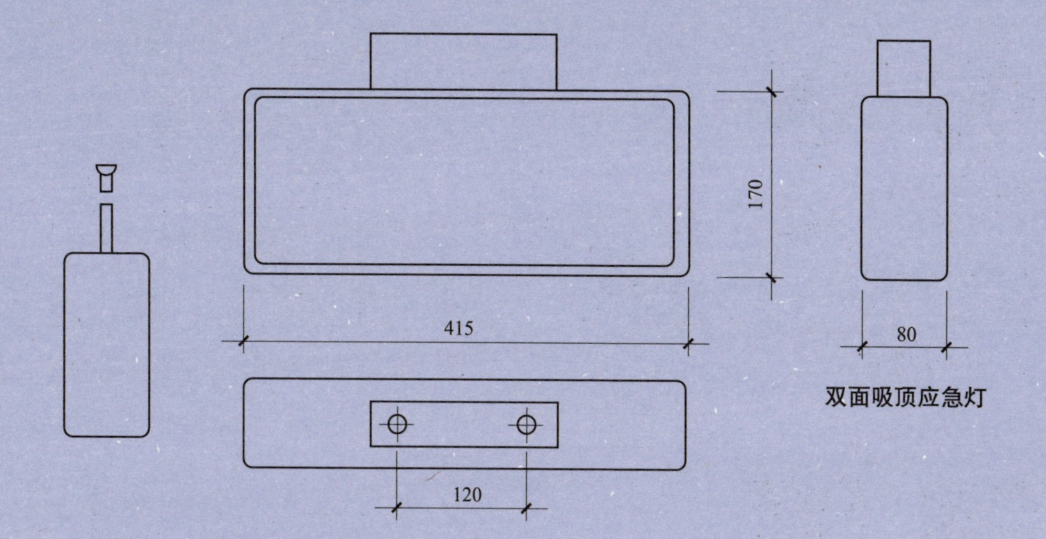

双面吸顶应急灯

面板文字标识

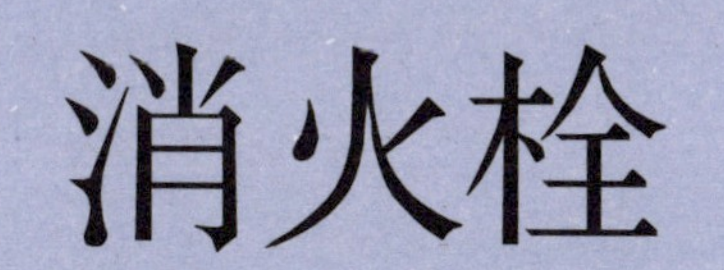

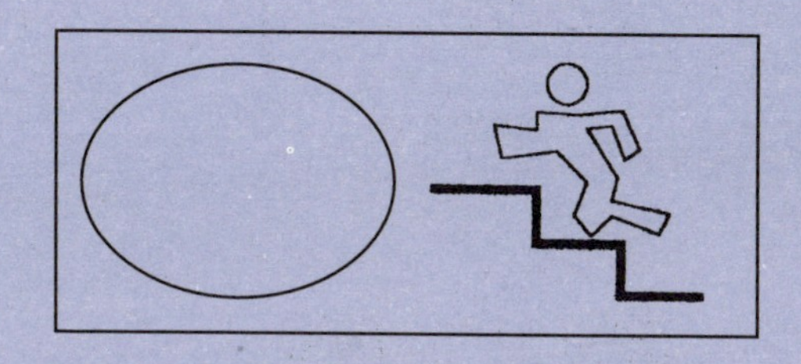

场致发光应急灯

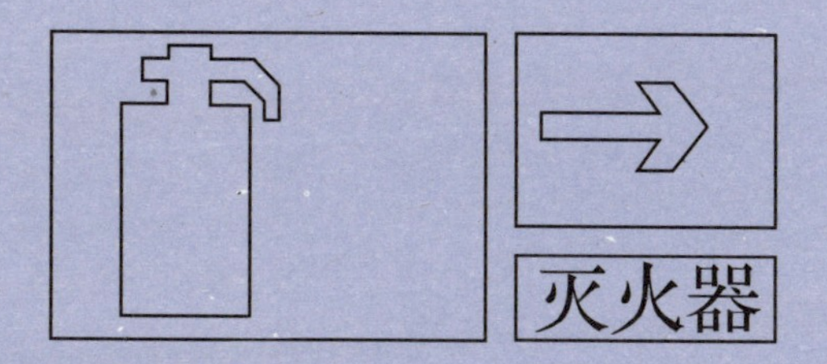

图2-3-26

挂壁式 1

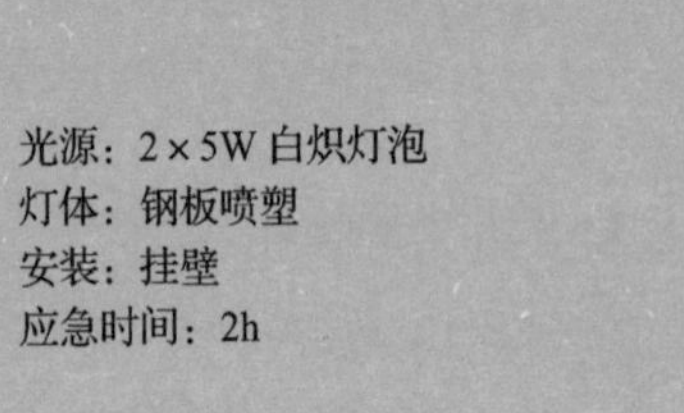

光源：2×5W 白炽灯泡
灯体：钢板喷塑
安装：挂壁
应急时间：2h

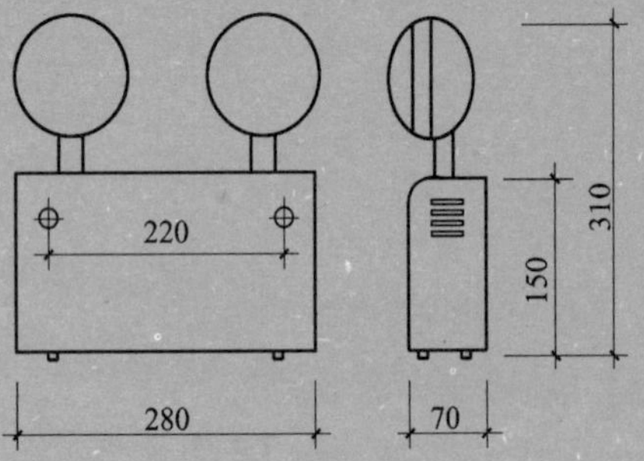

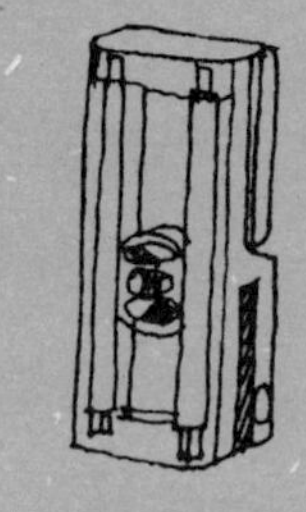

手提式 1

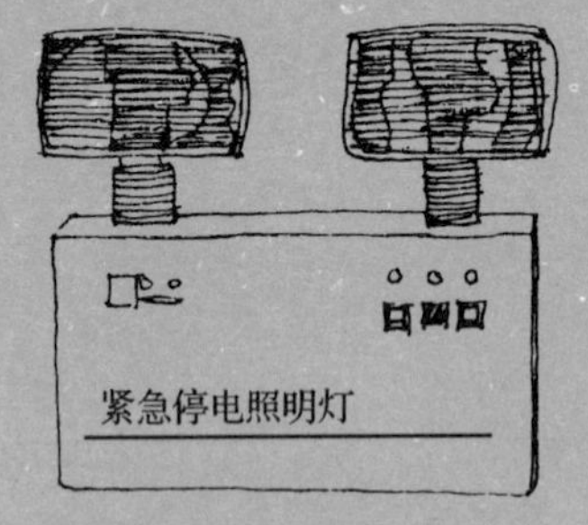

挂壁式 2

光源：2×5W 白炽灯泡
灯体：钢板喷塑
安装：挂壁
应急时间：2h

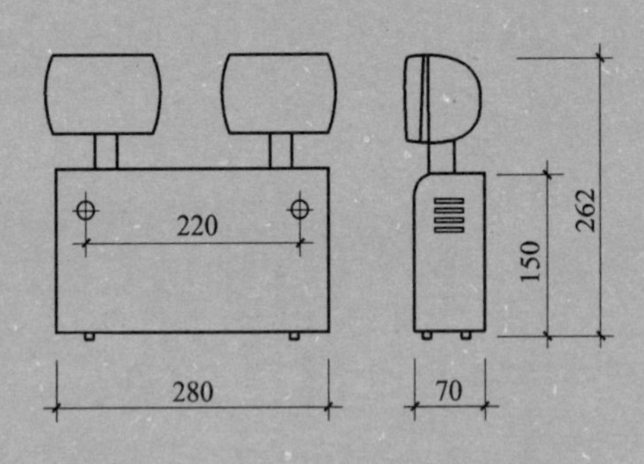

手提式 2

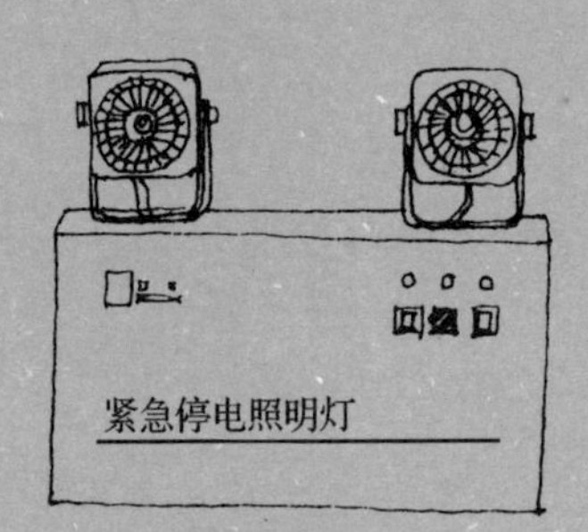

挂壁式 3

光源：2×20W 冷光束卤钨灯泡
灯体：钢板喷塑
安装：挂壁
应急时间：1h

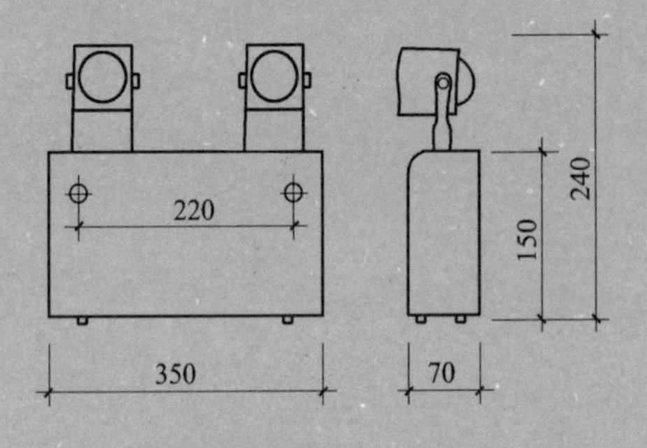

图2-3-27　应急灯

第二篇 构造与实例

一、顶棚

（一）顶棚饰面的基本构造

1. 直接式顶棚

直接式顶棚是指在屋面板和楼板底部直接做饰面的顶棚。

直接式顶棚要求板底平整，楼板底部直接进行喷浆、抹灰或贴壁纸。如果顶面采用喷浆或涂刷工艺，则要预先在板面涂一层胶粘剂，在施工时不宜抹得太厚，如图 3－1－1 所示。

为了满足一定的艺术效果，直接式顶棚通常采用线脚来装饰顶棚，线脚一般设在顶棚与墙壁的交界处。按线脚材料分，线脚有木制线脚、金属线脚、塑料线脚、石膏线脚等，如图 3－1－2 所示。

（1）直接式抹灰顶棚装饰构造

常见的抹灰材料有：纸筋灰、石灰砂浆、水泥砂浆等。其具体做法是：先在屋面板或楼板底刷一遍纯水泥浆，然后用混合砂浆打底，最后做面层。如果在板底增设一层钢丝网，再在网上抹灰，则可增加顶面强度，使顶面不易开裂。

（2）涂刷类顶棚装饰构造

涂刷类顶棚的常用材料有：石灰浆、大白浆、色粉浆、彩色水泥、水溶性乳胶漆、涂料等。如果采用喷枪喷涂或涂刷工艺，要先在板面涂抹一层胶粘剂后再施工。

若墙面上设置挂镜线，挂镜线以上墙面与顶棚饰面做法应一致。

（3）玻璃砖顶棚装饰构造

玻璃砖顶棚构造是在屋面板的钢筋混凝土肋间填嵌玻璃砖。玻璃砖尺寸有 200mm×200mm，220mm×220mm 等。如采用空心玻璃砖，则热工效果会更好，如图 3－1－3 所示。

（4）裱糊类顶棚装饰构造

有些装饰要求较高的房间，顶棚采用墙纸、墙布或其他织物材料裱糊粘贴。具体做法与墙面作法相同。

（5）结构顶棚装饰构造

结构顶棚是将屋盖结构暴露在外，不另做顶棚。这种形式往往在大空间网架结构、膜结构等中采用。由于构成网架的杆件本身排列有规律，并通过将照明、通风、防火、吸声等设备巧妙组合，因此能产生节奏感、韵律感，使顶棚更具表现力，如图 3－1－4 所示。

2. 悬吊式顶棚装饰构造

悬吊式顶棚是指在顶棚的装饰面层与屋面板、楼板之间，通过设吊筋与龙骨再做饰面构成的顶棚，在楼板与装饰面层之间这段空间里可以敷设管道、设备等。

悬吊式顶棚由 3 部分组成：面层、骨架、吊筋。面层的作用是装饰空间、满足功能要求。骨架由主搁栅和次搁栅组成，其作用是承受顶棚荷载。吊筋的作用是承受面层和骨架的荷载。

吊筋要根据荷载大小、搁栅形式与材料适当选择，可以使用木材、钢筋或型钢。吊筋的固定方式有：预埋吊筋、预埋吊筋杆入销法、用射钉枪固定。

骨架的主搁栅，一般垂直于桁架方向，间距 1.5m，可以用方木（50mm×70mm）或圆木。如果是上人顶棚，局部用轻质型钢，其中吊筋与主搁栅的连接采用焊接、螺栓连接、铁钉连接、挂钩等方式。次搁栅通常是双向布置，可以是木条（25mm×25mm）、轻质型钢、高强度塑料条等，其布置方式、安装间距由饰面层用料决定，一般不宜大于 600mm。

面层的材料组合方式很多，一般有抹灰类面层、板材类面层、搁栅类面层。面层如采用板材，其与次搁栅的固定可采用挂接、钉接、卡接、搁置和粘结 5 种方式，如图 3－1－5 所示。

（1）板材类

板材类顶棚是目前工程中最常用的顶棚形式，板材类顶棚的主次搁栅与面板在工厂预制成标准化高的构件。构件连接简单，施工速度快，面板在制作过程中考虑了音响、照明、暖通等设备的位置，使施工更为简便。

板材类顶棚常用的材料由石膏板、金属板、纤维复合板等。板材与搁栅的连接方式有“钉”、“搁”、“粘”、“挂”、“卡”等，如图 3－1－5所示。

1）石膏板与矿棉板顶棚装饰构造。石膏板与矿棉板有防火、吸音、隔热、保温等优点，而且可以钉、锯、刨，装配化程度高，因此在顶棚中经常使用。板厚通常为 12～15mm。搁栅通常采用薄壁型钢，不上人顶棚用 ϕ6mm 钢筋作吊筋，再用各种吊件将次搁栅吊在主搁栅上。石膏板分纸面石膏板、无纸面石膏板，固定在次搁栅上。次搁栅间距要按板尺寸规格而定，其次构造，如图 3－1－6～3－1－9 所示。常见纹样，如图 3－1－10、3－1－11 所示。

2）金属板顶棚装饰构造。金属板顶棚用轻质金属板做饰面层。常用的有压型薄钢板和铸轧铝合金型材两大类。

金属板顶棚具有一次成型的特点，其构配件种类很多，如图 3－1－12～3－1－15 所示。

金属板按照不同的使用要求做成不同的断面，板材与骨架的连接方式各不相同，如图 3－1－16～3－1－21 所示。

金属板表面平整光洁，不用再做面层，有时也可在金属板表面搪瓷、烘漆和喷漆等。有时为了降低顶棚造成的眩光，金属板宜采用亚光铝板或其他低反射金属板。

3）纤维复合板顶棚构造。纤维复合板一般是指矿棉纤维板和玻璃纤维板。这类板具有不燃、耐高温、吸声等性能，适合于具有防火要求的顶棚。

纤维复合板一般直接安装在金属骨架上，其构造方式有暴露骨架、部分暴露骨架、隐藏骨架 3 种。

暴露骨架是指次搁栅外露，板材搁置在次搁栅的倒 T 形翼缘上，如图 3－1－22（*a*）、3－1－23 所示。

部分暴露骨架是将板材两边制成卡口，卡入搁栅的倒 T 形翼缘中，另外两边搁置在搁栅的翼缘上，如图 3－1－22（*b*）所示。

隐蔽骨架是将板材四面都做成卡口，卡入骨架网络的倒 T 形翼缘中，如图 3－1－24、3－1－25 所示。

（2）搁栅类顶棚装饰构造

搁栅类顶棚是一种立体开放式顶棚。这种顶棚表面是开口的，有一种通透的效果。适用于办公、餐饮、娱乐等顶棚中。

搁栅类顶棚是用一定的单体构建组合而成。按材料不同，可分为木构件、金属构件、塑料构件等。

搁栅类顶棚的安装方式大体有两种：一种是将单体构件先固定在搁栅上，然后再将搁栅与吊筋相连，如图 3－1－26（*a*）所示。

另一种方法是单体构件直接与吊筋相连。在工程中，为了减少吊筋数量，可以将单体构件用卡盘相连，再通过钢管与吊筋相连，如图 3－1－26（*b*）所示。

1）木搁栅

木搁栅是将木板、胶合板等材料加工成单体构件并组成搁栅。木板、胶合板易于加工，重量轻，但材料具有可燃性。近年来用防火装饰板做成木搁栅，克服了木构件易燃的缺点，且板材表面不需要另行装饰，如图 3－1－27 所示。

2）金属搁栅

金属搁栅是将立起来的金属条板的经纬双向互相搭接在一起组成的搁栅。目前铝合金薄片常作为单体构件。这种顶棚反射光线效果好，是商场等场所理想的顶棚，如图 3－1－28、3－1－29 所示。

（二）顶棚特殊部位的装饰构造

顶棚构造除了要解决好自身构成合理的问题，还要解决好顶棚与其他界面相交处的构造问题。

1．顶棚的端部构造

（1）顶棚与墙面

顶棚与墙面的交界处的构造处理与吊顶形式有关，如果处理不当，不但会连接不平直，还会产生裂缝。常用的方法是用压条线脚掩盖接缝，如图 3－2－1（*a*）、3－2－2、3－2－9（*e*）所示。

（2）顶棚与窗帘盒

顶棚一般在窗洞侧设窗帘盒，并与顶棚一同施工完成。窗帘盒通常用实木、细木工板等材料制作，其色彩要与墙面、顶棚协调。窗帘盒在相应的窗洞口处设置，其宽度为 120～200mm，长度为窗洞洞口宽加 300mm。有时也可设置整条窗帘盒，如图 3－2－1（*b*）、3－2－3、3－2－9（*f*）所示。

2．顶棚高低差的构造

在现代建筑的室内装饰中，吊顶往往要通过高低变化丰富其空间造型。高低差的构造处理各有不同，但无论如何，都既要满足功能要求，又要符合构造处理的一般原则，如图 3－2－4～3－2－6 所示。

3．顶棚孔洞构造

顶棚中安装灯具、通风口等设备时，灯具等设备与顶棚连接处的构造直接影响装饰效果。

（1）检修孔

分上人检修孔与不上人检修孔，如图 3－2－7、3－2－8 所示。

（2）灯饰

灯具在顶棚处的构造处理有吸顶、嵌入、悬吊三种方式，如图 3－2－9（*a*）、（*b*）、（*c*）所示。

（3）通风口

通风口有预制铝合金圆形通风口和方形通风口等，在顶棚构造设计时，与嵌入式灯具方式类同，必须处理好风口与搁栅的关系，同时要处理好风口与顶棚的接缝构造，如图3－2－10～3－2－12所示。

（4）扬声器

扬声器一般采用嵌入式安装方式，安装后与面层齐平，如图3－2－9（*d*）所示。

4．顶棚变形缝构造

变形缝一般包括沉降缝、伸缩缝和抗震缝3种，其构造要求变形缝两侧应断开分离，以满足建筑构造需要。其构造具体做法如图3－2－13～3－2－17所示。

二、照明

（一）照明灯具的安装类型

1．嵌顶灯

嵌顶灯泛指装在顶棚内部，灯罩口与顶棚持平的灯具。其优点是顶棚面整齐，节省层高，但是灯具散热性能不好、发光效率不高、显得阴暗，一般作为主光源灯具的陪衬和点缀，用于室内空间基础环境照明或用于走廊照明，如图4－1－1、4－1－14（*a*）所示。

2．下悬灯

下悬灯是指安装在顶棚下方，悬挂安装的灯具。有造型简洁的组合型灯或吊灯。吊灯对空间的层高有一定的要求，若房屋层高较低，则不适用。吊灯一般离顶棚500～1000mm，光源中心距离顶棚750mm为宜，如图4－1－2、4－1－3、4－1－13（*a*）、4－1－15（*c*）所示。

3．吸顶灯

吸顶灯是直接安装在顶棚面上的灯具，光源采用白炽灯或荧光灯，可使整个房间有明亮感。在住宅类室内光环境设计中常用作主要照明灯具，如图4－1－4～4－1－7、4－1－13（*b*）、4－1－14（*b*）、4－1－15（*b*）所示。

4．壁灯

壁灯是安装在墙壁上的灯具，也是一种最常用的装饰灯具。根据不同要求有直接照射、间接照射、向下照射和均匀照射等多种形式。壁灯由于距地面不高，一般可使用小功率光源。使用壁灯往往也是作为层高较低或过高的室内空间照明的一种补充照明。在住宅室内环境设计中，选择一些工艺精美、形式新颖的壁灯能充分体现主人的修养和兴趣爱好所在，如图4－1－8～4－1－11、4－1－13（*d*）、4－1－14（*c*）、4－1－15（*a*）所示。

壁灯安装高度视房间的功能而异，一般在视线高度的范围内。如果超过1.8m，可起到顶棚照射的延长作用。在比较窄的走道或其他平面尺寸相对较小的空间应慎用或不用。还要注意，如装在有彩色涂料的墙上，如果色彩牢度不够，会因壁灯长时间照射或电热等原因使墙面脱色。

5．移动灯具

移动灯具是一种具有弹性的灯型，典型的就是各种台灯，主要用作书桌和床头的局部照明。还有放在地板上的落地灯、杆灯和座灯等。如果室内面积较宽裕，使用一些雕塑造型的落地灯，装饰效果更明显，如图4－1－12、4－1－15（*d*）、（*e*）、（*f*）所示。

6．灯槽

灯槽是隐藏灯具、改变灯光方向的凹槽，是固定在顶棚或墙壁上的线型或面型的照明，属于结构式照明装置。由于这种照明方式可以结合室内造型，能有效地分割空间，常常显示出它的迷人之处，因此，这种照明方式装饰性较强，但不利于节能。通常有顶棚式、檐板式、窗帘遮蔽式、发光面板等多种做法。

（1）顶棚式

顶棚式灯槽以日光灯为主要光源并加以藏匿，通过反射光来达到照明效果，如图4－1－16所示。

（2）檐板反光

檐板设在墙和顶棚的交接处，有15cm左右的深度，荧光灯板布置在檐板之后，常采用色温较高的荧光灯管。檐板反光在低顶棚的房间中使用较多，因为它可以给人顶棚升高的印象，如图4－3－5所示。

（3）窗帘照明

将荧光灯管安置在窗帘盒背后，光源的一部分朝向顶棚，一部分向下照在窗帘或墙上，窗帘盒把灯管和窗帘顶部隐藏起来。

（4）凹槽口照明

这种槽形装置的漫射光，引起顶棚表面退后的感觉，能创造开敞的效果和平静的气氛。

（5）发光面板

发光面板可以用在墙上、地面、顶棚或某一个独立装饰单元上，它将光源隐蔽在半透明的板后。发光顶棚是常用的一种，广泛用于厨房、浴室或其他工作地区，为人们提供一个舒适的无眩光的照明。但是发光顶棚有时会使人感觉仿佛处于有云层的天空下，均匀的照度提供较差的立体感，会影响视觉分辨率，如图4－3－4所示。

7．户外灯，如图4－1－15（h）、4－1－17所示。

（二）照明灯具的选择原则

新颖的灯具层出不穷，应该科学选择。首先要根据空间各部位使用功能来选择照明灯具，其次应当注意灯具的色调，另外，灯具的美感也十分重要。

1．体量与形状

照明灯具的选择，应适合空间的体量和形状。大的空间应使用体积较大的灯具，照明功率也要匹配；小空间宜用体积较小的灯具，选用功率也要小一些。在适合空间的体量方面选择灯具，应遵循以下几个原则。

（1）与房间的高度相适应。顶棚高度在3.5m以上时，使用水晶灯，可以展现水晶灯的雍容气派，如图4－2－1（a）所示。房间高度在3m以下时，不宜选用长吊杆的吊灯及下垂过多的水晶灯。

（2）与房间的面积相适应。灯饰的面积不要大于房间面积的2%～3%，如照明不足，可增加数量，否则会影响装饰效果，如图4－2－1（b）所示。

（3）与顶的承重能力相适应。特别是做吊顶的顶部，必须有足够的荷载，才能安装相适应的灯具。

照明灯具是室内装饰的有机组成，灯具形状也应与环境相协调，如图4－2－2所示。

灯具一般以小巧、精美、雅致为主要选择原则。如室内的落地灯、台灯等一般可分为支架和灯罩两大部分，有些灯具设计重点放在支架上，也有些把重点放在灯罩上，不管哪种方式，整体造型必须协调统一，如图4－1－12所示。

现代灯具都强调几何形体构成，在基本的球体、立方体、圆柱体、角锥体的基础上加以改造，演变成千姿百态的形式，运用对比、韵律等构图原则，达到新颖、独特的效果。选择灯具的样式、材质和光照度都要和室内功能和装饰风格相统一，与整体的装修风格相适应。要注意体现民族风格和地方特点以及个人爱好，以体现照明设计的表现力。中式、日式、欧式的灯具要与周围的装修风格协调统一，才能避免给人以杂乱的感觉，如图4－2－3所示。

装饰照明所采用的照明方式要能突出所表达的饰品特点和艺术性，有采用各种饰面材料配合铸压金属、玻璃灯罩和花形工艺的装饰性壁灯、枝形吊灯、台灯和落地灯可供选择。

2．功能与环境

人在任何空间中都应该是第一位的重要角色，因此良好的照明设计所创造的应该是舒适的氛围，让人对这一区域空间的好感增强。照明功能要满足人们不同活动的需求，符合不同空间的需要。

人工照明有下列装饰功能：

（1）“调节”高度：如果房间高度过高，可以采用向上投光的壁灯，把墙面分为明暗两段，这时灯光的作用相当于墙裙的作用。如果居室高度较低，则可以在顶面四周做一圈比较窄的吊顶，内藏向上投射的灯光，让人感觉居室并不低。

（2）营造氛围：不同的灯光可以营造出不同的氛围。例如，轻薄透明的纸质灯罩，透出的光线射向四周，显得柔和、缥缈，如图4－2－4所示；而那些不太透光的灯罩会将光线向下聚拢，产生各种不同的情趣。

（3）变换色彩：色彩是室内装饰的重要手段，通过灯光的颜色来调节居室的色彩简便易行。

（4）变换层次：利用灯光的明暗变化，能使室内空间更具丰富的层次，如图4－2－5（b）所示。

（5）丰富造型：灯光能加强结构线条的立体感，流畅的灯具造型，将给空间带来装饰的生命力，采用上射、下射和背投光源并使用不同的色彩，就会产生不同的造型效果，如图4－2－5（a）所示。

3．造型与风格

灯光设计不仅与灯具的选择有关，还涉及到空间的色彩、物体的图案、灯具本身的造型、装饰材料的特性等各种因素。现代灯具的造型变化虽然丰富多彩，却离不开仿古、创新和实用这3类。

华丽的珠光宝气的大吊灯、动物造型的壁灯、线条精细装饰豪华的吸顶灯等都是仿照18世纪宫廷灯具发展而来的。这类灯具适合于空间较大的社交场合，如图4－2－6所示。

创新型灯具一般具有别致的造型，各种现代灯具，如射灯、牛眼灯、嵌藏筒灯等都属于创新灯具，如图4－1－1、4－1－5、4－1－6所示。

实用型灯具最具有广泛性，平时所见的日光灯、三基色节能灯、书写台灯、落地灯、床头灯等都属于实用型灯具，如图4－1－12、4－1－15所示。

由于这3类灯具造型的差异性较大，因此在灯具挑选时，人们的习惯和性格特点，会引导他们追求系列化。喜欢富丽堂皇的人常常会选择仿古的华而不俗的灯具；追求创新者常会选择创新型的造型别致的灯具；而实用型灯具更是不可少的。

（三）灯具安装的基本构造

1．嵌入式

对自重较轻的嵌顶灯，在吊顶面层开孔用灯具侧的弹性钢卡片便可直接固定，即能达到安装的要求。对较重的灯具，则要预埋吊筋，其直径不小于6mm，如图4－3－1、4－3－2（*a*）所示。

2．吸顶式

对重量较轻的吸顶灯，在顶部打孔用膨胀螺栓固定，即能达到安装的要求。对较重的灯具，要预埋吊钩，其圆钢直径不小于吊挂销钉的直径，且不得小于6mm，如图4－3－2（*b*）、4－3－6所示。

3．下悬式

灯具重量大于3kg时，应采用预埋吊钩或从屋顶用膨胀螺栓直接固定支吊架安装。从灯头盒引出的导线应用软管保护至光源，防止导线裸露。装饰吊灯、水晶大吊灯的安装必须单独吊挂于原钢筋混凝土楼板或梁上，不能用吊平顶、吊龙骨支架安装灯具，以防脱落。吊钩要能承载吊灯6倍以上的重量。如果灯具较重，应在顶部楼板内加钢筋条，用钢丝与灯吊杆联结，以确保安装牢固，如图4－3－2（*b*）所示。

吊灯的最低面与地面的距离应控制在2.2m左右。为了防止铁吊钩受到侵蚀，还要做好充分的防潮工作。

4．壁式

室内安装壁灯、床头灯、镜前灯等灯具时，高度低于2.4m及以下的，灯具的金属外壳均应接地，以保证使用安全。壁灯的安装方法比较简单，在确定好位置，采用预埋件或打孔的方法固定好壁灯灯座，将壁灯固定在墙壁上，如图4－3－3所示。

壁灯安装高度一般在距地面1800～2000mm，卧室的壁灯距离地面可以近些，大约在1400～1700mm左右。壁灯挑出墙面的距离，通常在95～400mm范围内。

5．槽灯

要考虑反光灯槽到顶棚的距离和视线保护角。且控制灯槽挑出长度与灯槽到顶棚距离的比值。同时还要注意避免出现暗影，如图4－3－4～4－3－6所示。

6．灯具安装还应符合以下要求：

（1）在易燃和易爆场所应采用防爆式灯具；

（2）有腐蚀性气体及特别潮湿的场所应采用封闭式灯具，灯具的各部件应做好防腐处理；

（3）多尘的场所应根据粉尘的浓度及性质，采用封闭式或密闭式灯具；

（4）可能受机械损伤的场所，应采用有保护网的灯具；

（5）振动场所灯具应有防振措施。

三、工程实例

（一）公共类室内空间

1．娱乐空间

新江湾城文化中心

多功能厅，如图5－1－1～5－1－15所示。

2．办公空间

电器公司办公楼

电站辅机厂会议室

房产中心办公楼职工餐厅、会议室，如图5－2－1～5－2－6所示。

3．医疗空间

中山医院

普陀人民医院，如图5－3－1～5－3－9所示。

4．文教空间

复旦经济学院

复旦法学院

复旦光华楼，如图5－4－1～5－4－7所示。

5．展示空间

售楼大厅，如图5－5－1、5－5－2所示。

（二）居住类室内空间

1．住宅空间

三房二厅公寓

二房二厅公寓，如图5－6－1～5－6－3所示。

2．宾馆空间

标准客房

套房，如图5－7－1、5－7－2所示。

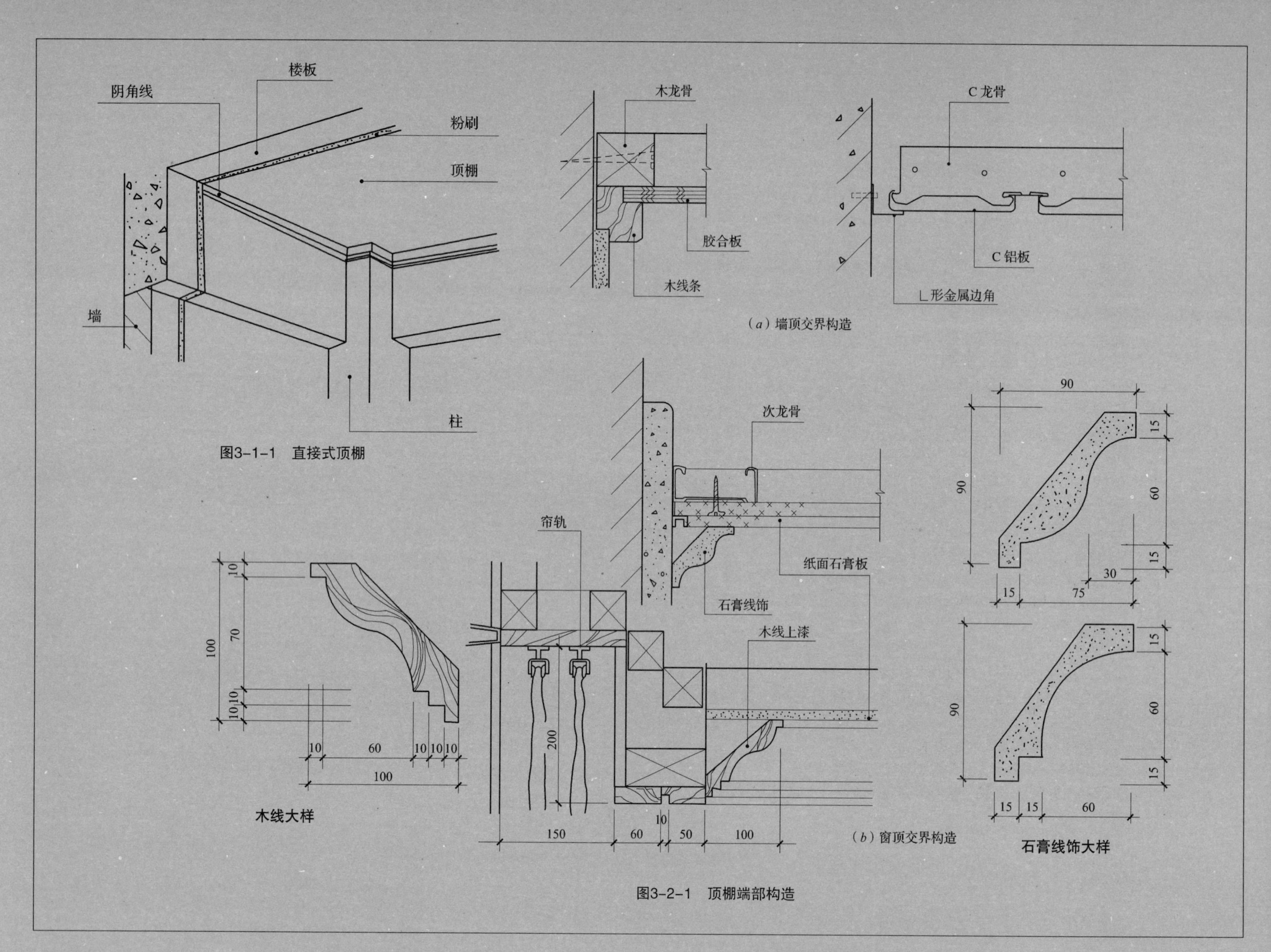

图3-1-1　直接式顶棚

（a）墙顶交界构造

木线大样

（b）窗顶交界构造

石膏线饰大样

图3-2-1　顶棚端部构造

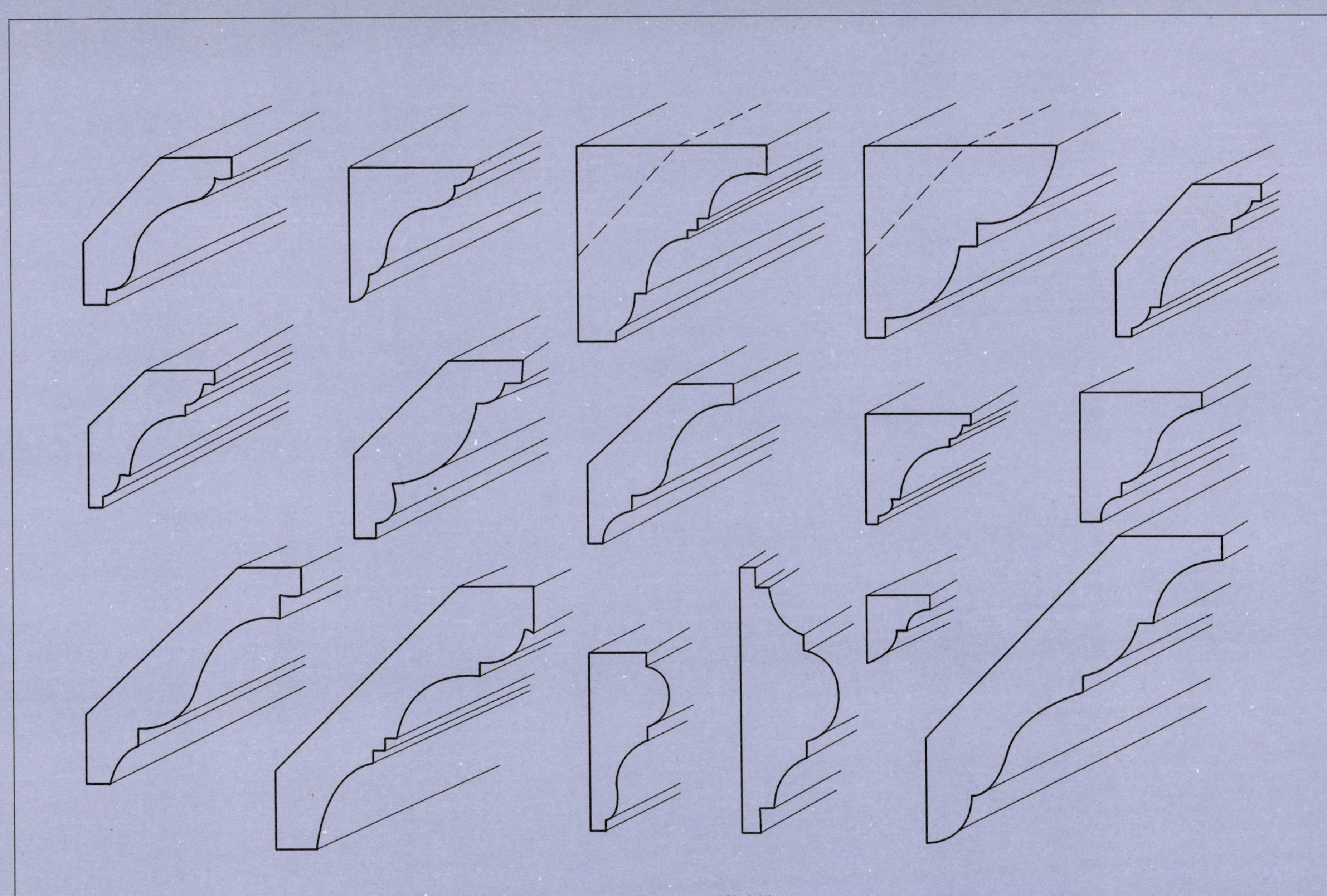

图3-1-2　线饰大样

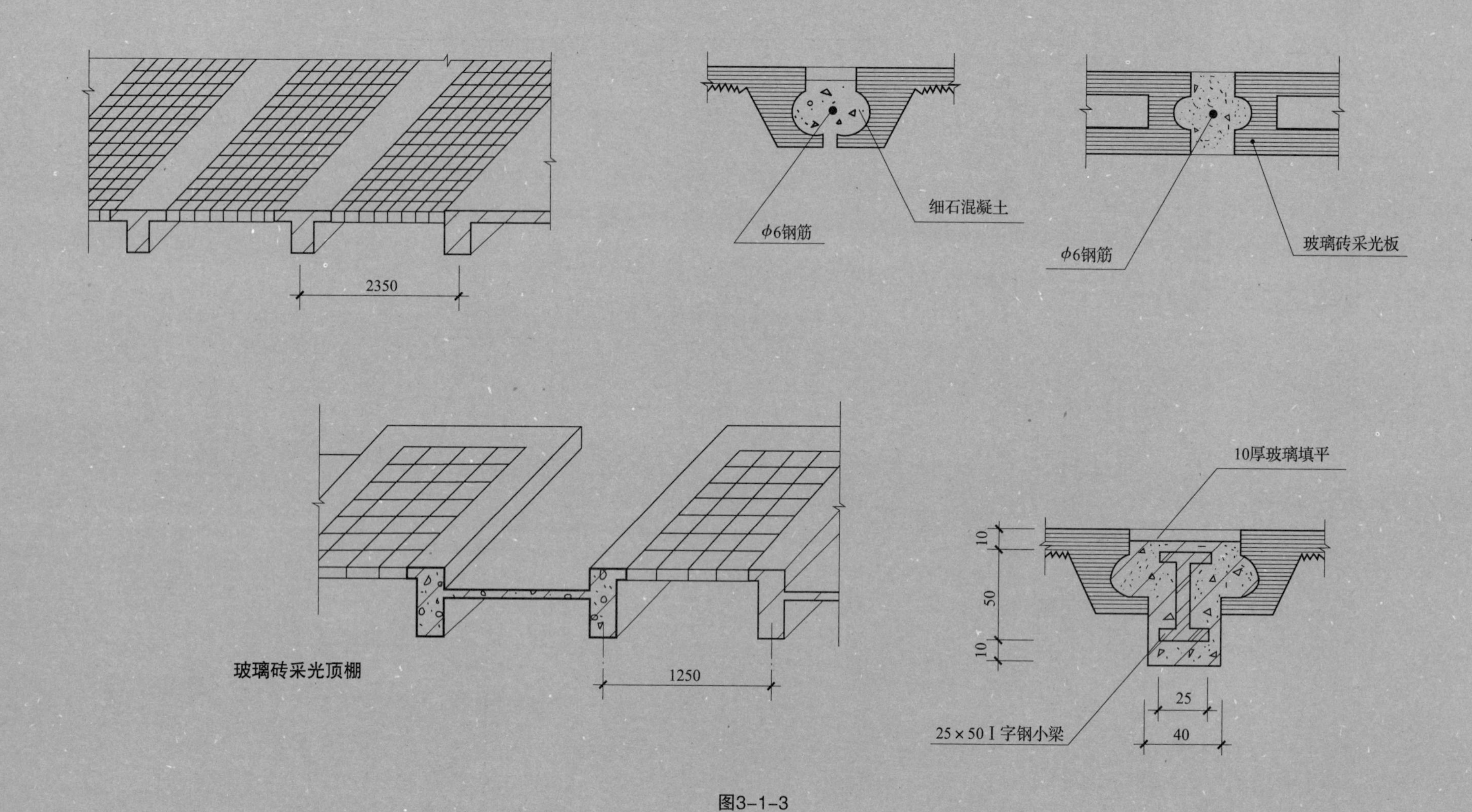
2350
细石混凝土
φ6钢筋
φ6钢筋
玻璃砖采光板
10厚玻璃填平
10
50
10
25
40
25×50 I 字钢小梁
玻璃砖采光顶棚
1250

图3-1-3

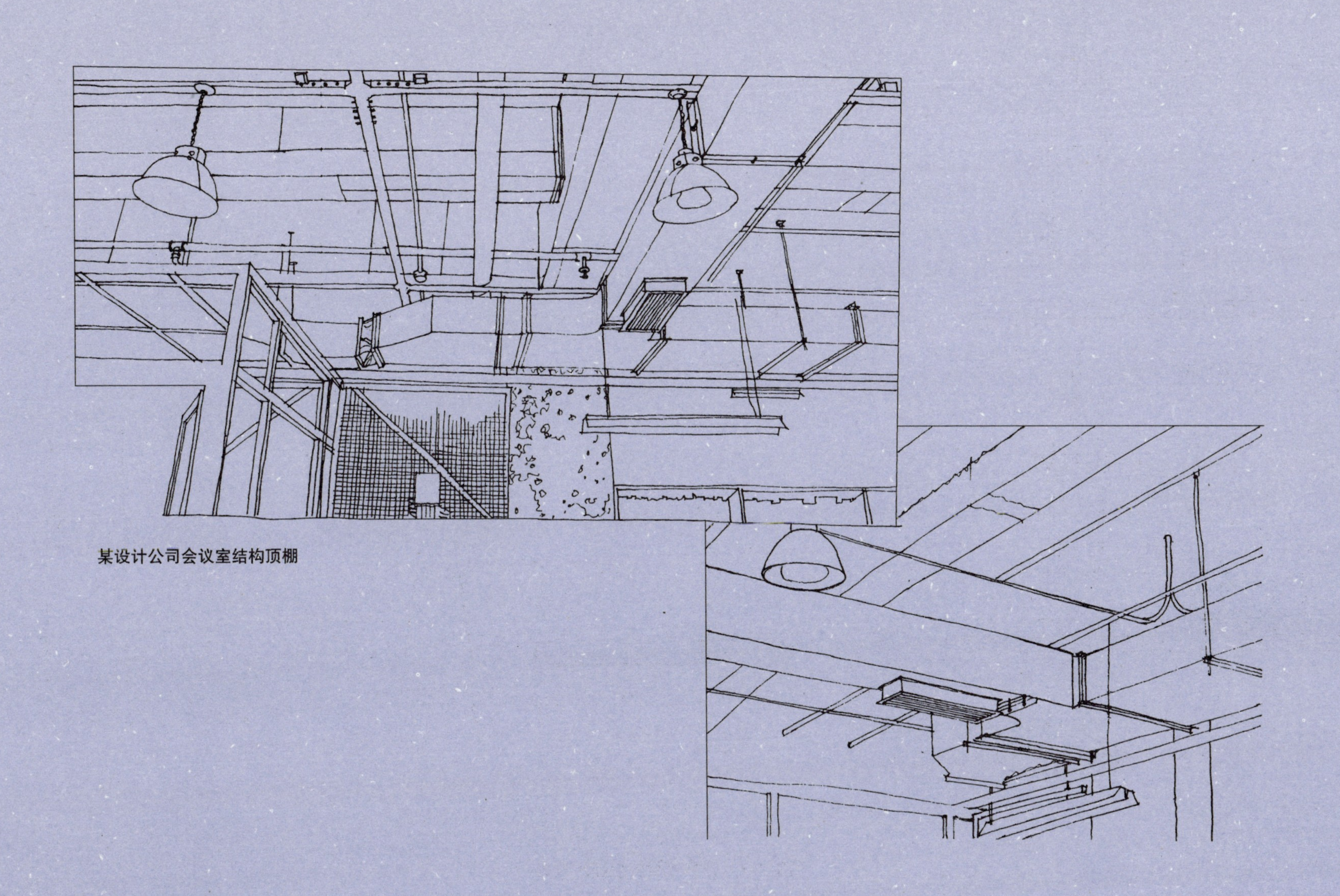

某设计公司会议室结构顶棚

图3-1-4　结构顶棚

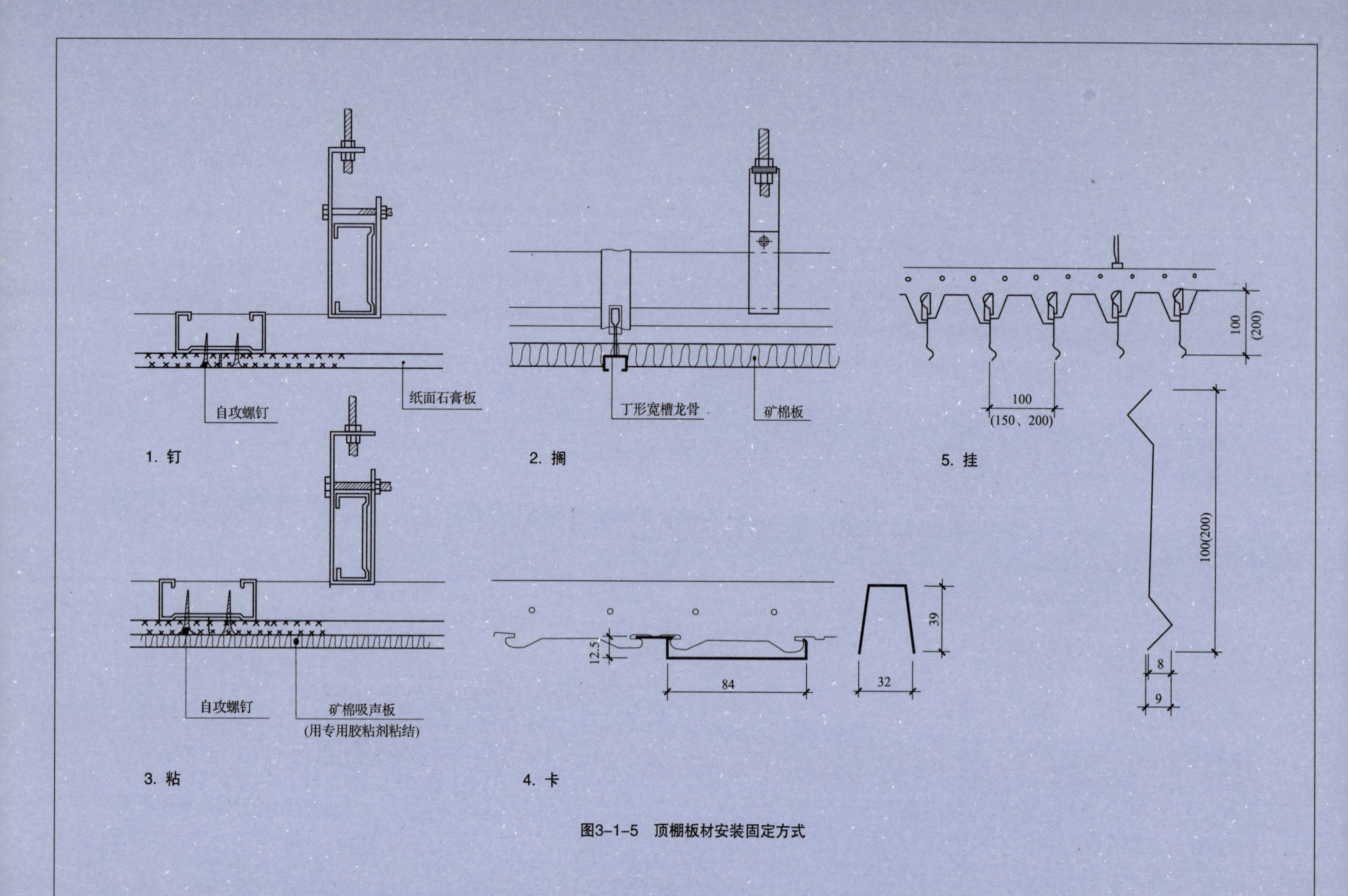

图3-1-5　顶棚板材安装固定方式

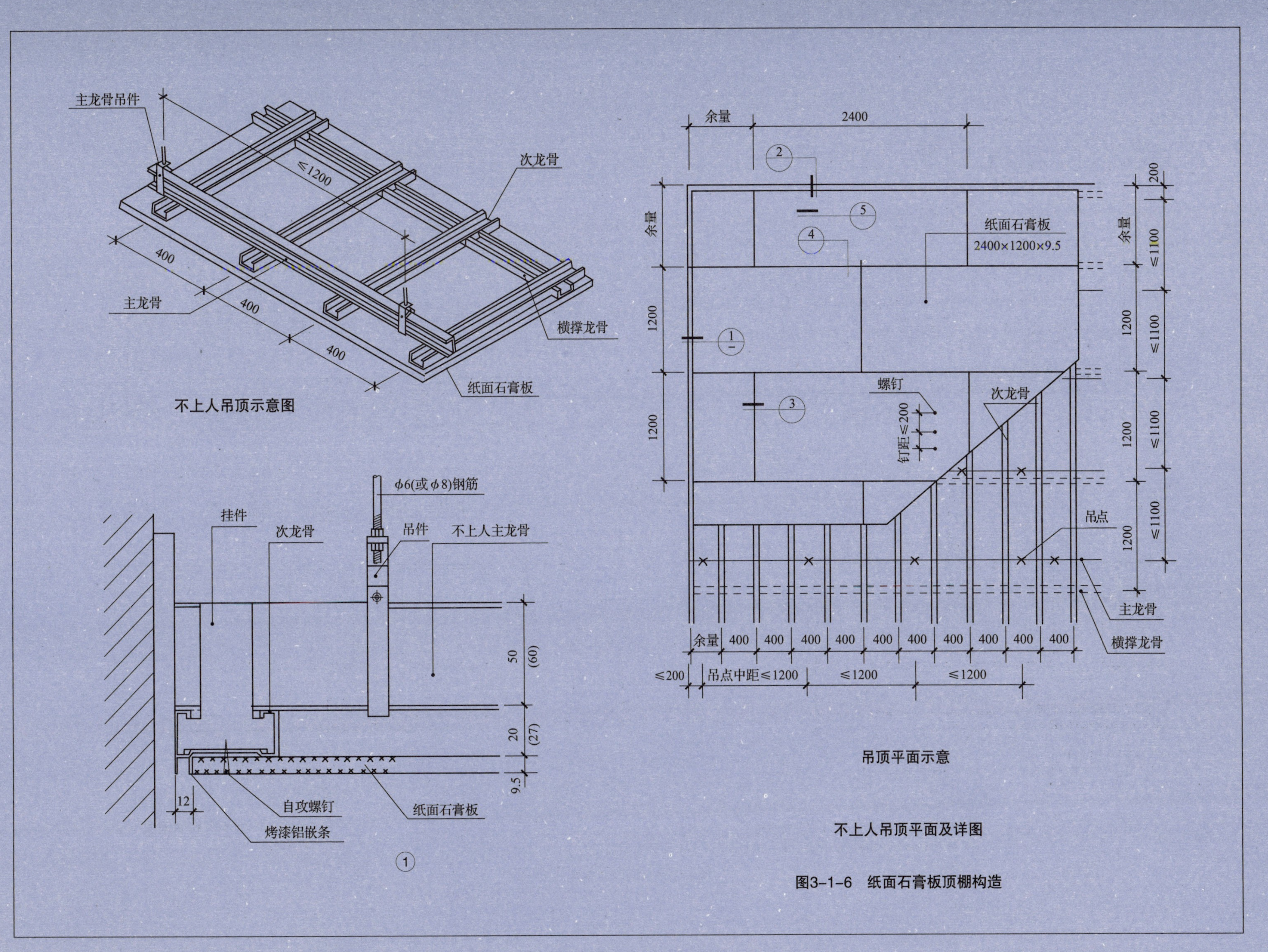

图3-1-6　纸面石膏板顶棚构造

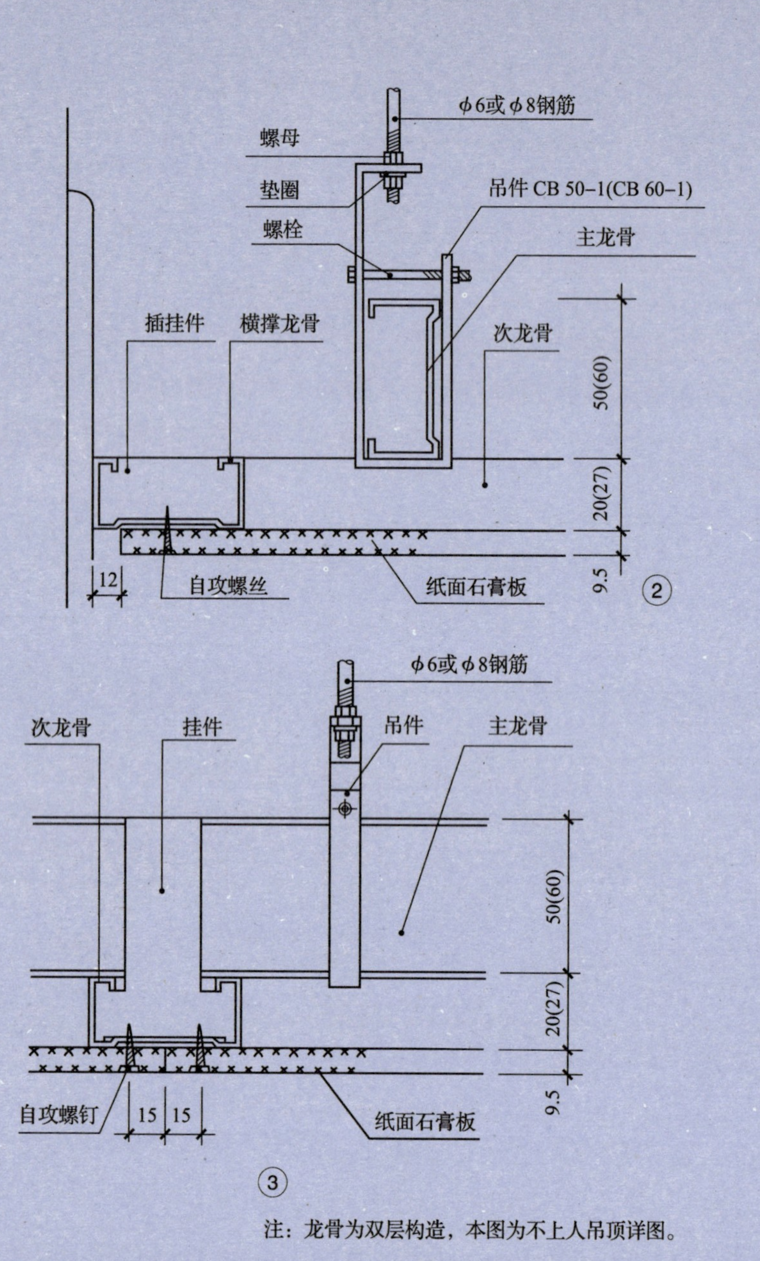

注：龙骨为双层构造，本图为不上人吊顶详图。

不上人吊顶详图

图3–1–7　纸面石膏板顶棚构造

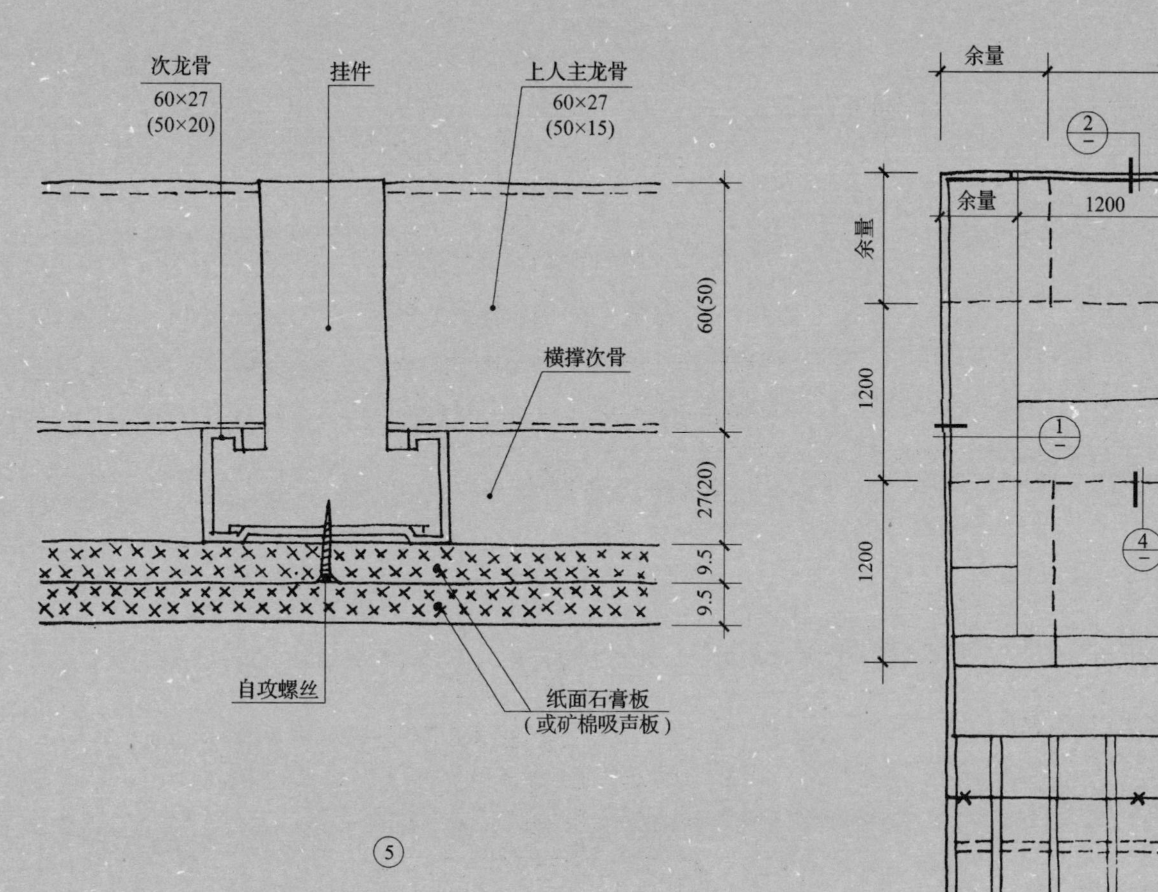

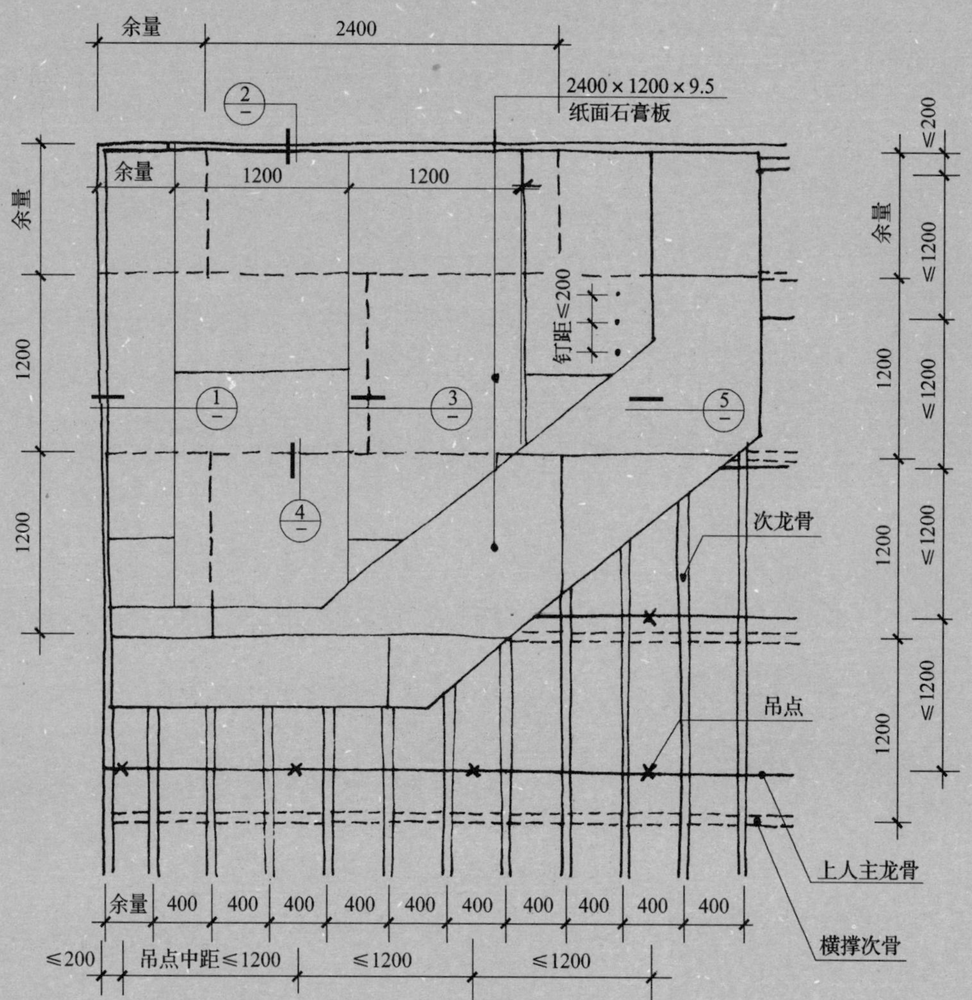

上人双层板吊顶平面(一)

图3-1-8 纸面石膏板顶棚构造

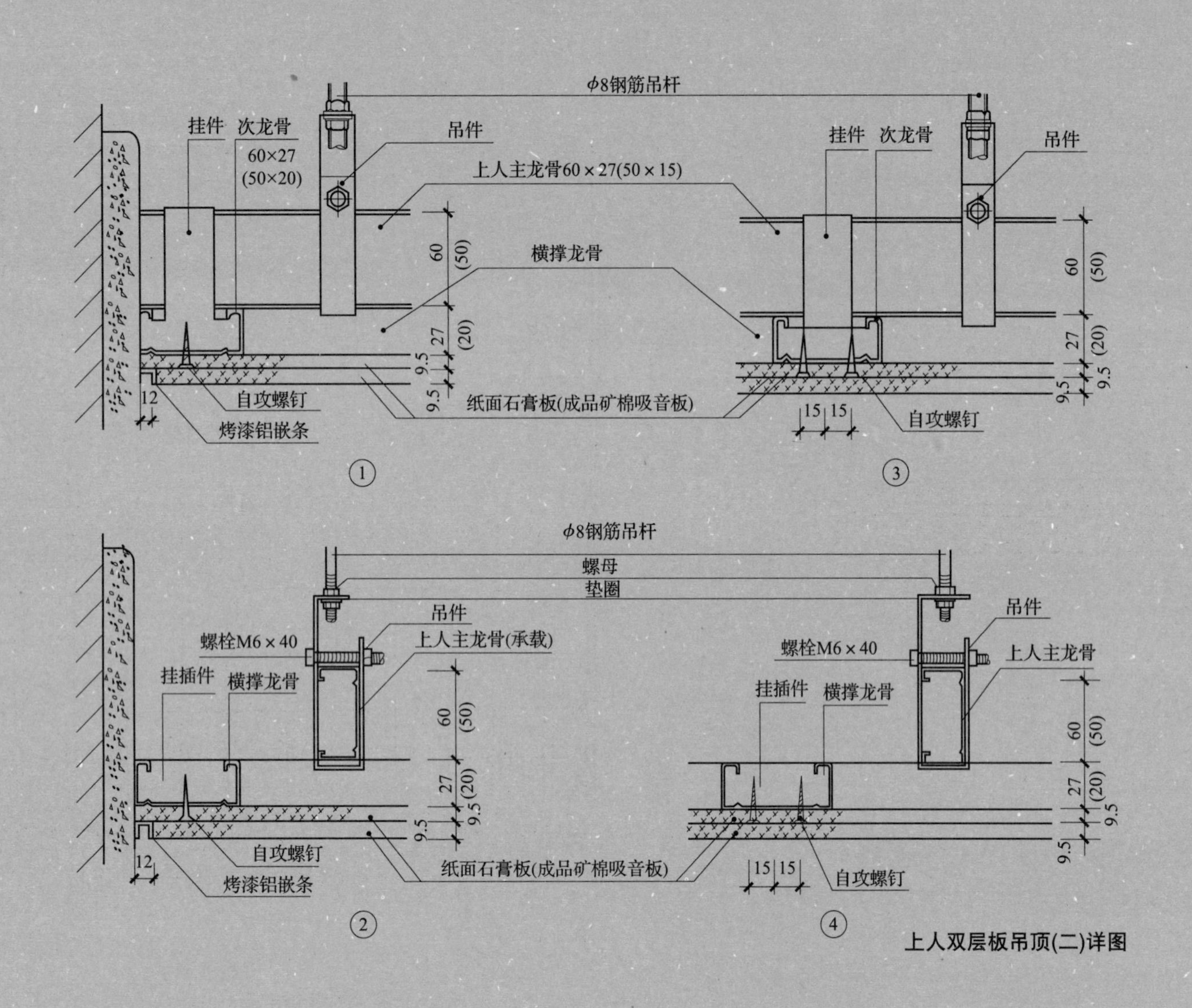

图3-1-9 纸面石膏板顶棚构造

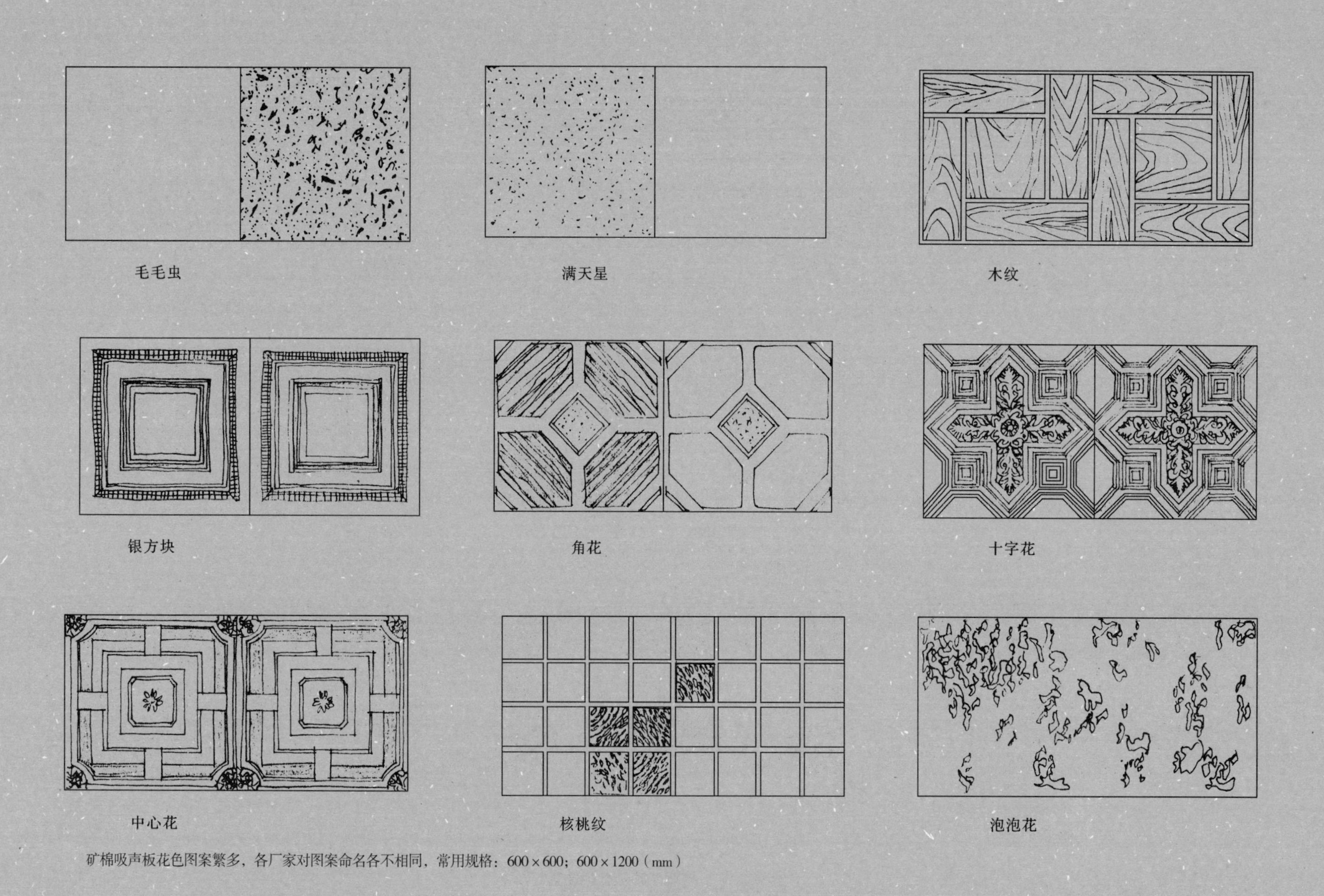

矿棉吸声板花色图案繁多，各厂家对图案命名各不相同，常用规格：600×600；600×1200（mm）

图3-1-10　矿棉吸声板花色图案（一）

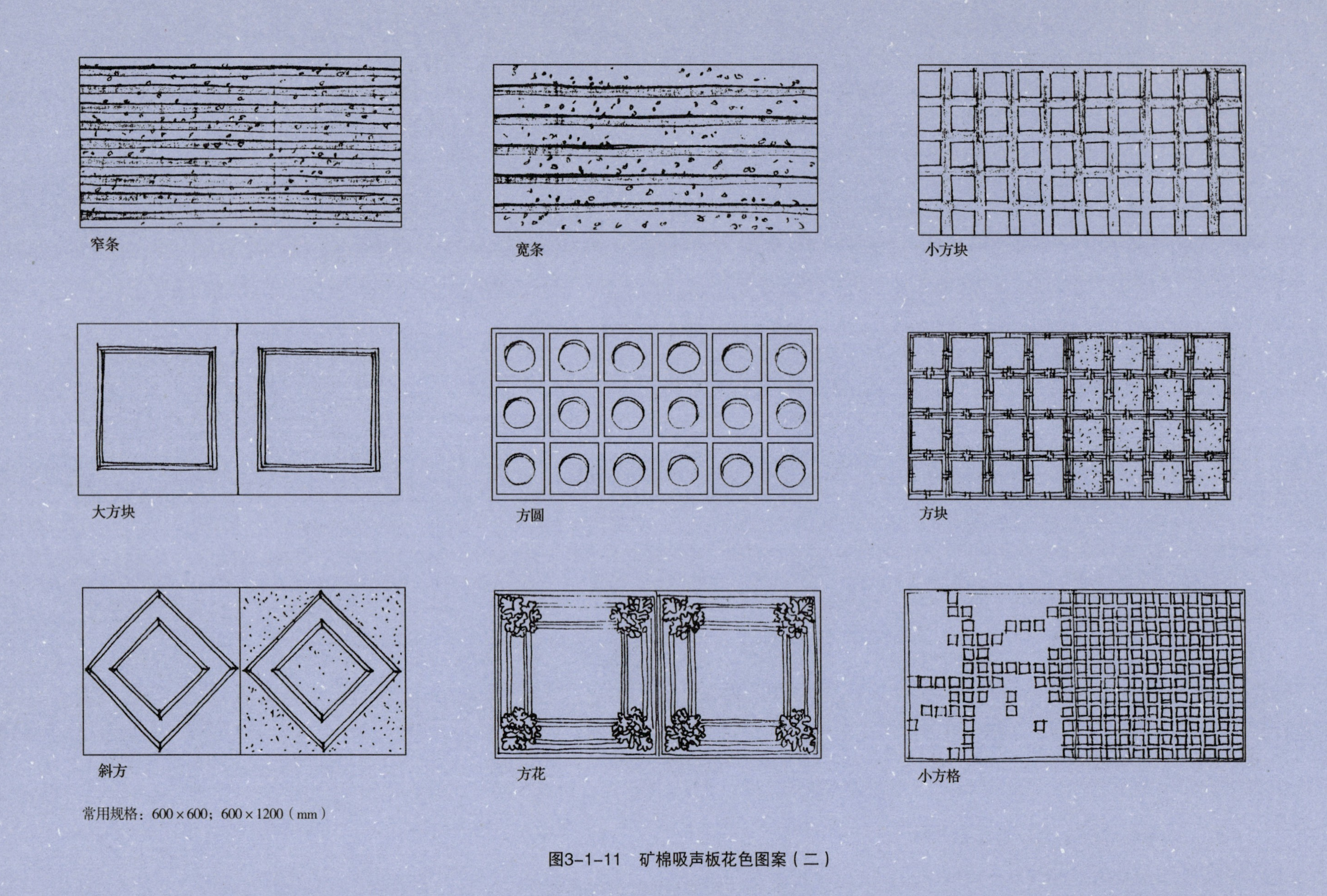

图3-1-11　矿棉吸声板花色图案（二）

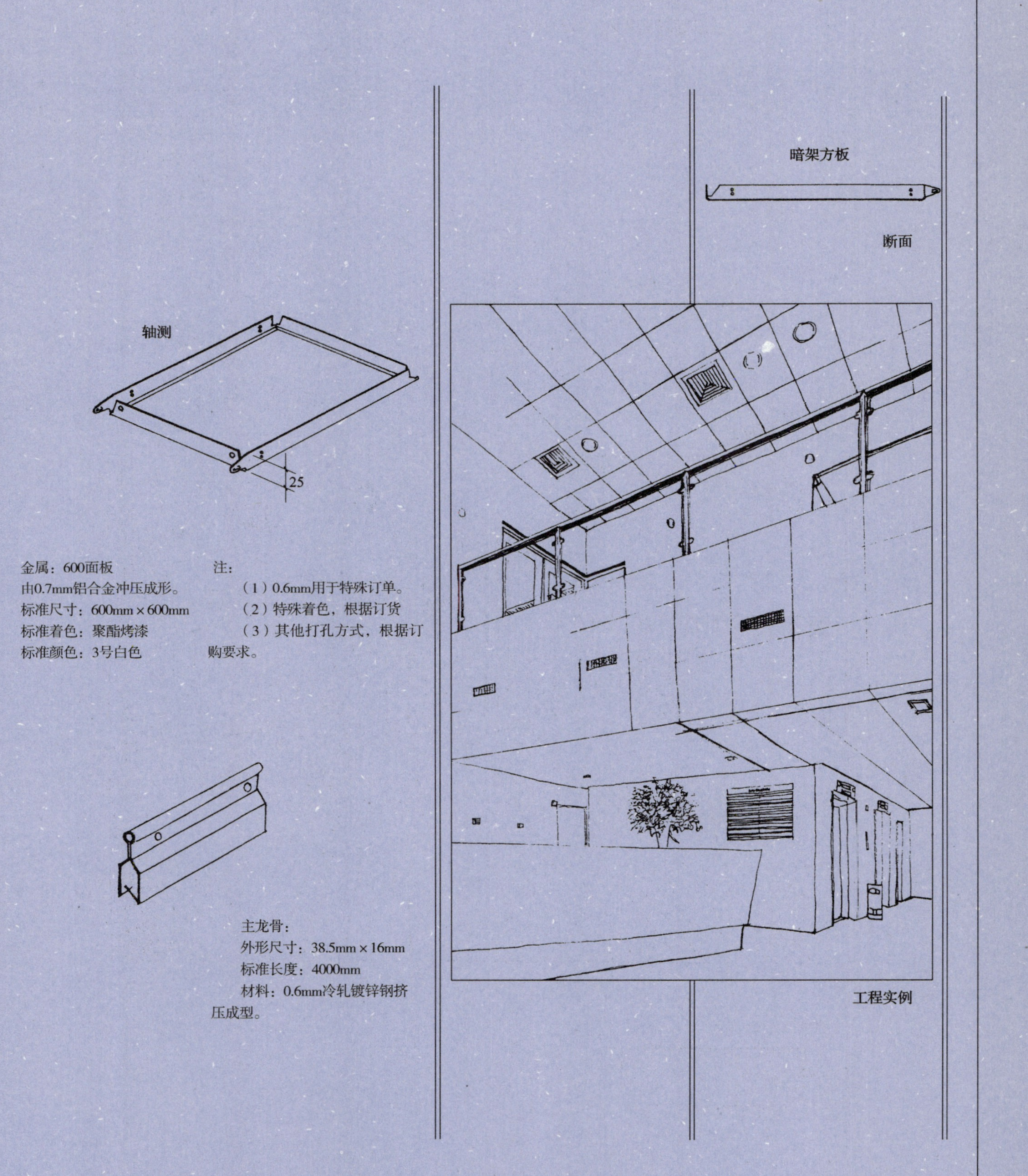

金属：600面板
由0.7mm铝合金冲压成形。
标准尺寸：600mm×600mm
标准着色：聚酯烤漆
标准颜色：3号白色

注：
（1）0.6mm用于特殊订单。
（2）特殊着色，根据订货
（3）其他打孔方式，根据订购要求。

主龙骨：
外形尺寸：38.5mm×16mm
标准长度：4000mm
材料：0.6mm冷轧镀锌钢挤压成型。

图3-1-12　暗架金属方板

条型金属吊顶

断面

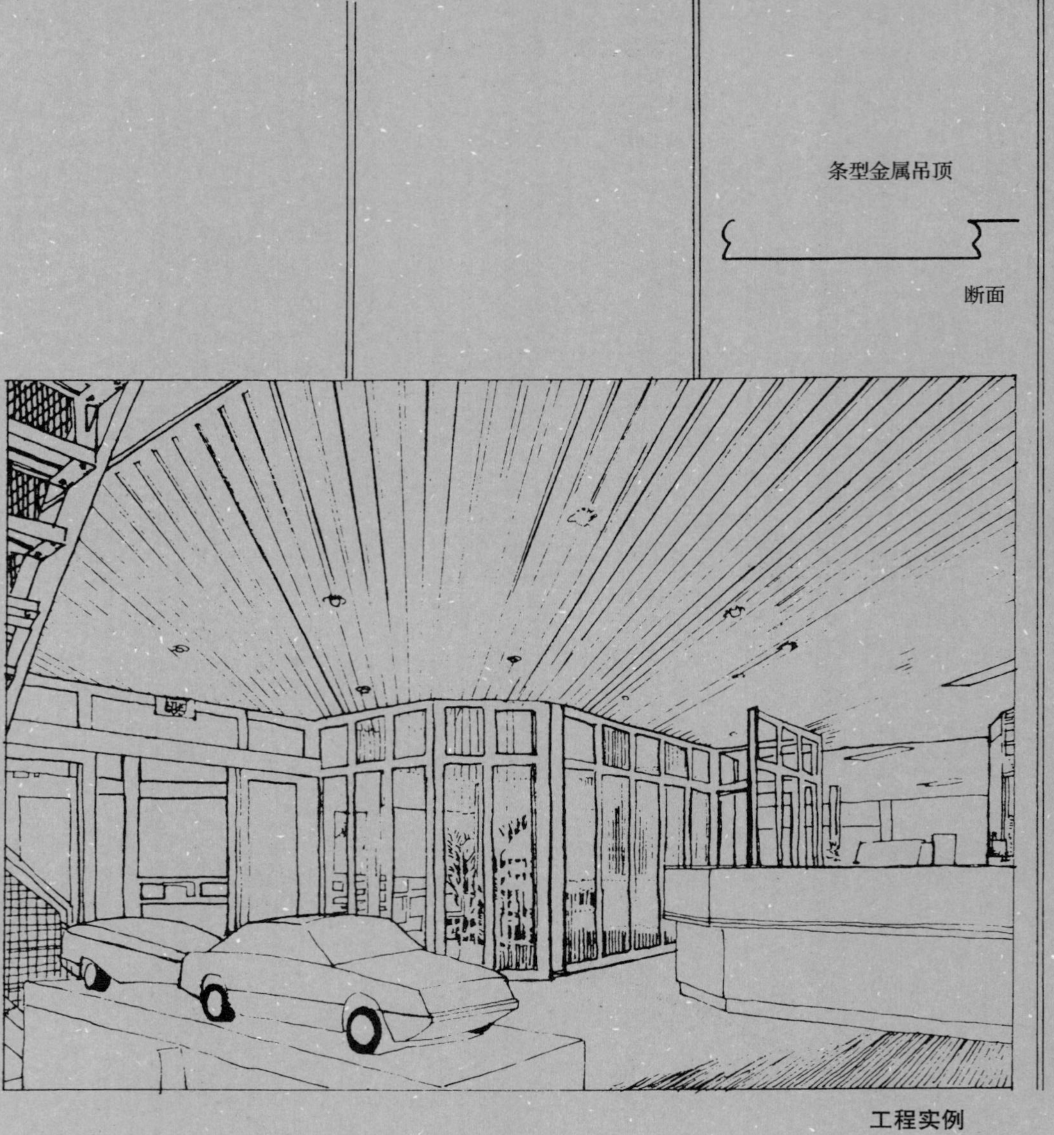

工程实例

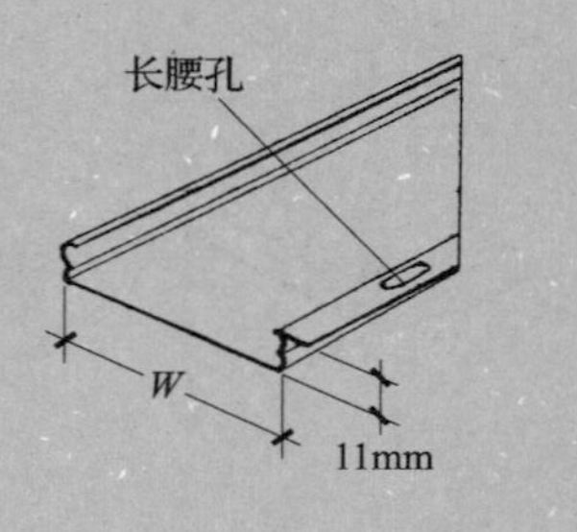

面板

材料：铝合金或调冷轧成型，材料厚度见表。

标准：瓷型聚酯漆，全光泽或半光泽，颜色见色卡，特殊要求按最小定货量。

长度1000mm～5800mm。

长腰孔：6mm×22mm。（依设计要求而定）

表：面板规格表　　单位：mm

W=面板宽度
H=面板高度
AL=铝合金厚度
St=钢板厚度

型号	*W*	*H*	*AL*	*St*
F185H	185	11	0.6	0.5
F135H	135	11	0.6	0.4
F85H	85	11	0.6	0.4

图3-1-13　长条金属吊顶

宽幅长条金属吊顶

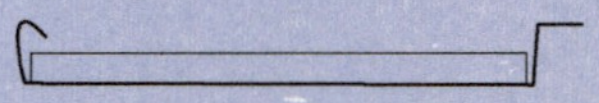

断面

工程实例

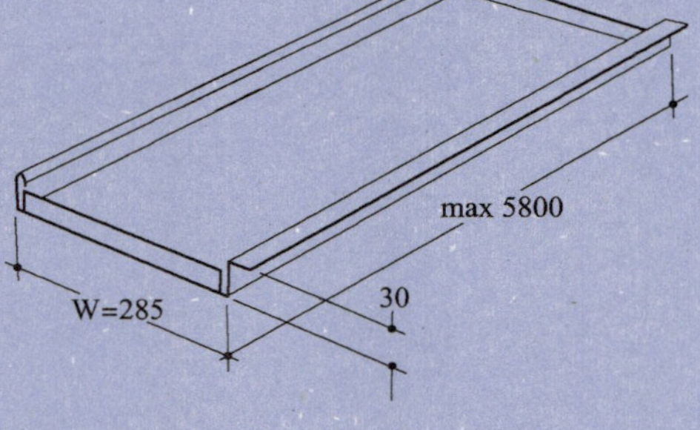

max 5800

W=285

30

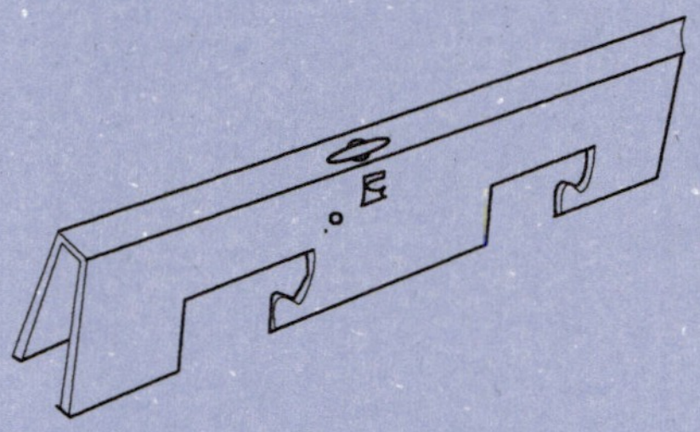

轴测

长条金属吊顶面板

材料：0.7mm 厚铝合金或 0.6mm 钢冷扎成型，外型尺寸如图。
标准：瓷型聚酯漆，全光泽或半光泽，特殊要求根据最小订货量长度1000mm~5800mm

主龙骨

外形尺寸：55mm × 30mm
长度：4000mm
材料：0.8mm 铝合金或 0.6mm 钢冷轧成型
齿距为150mm或 200mm

图3-1-14 宽幅长条金属吊顶

屏幕悬挂系列长条金属吊顶

断面

悬挂系列面板：

材料：铝合金或钢，厚度和规格见表

标准：瓷型聚酯漆，全光泽或半光泽，颜色见色卡，特殊要求根据订货

长度：1000mm~5800mm

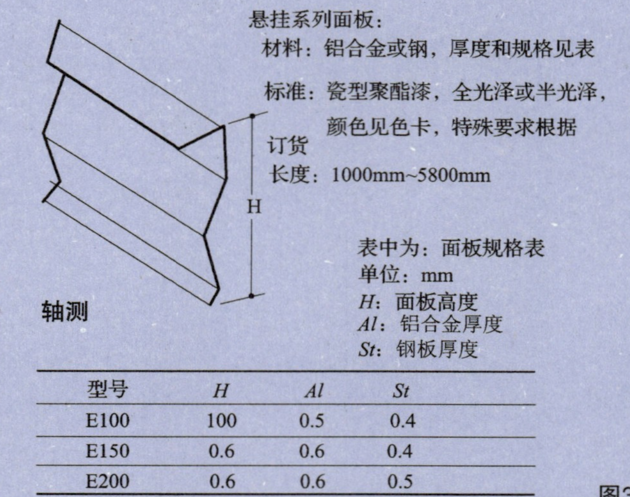

表中为：面板规格表

单位：mm

H：面板高度

Al：铝合金厚度

St：钢板厚度

型号	*H*	*Al*	*St*
E100	100	0.5	0.4
E150	0.6	0.6	0.4
E200	0.6	0.6	0.5

图3-1-15　悬挂式金属吊顶

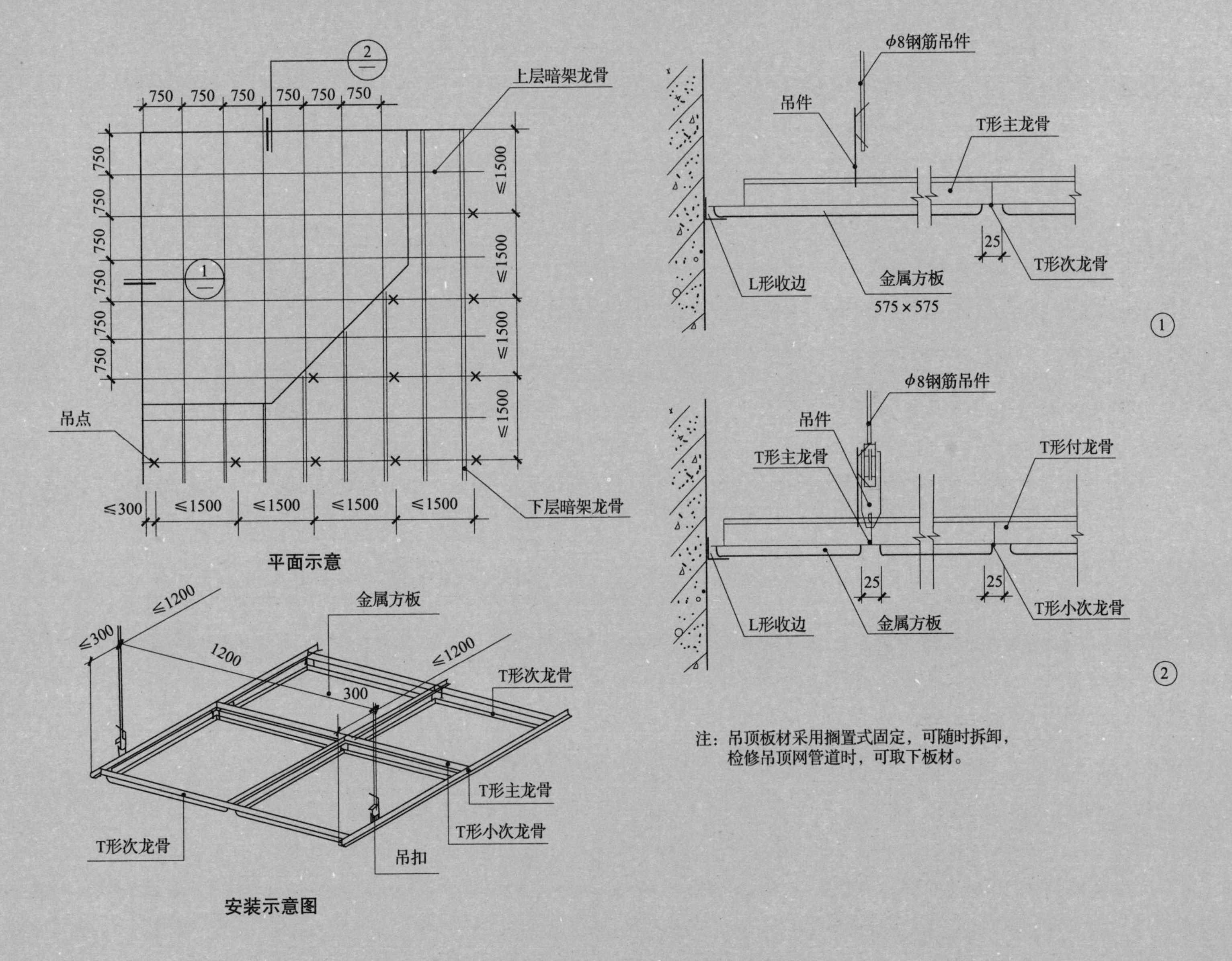

注：吊顶板材采用搁置式固定，可随时拆卸，
检修吊顶网管道时，可取下板材。

图3-1-16　明架式金属方板吊顶平面及节点详图

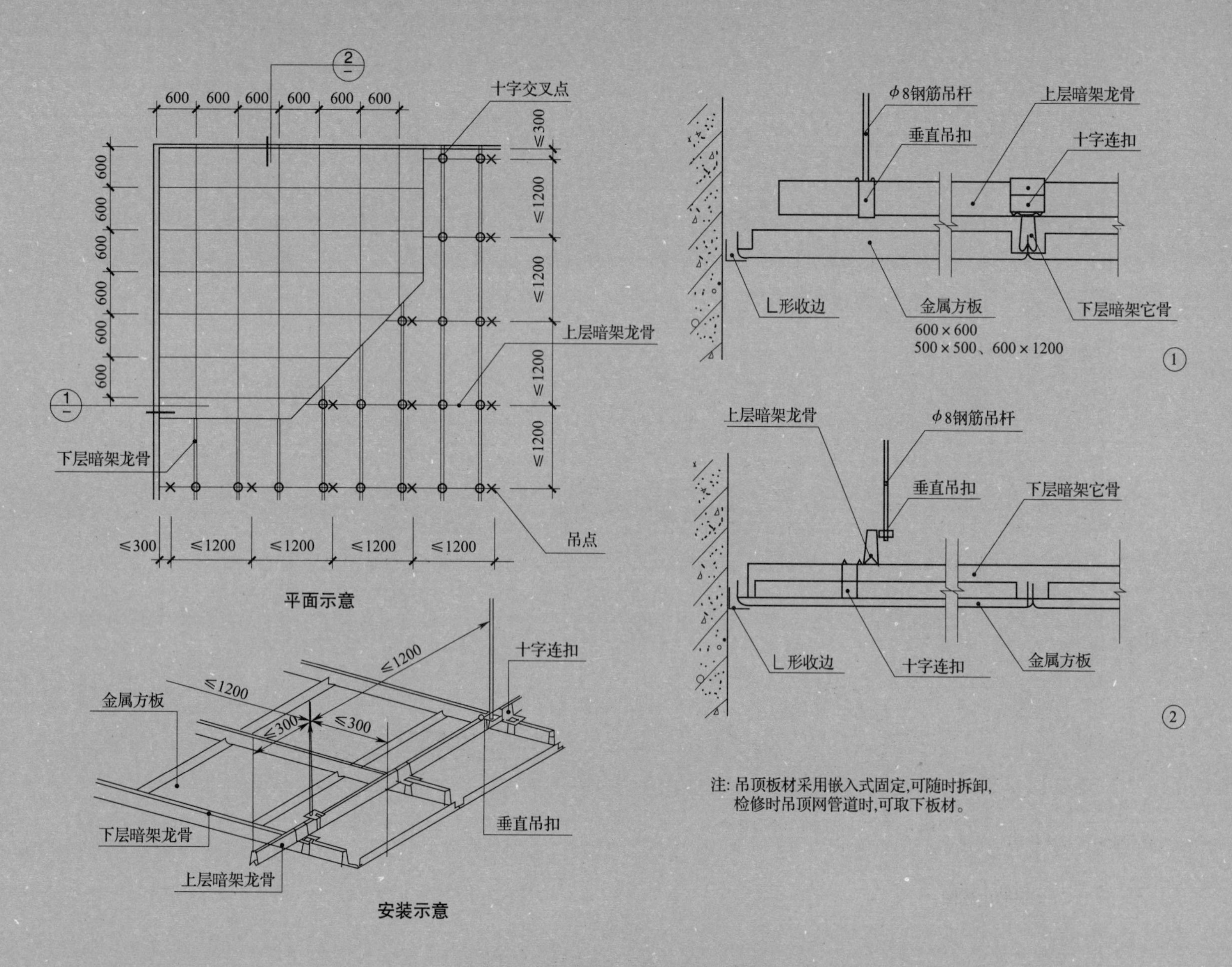

注：吊顶板材采用嵌入式固定，可随时拆卸，检修时吊顶网管道时，可取下板材。

图3-1-17　暗架式金属方板吊顶平面及节点详图

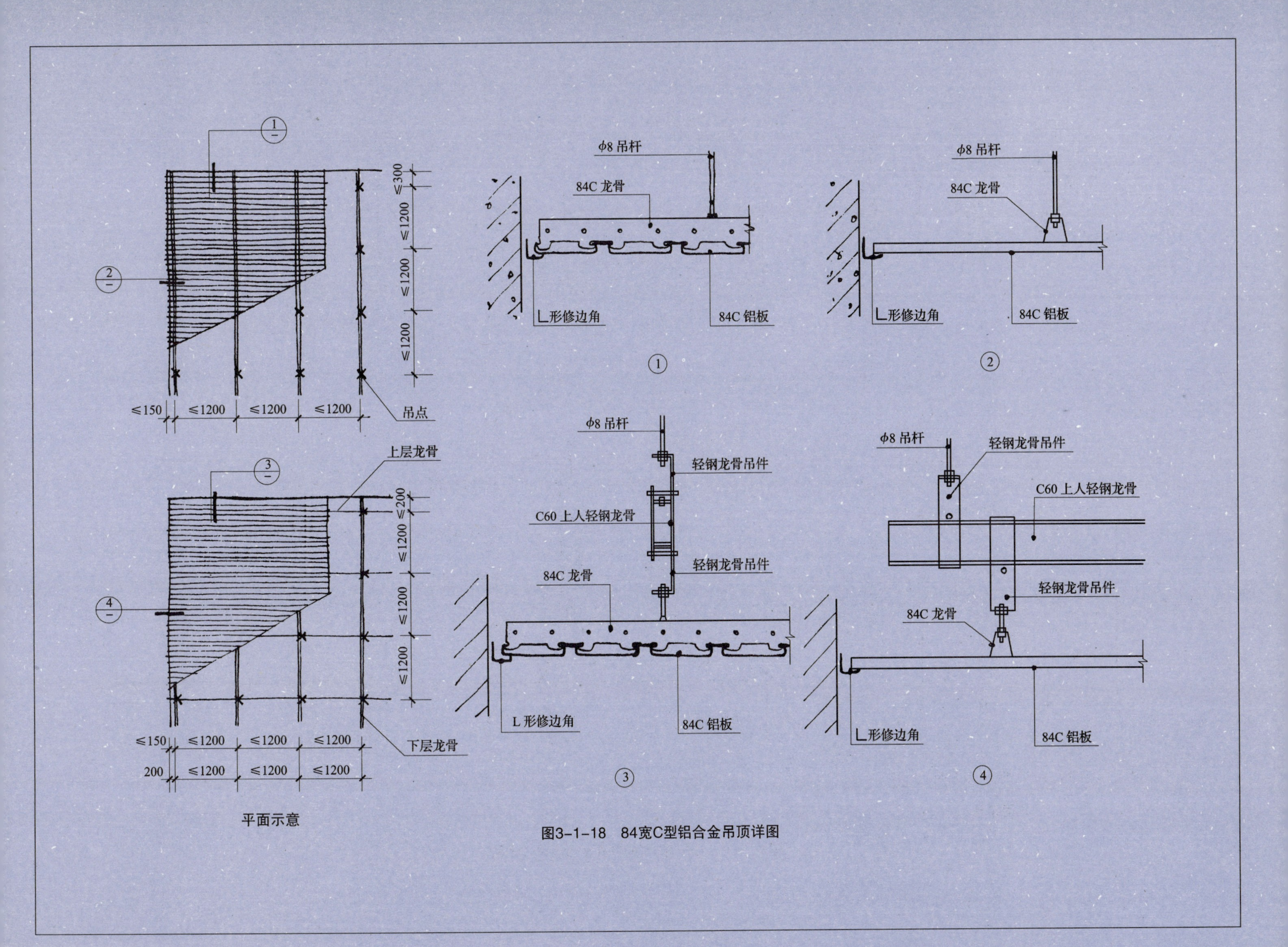

图3-1-18　84宽C型铝合金吊顶详图

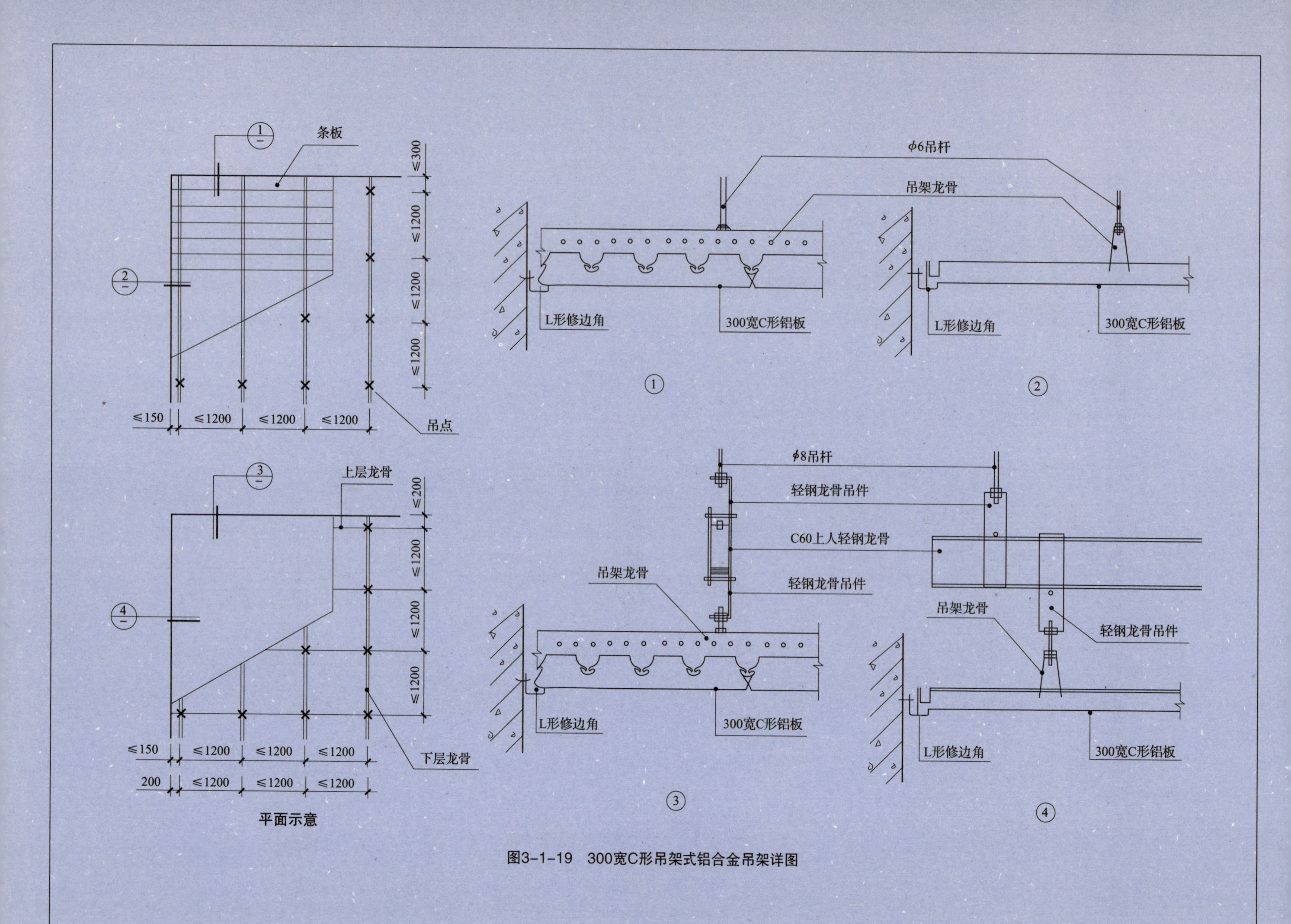

图3-1-19　300宽C形吊架式铝合金吊架详图

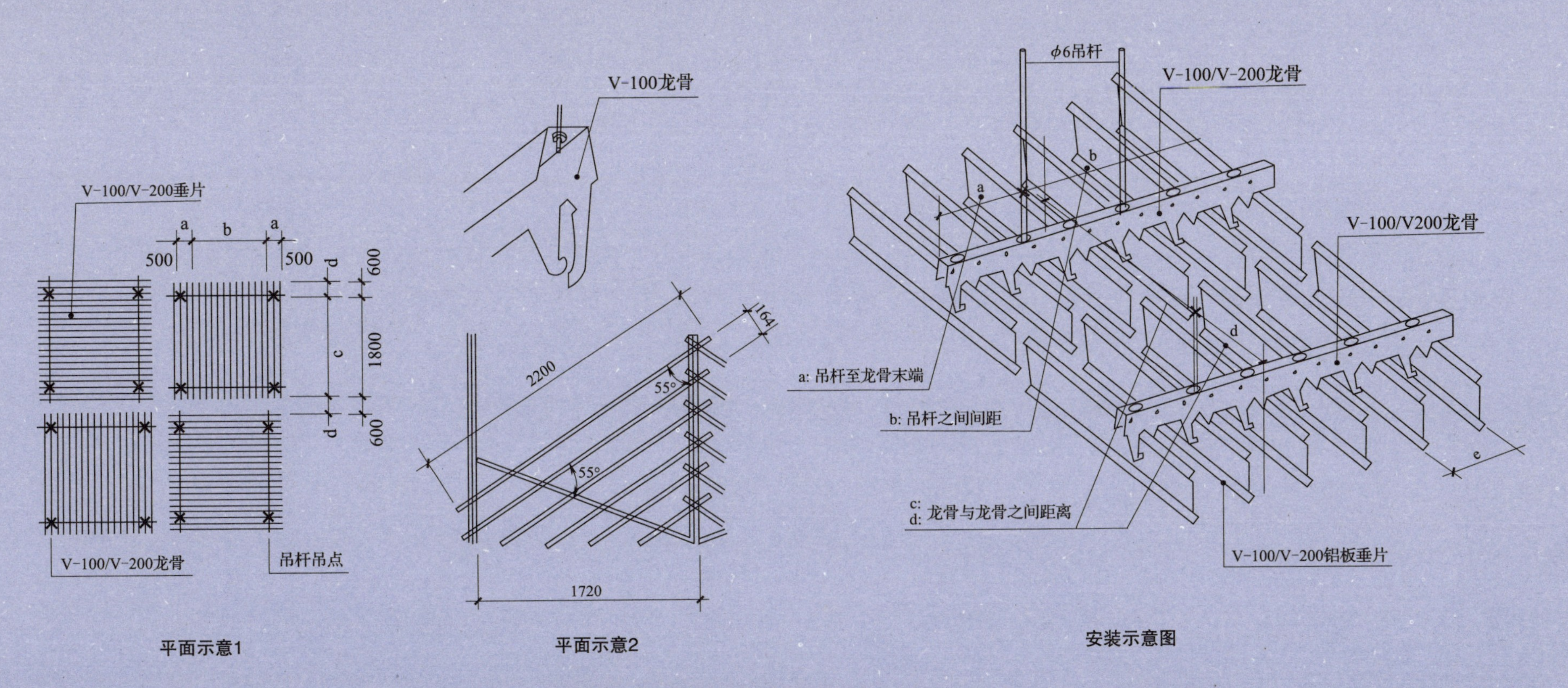

V-100及V-200型垂片吊顶吊装要求

（单位：mm）

吊顶组合中铝板垂直片之间距离（e）	吊杆距离						龙骨分隔距离	
	每行龙骨上只有两个吊点			每行龙骨上多于两个吊点				
	吊杆至龙骨末端（a）	吊杆之间（b）		吊杆至龙骨末端（a）	吊杆之间（b）		龙骨之间距离（c）	龙骨至铝板垂片末端（d）
		V-100	V-200		V-100	V-200		
100	500	1700	1450	500	2000	1700	1800	600
150	500	1850	1600	500	2200	1900	1800	600
200	500	2000	1750	500	2350	2050	1800	600

注：铝板厚度为0.6mm，高度为100mm及200mm，垂直悬挂于龙骨下；铝板距离可选择100mm、150mm及200mm。

图3-1-20　垂片吊顶组合构造详图

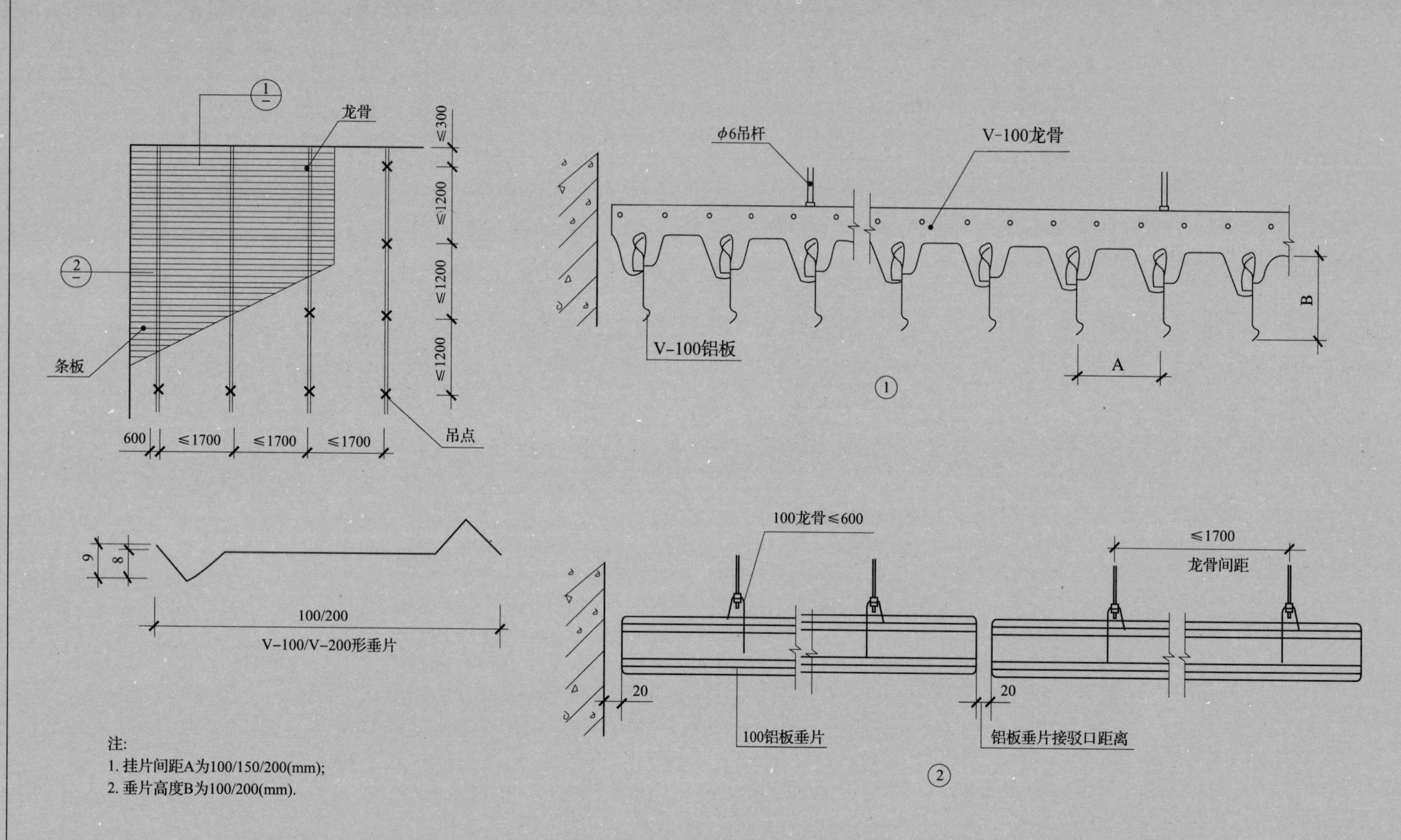

图3-1-21　垂片吊顶平面及节点详图

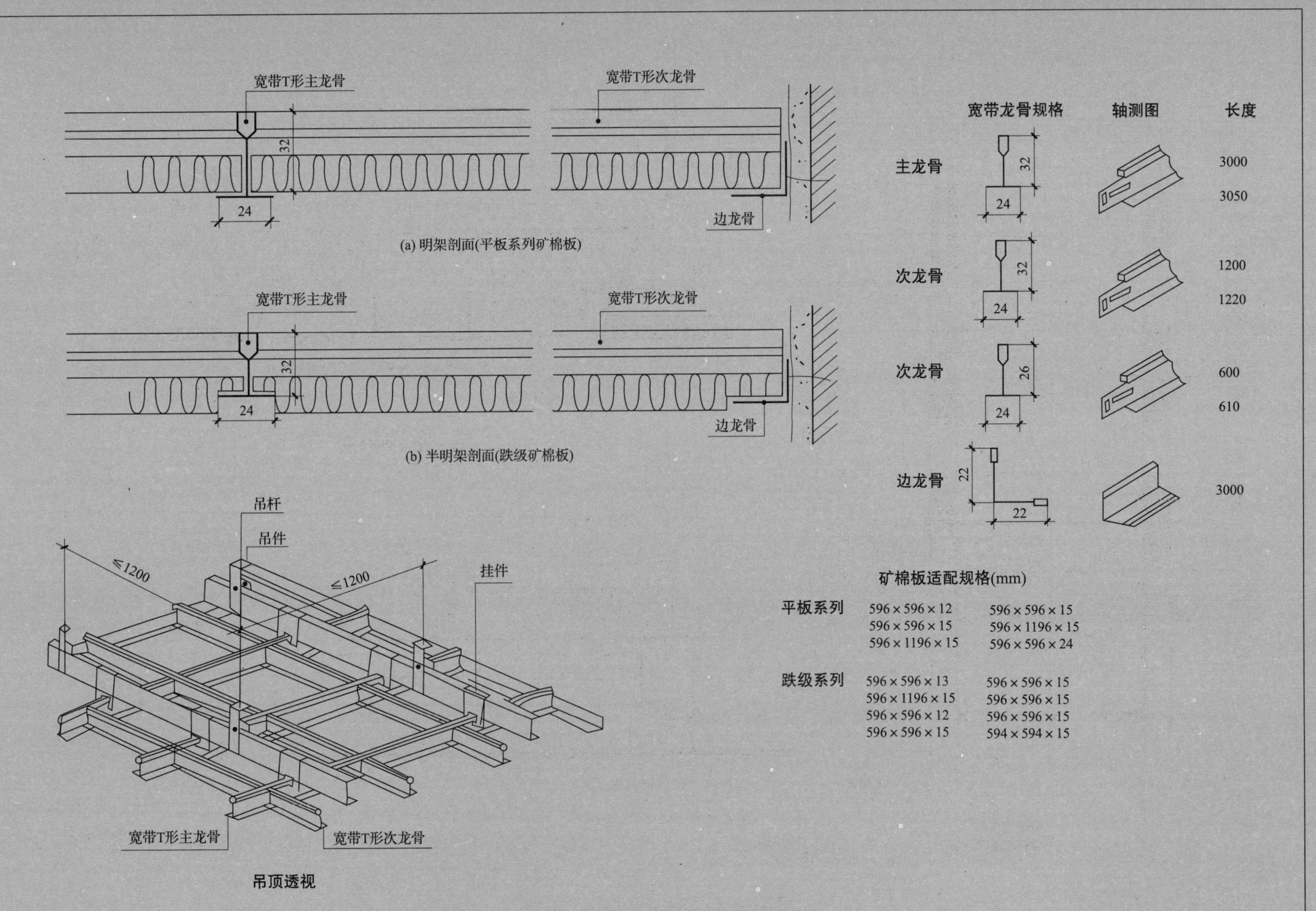

图3-1-22　明架T形宽带龙骨吊顶构造详图

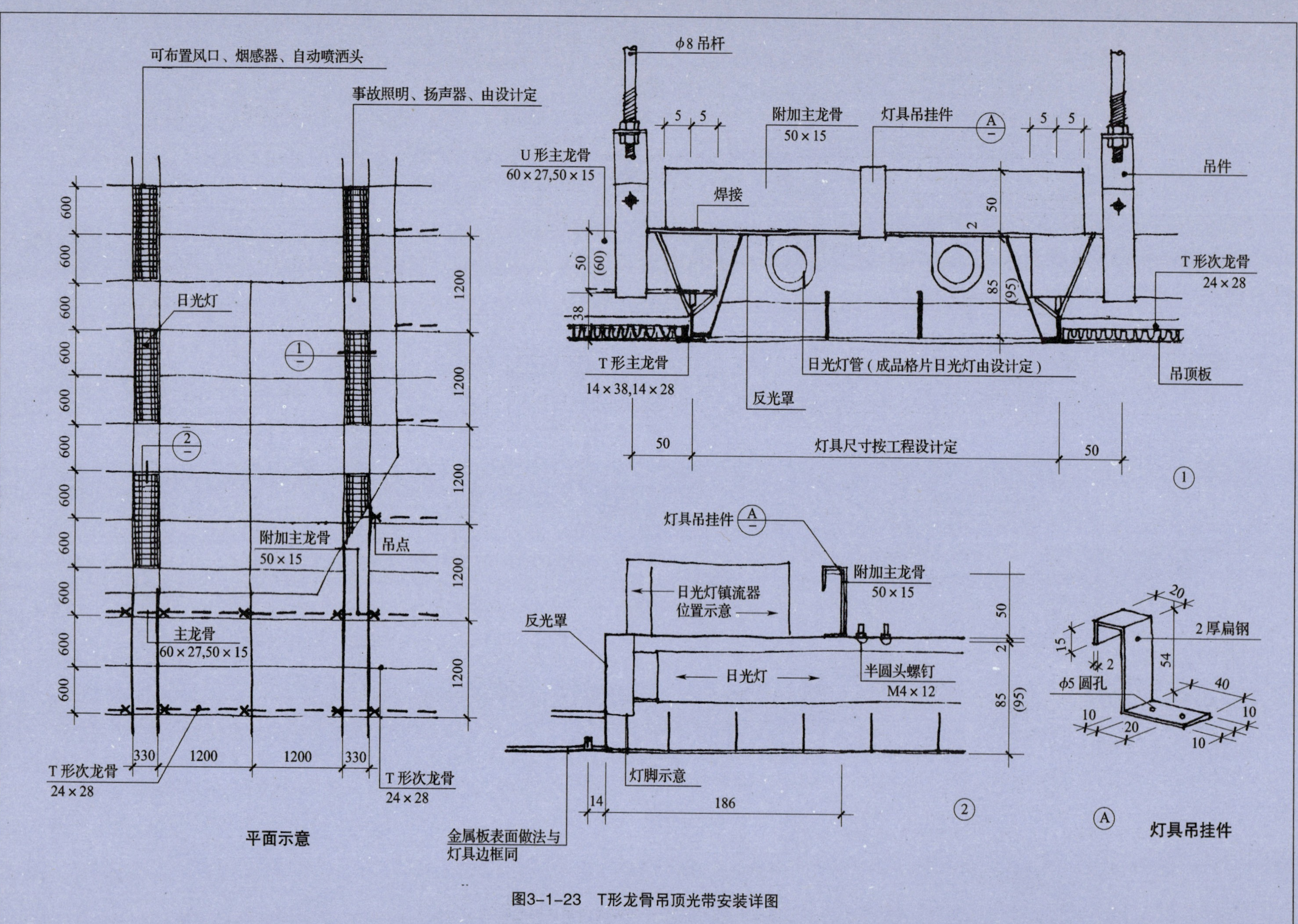

图3-1-23　T形龙骨吊顶光带安装详图

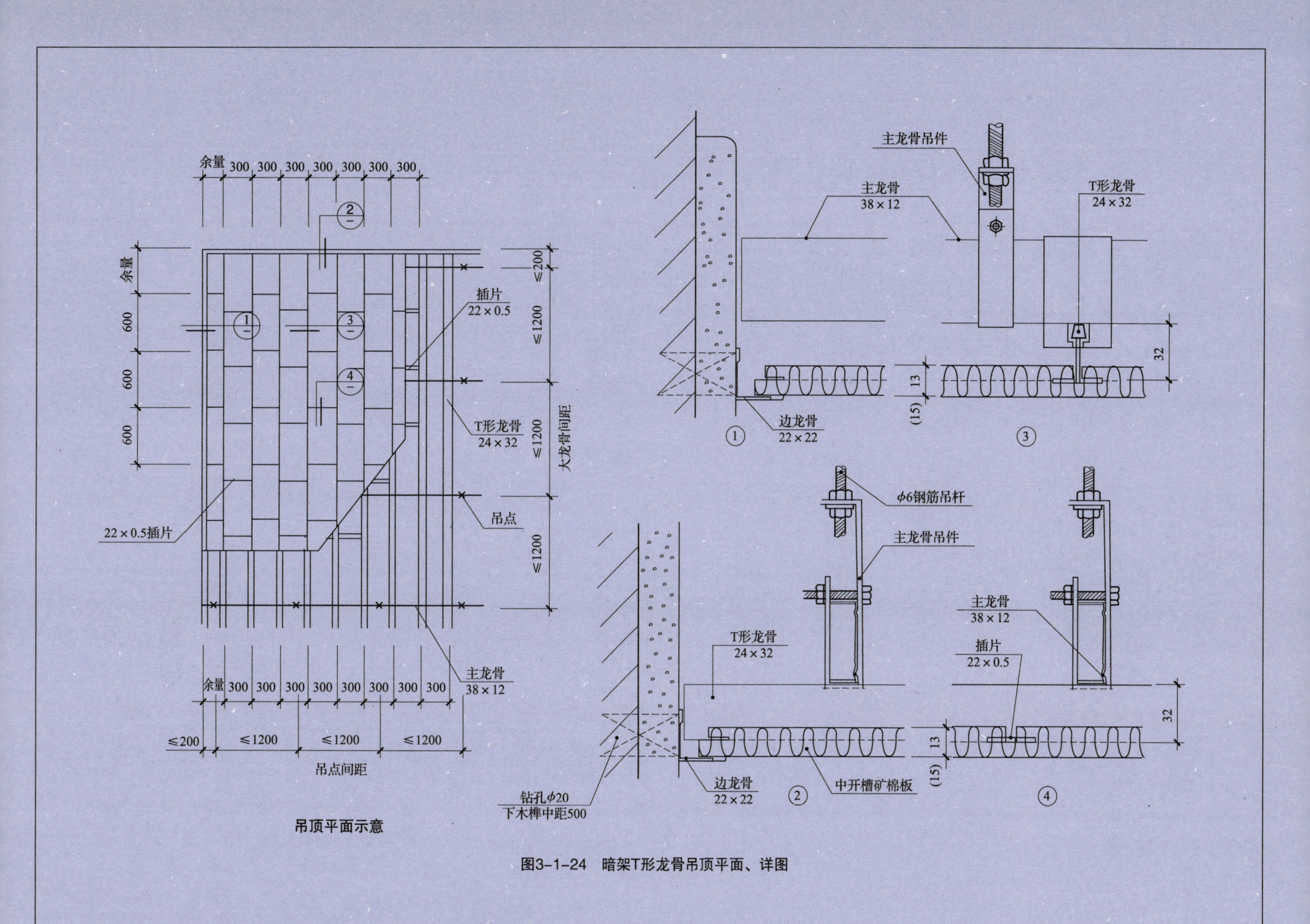

图3-1-24　暗架T形龙骨吊顶平面、详图

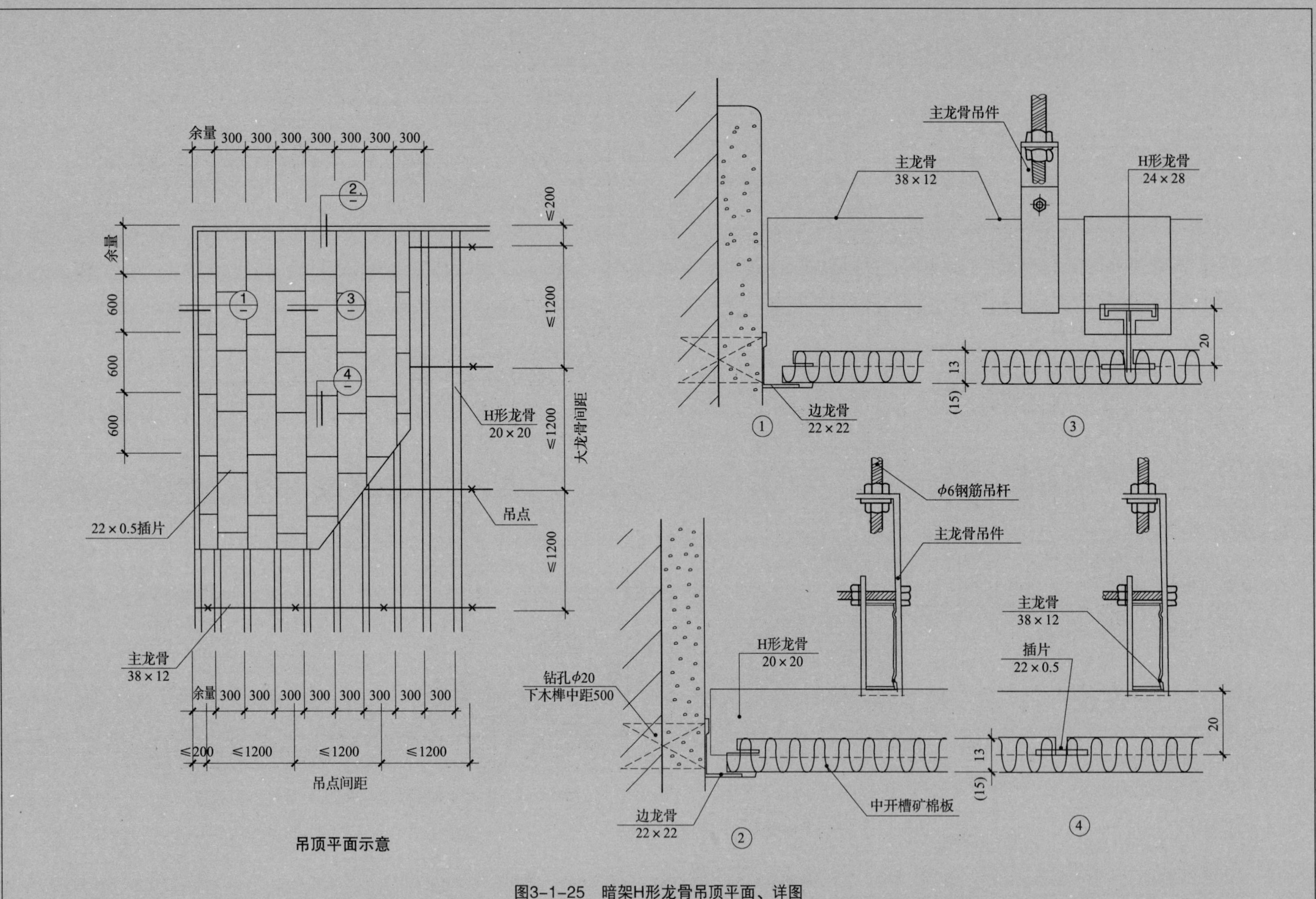

图3-1-25　暗架H形龙骨吊顶平面、详图

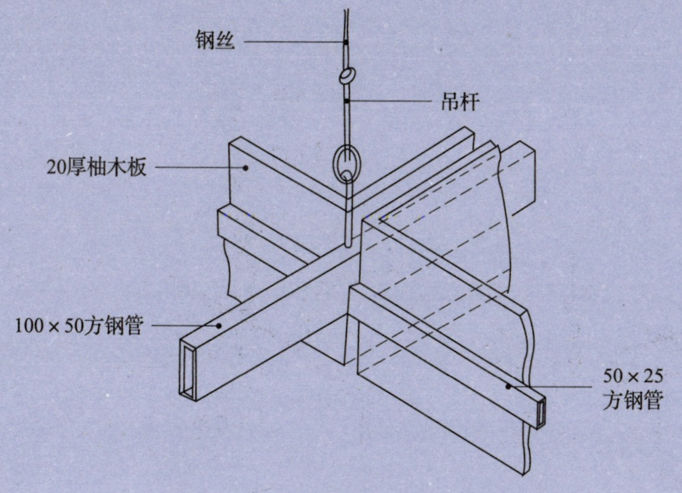

(*a*) 安装方式 (1): 单体固定搁栅上，再与吊筋相连

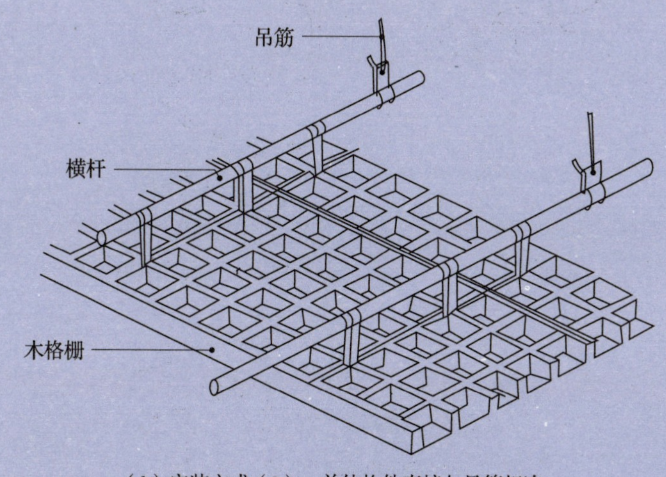

(*b*) 安装方式 (2): 单体构件直接与吊筋相连

图3-1-26　搁栅顶棚安装方式

造型(1)

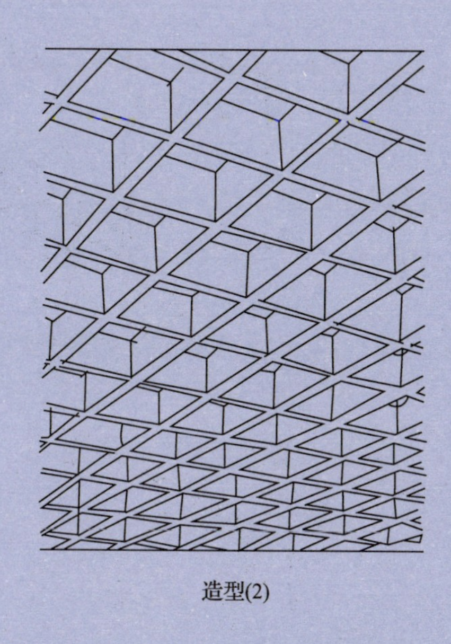

造型(2)

图3-1-27　木搁栅顶棚构造

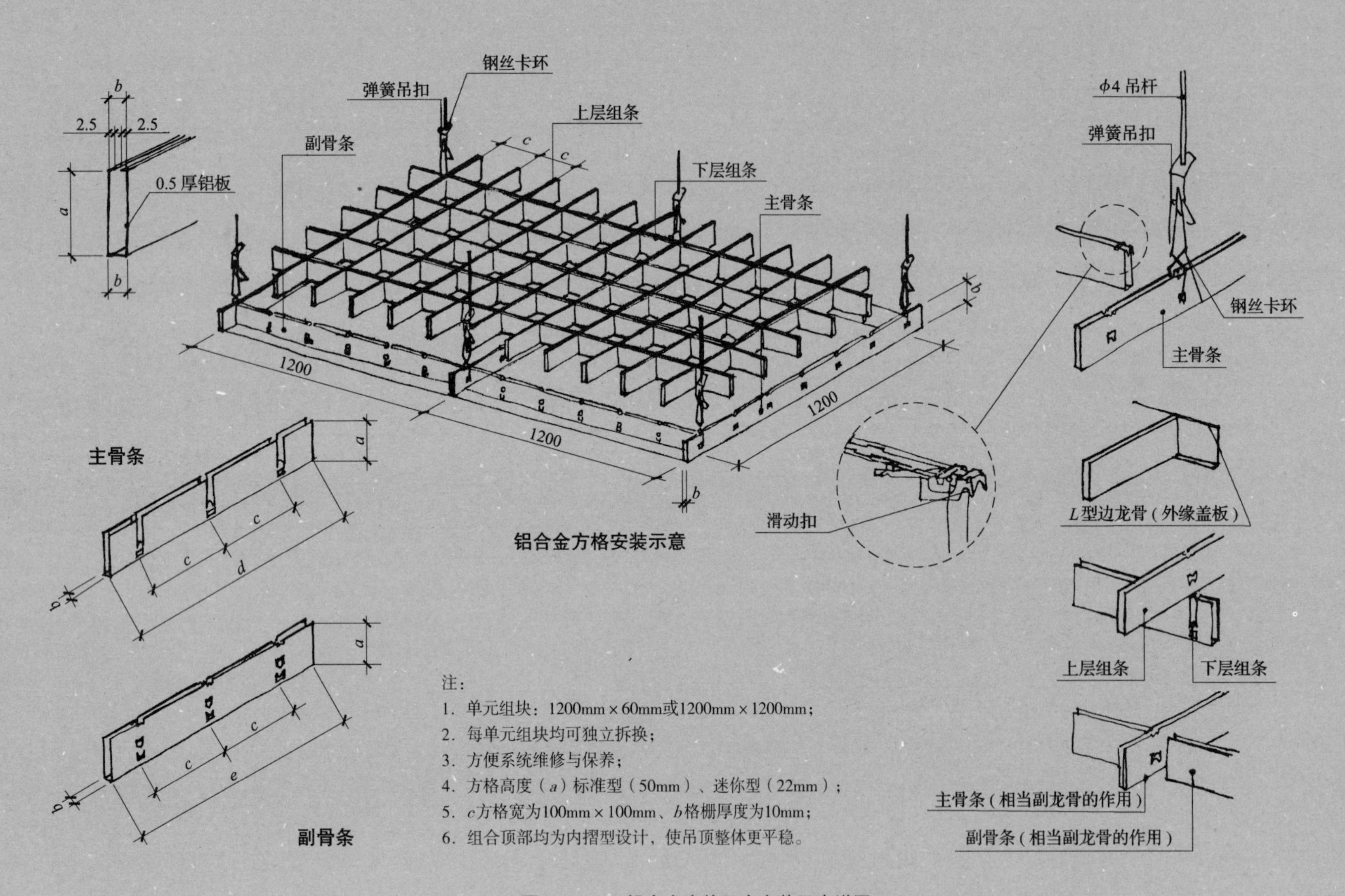

注：

1. 单元组块：1200mm×60mm或1200mm×1200mm；
2. 每单元组块均可独立拆换；
3. 方便系统维修与保养；
4. 方格高度（a）标准型（50mm）、迷你型（22mm）；
5. c方格宽为100mm×100mm、b格栅厚度为10mm；
6. 组合顶部均为内摺型设计，使吊顶整体更平稳。

图3-1-28　铝合金方格组合安装示意详图

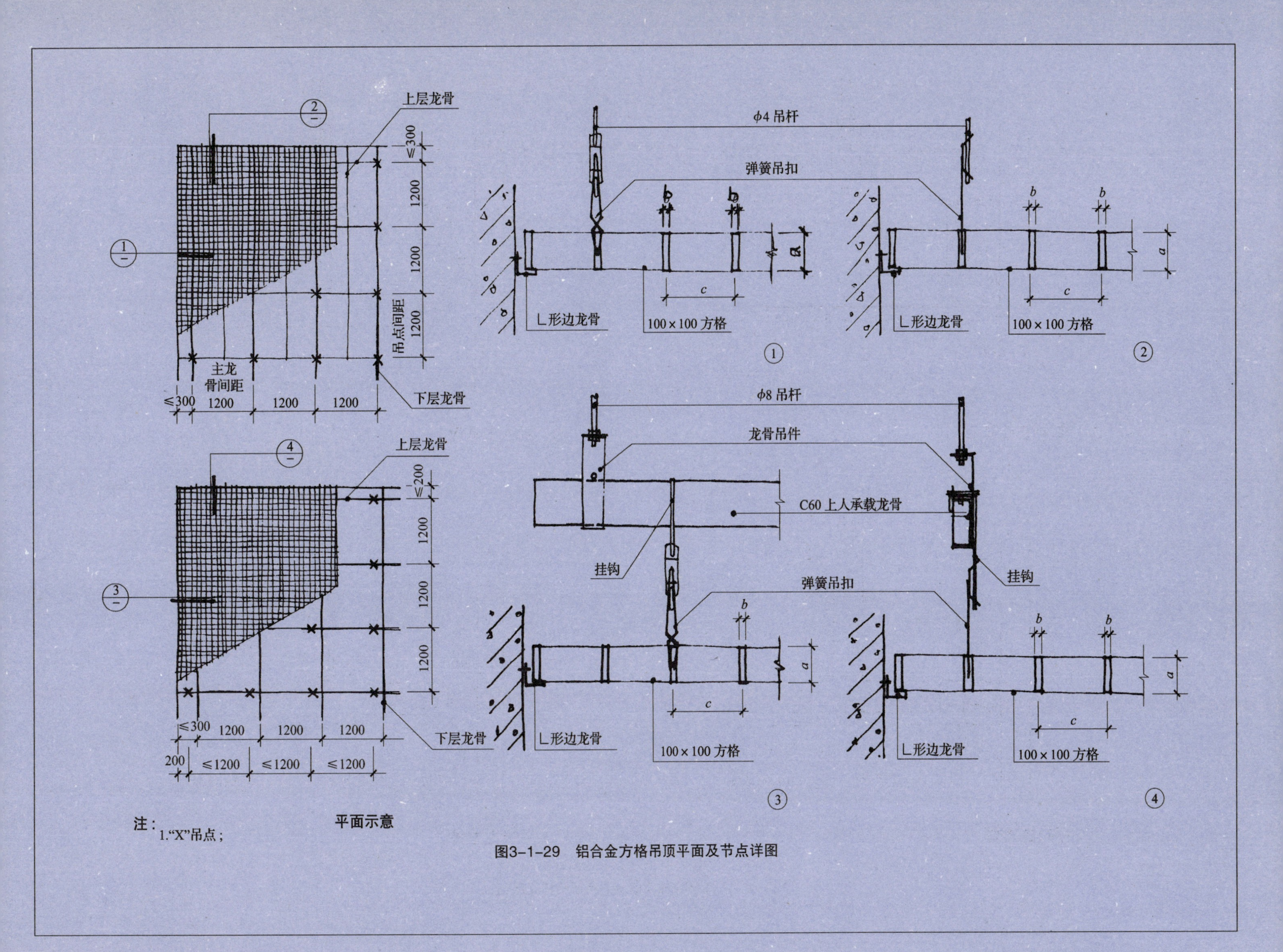

注：1."X"吊点；

图3-1-29　铝合金方格吊顶平面及节点详图

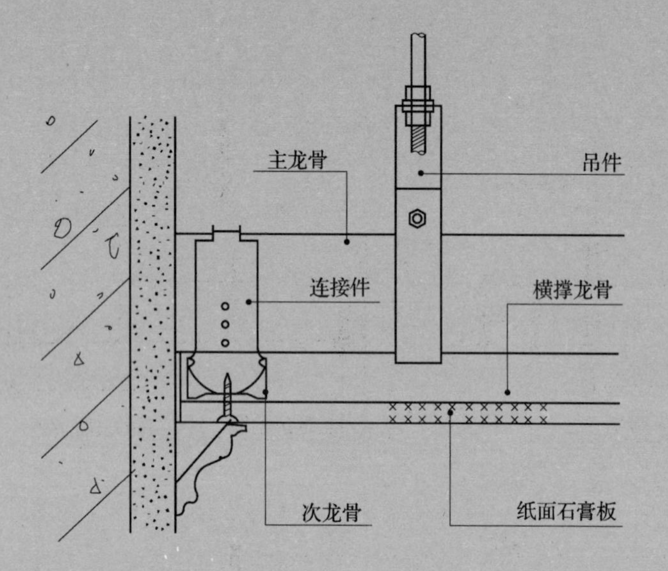

① 垂直主龙骨

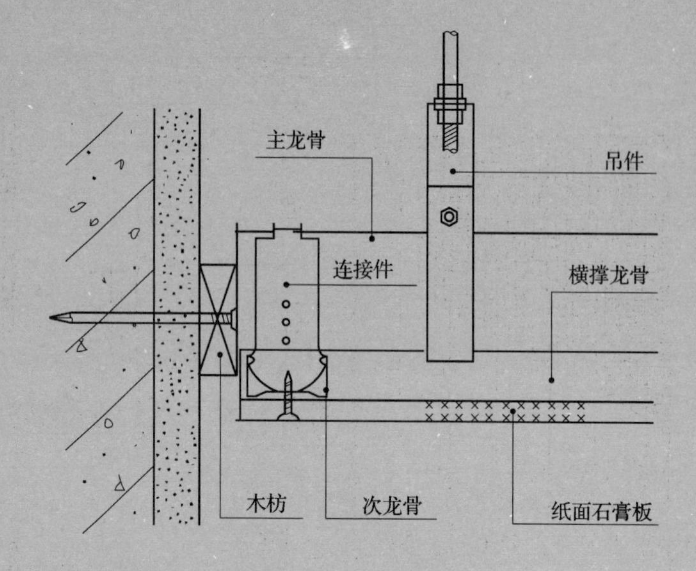

② 垂直主龙骨

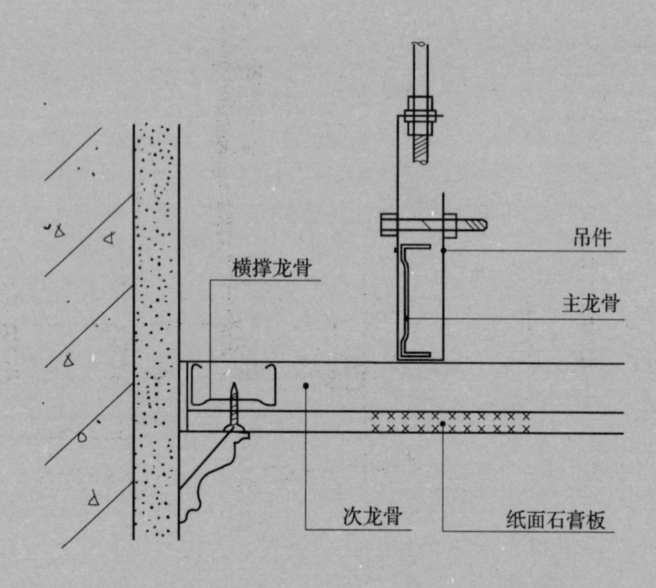

③ 平行主龙骨

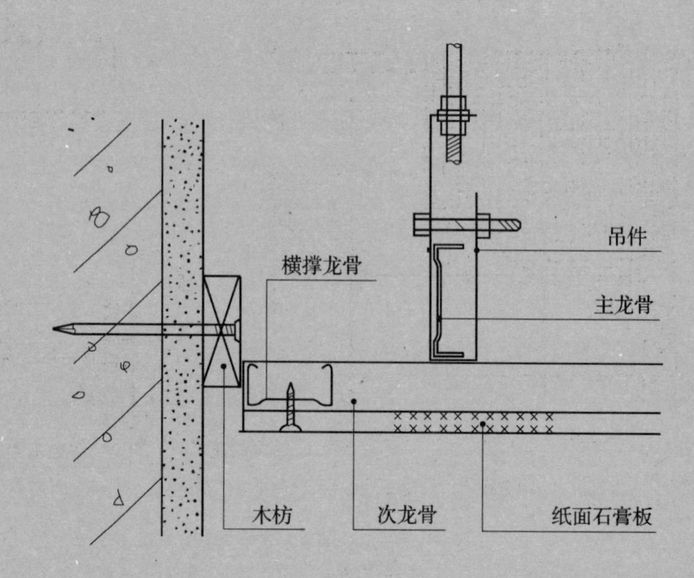

④ 平行主龙骨

图3-2-2 顶棚端部构造——吊顶面板靠墙缝

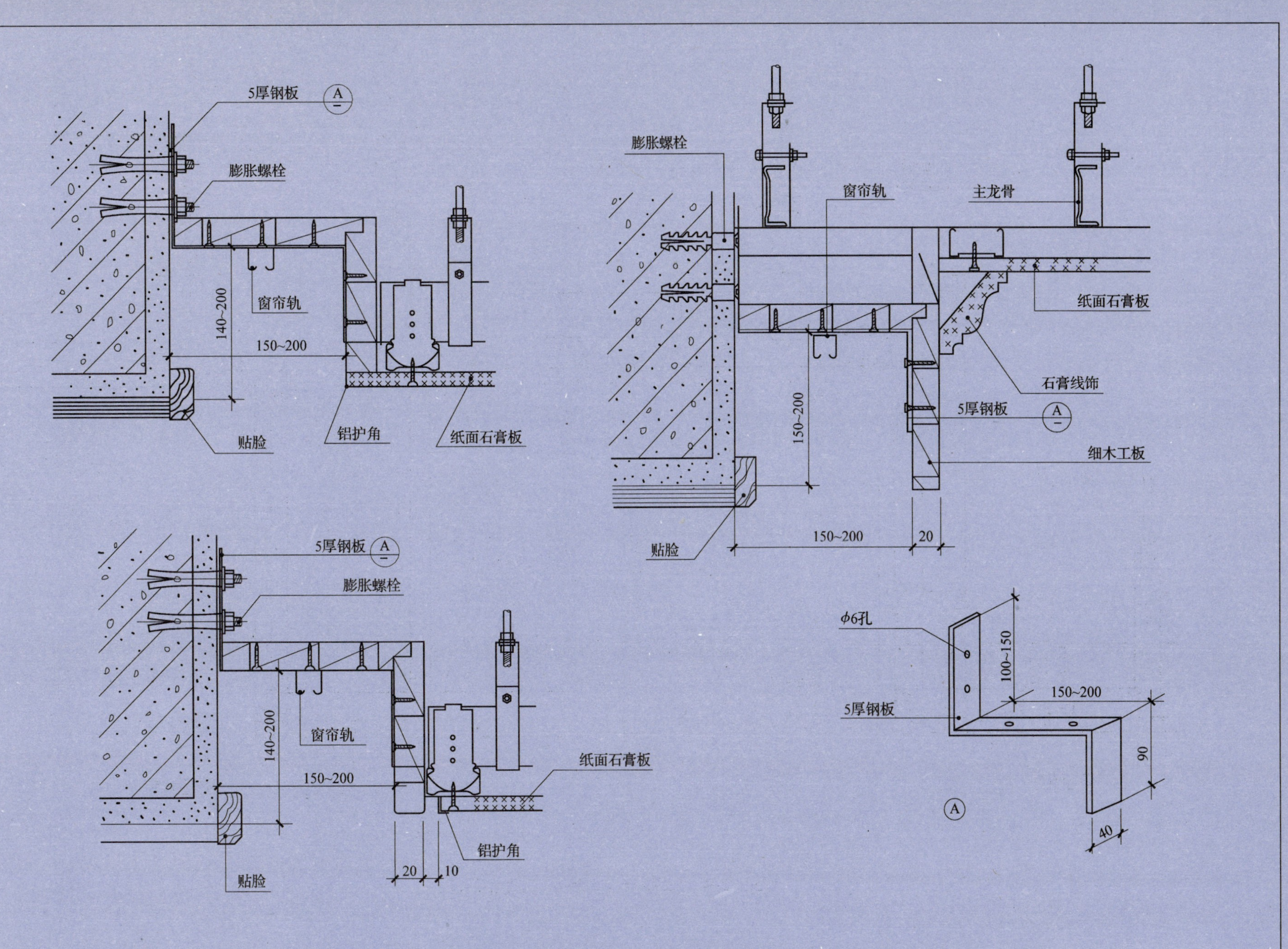

图3-2-3　顶棚端部构造——吊顶窗帘盒安装

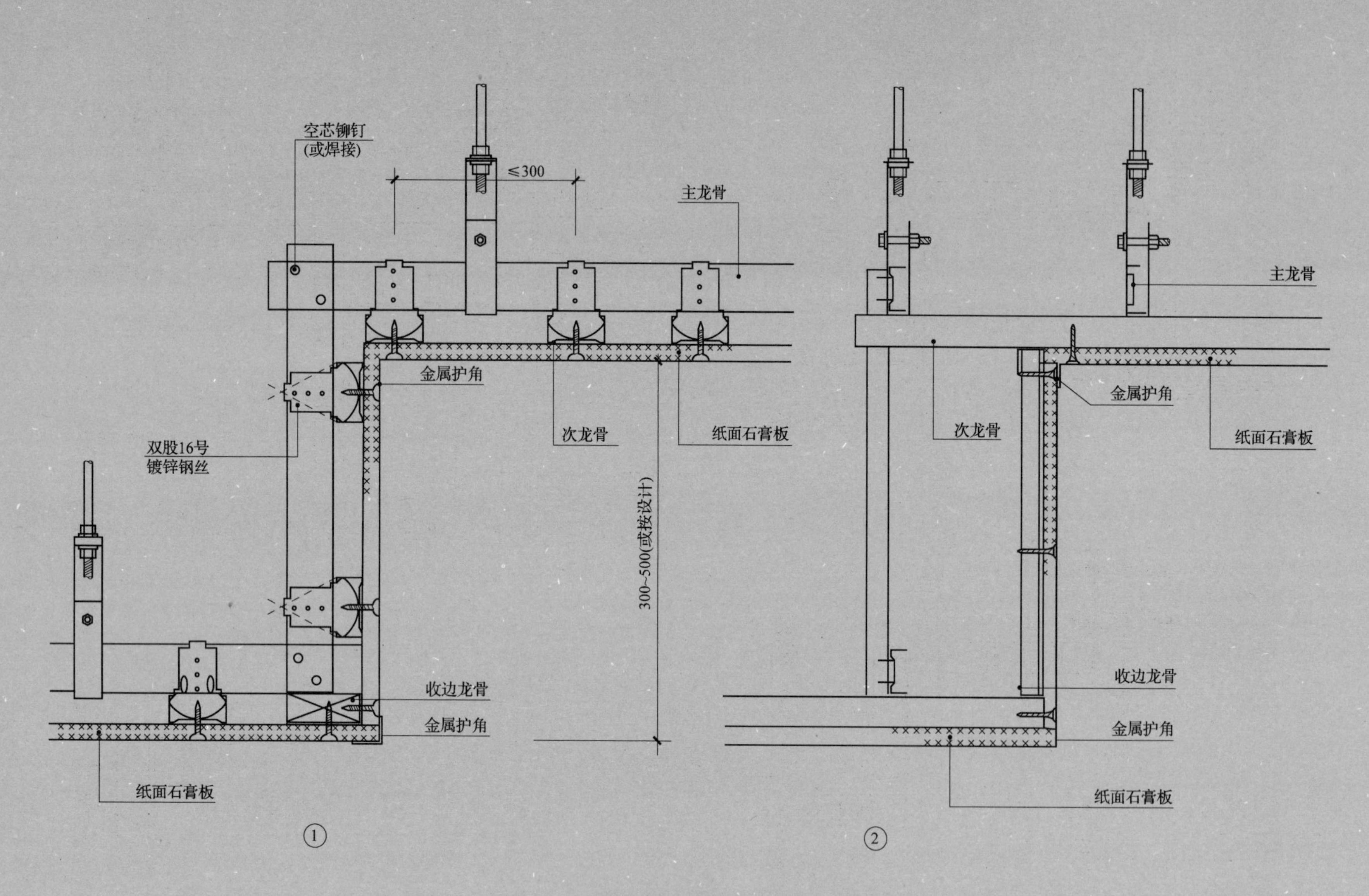

图3-2-4　顶棚高低差构造——迭失吊顶详图

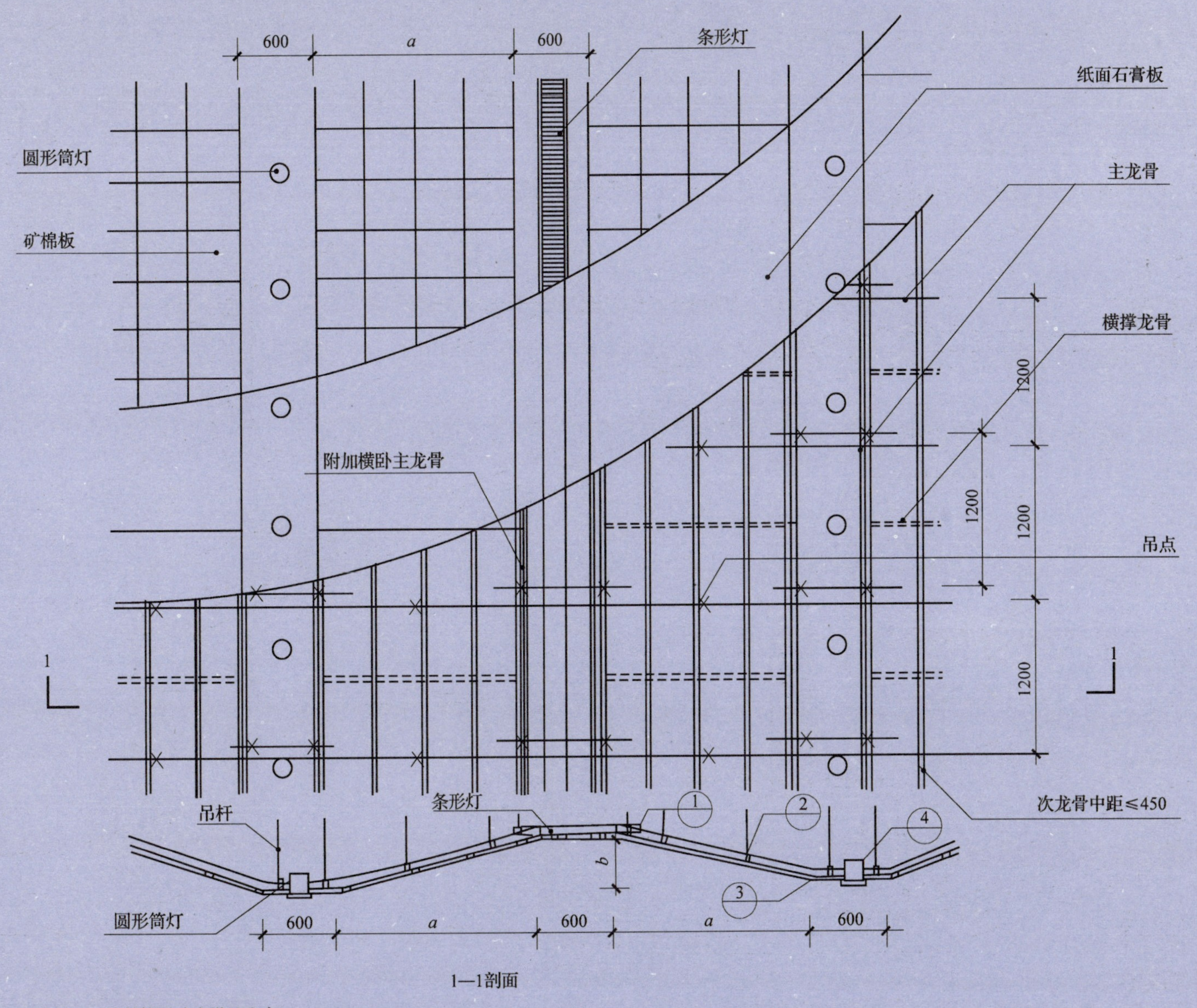

1—1剖面

注：1. 代号a、b的具体尺寸由设计人定；
2. 本图仅为做法示例，设计人可按工程设计要求另绘吊顶平面。

图3-2-5　波形吊顶平、剖面

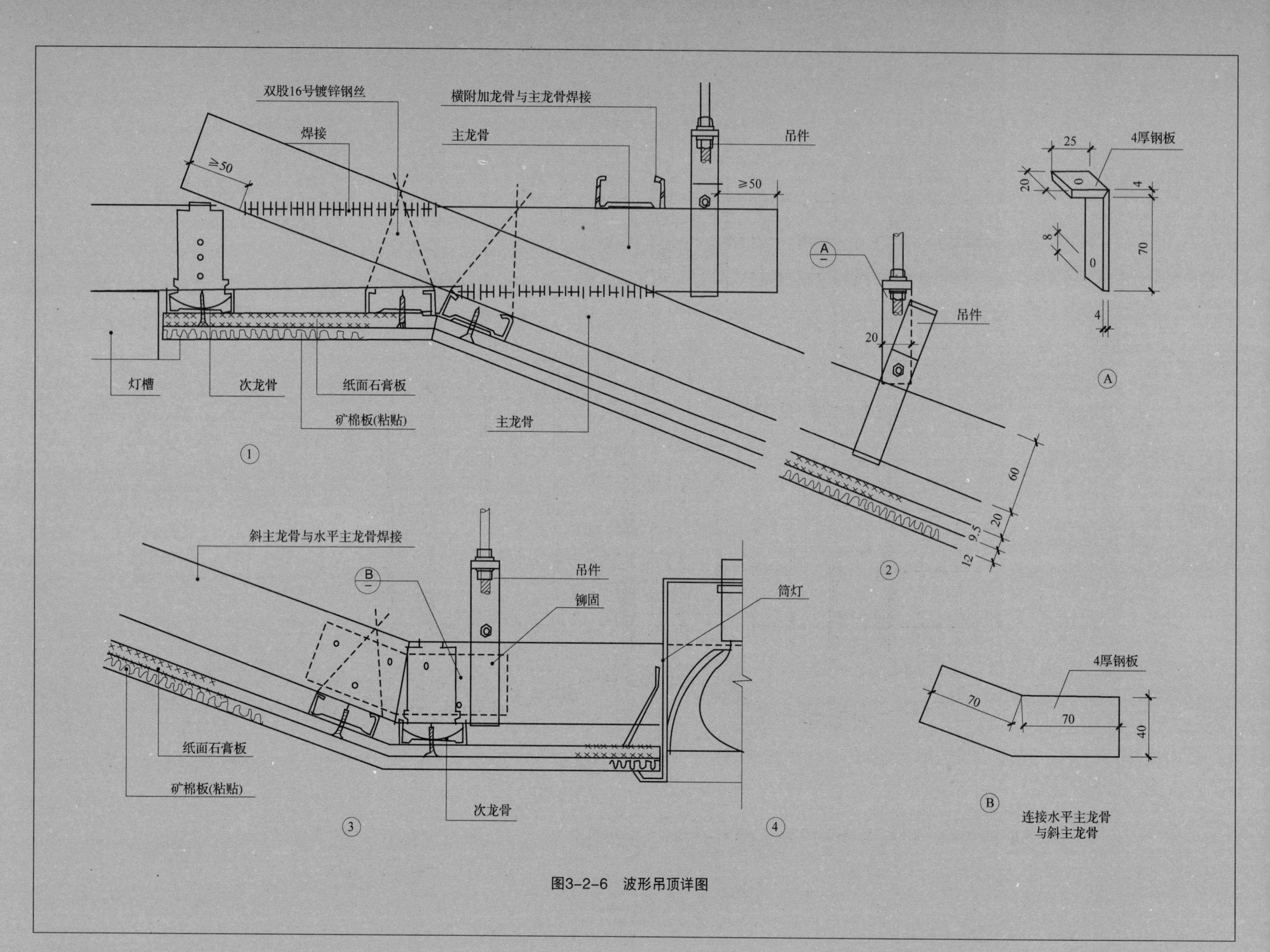

双股16号镀锌钢丝
横附加龙骨与主龙骨焊接
焊接
主龙骨
吊件
≥50
≥50
灯槽
次龙骨
纸面石膏板
矿棉板(粘贴)
主龙骨
①
A
吊件
20
60
20
9.5
12
②
25
4厚钢板
20
4
8
70
4
A
斜主龙骨与水平主龙骨焊接
B
吊件
铆固
筒灯
纸面石膏板
矿棉板(粘贴)
次龙骨
③
④
4厚钢板
70
70
40
B
连接水平主龙骨
与斜主龙骨

图3-2-6　波形吊顶详图

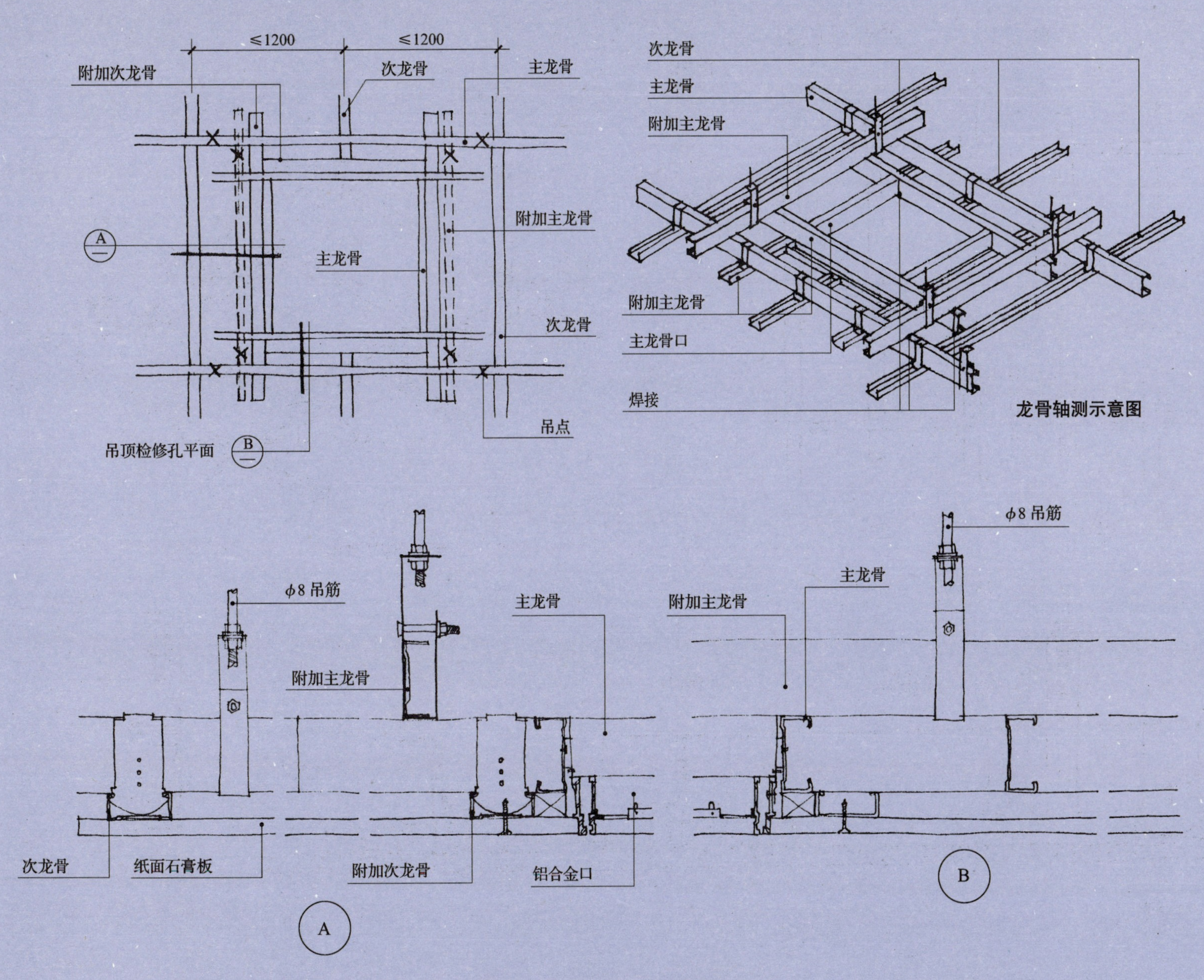

图3-2-7　吊顶（上人）检修孔

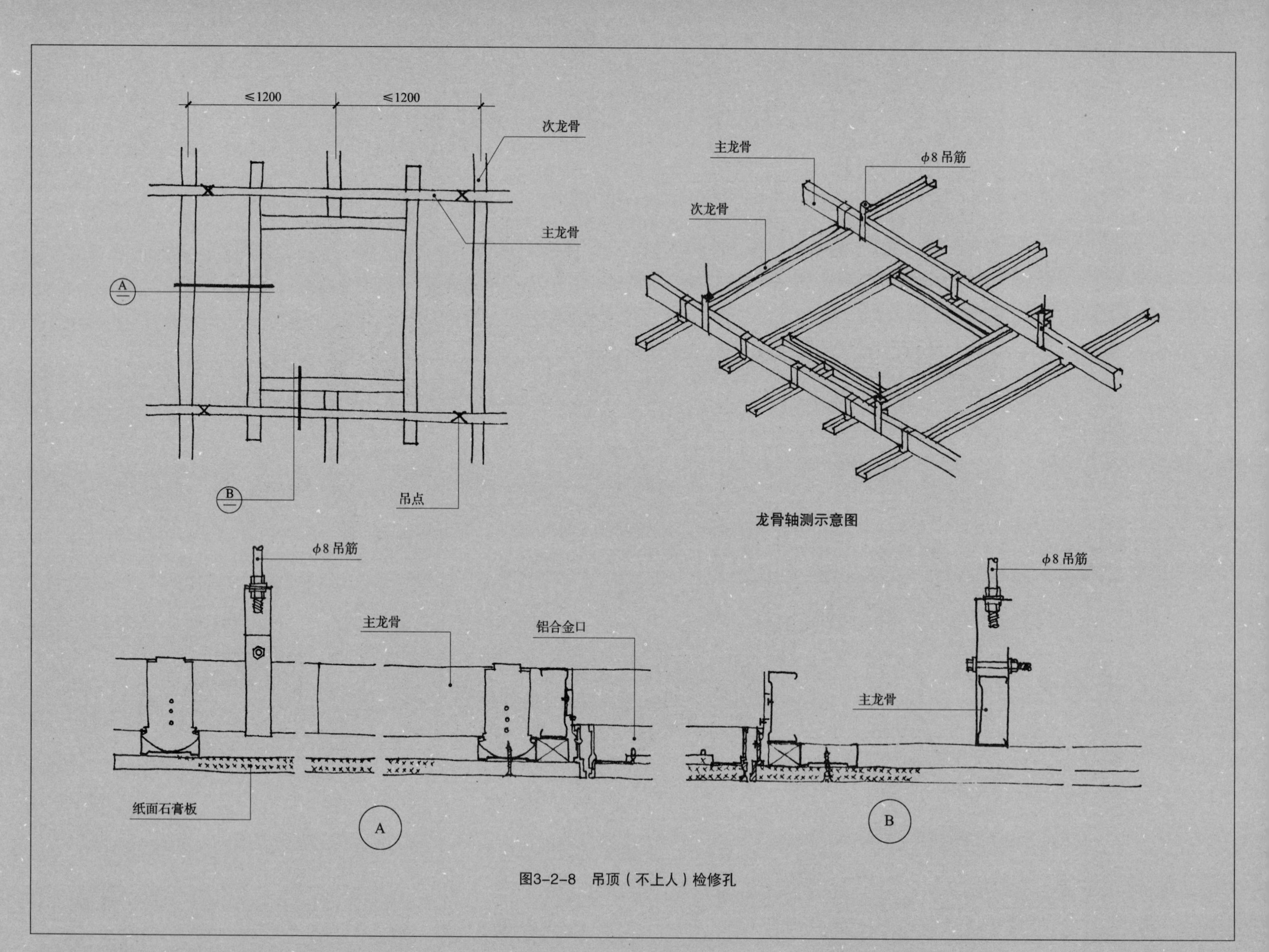

图3-2-8　吊顶（不上人）检修孔

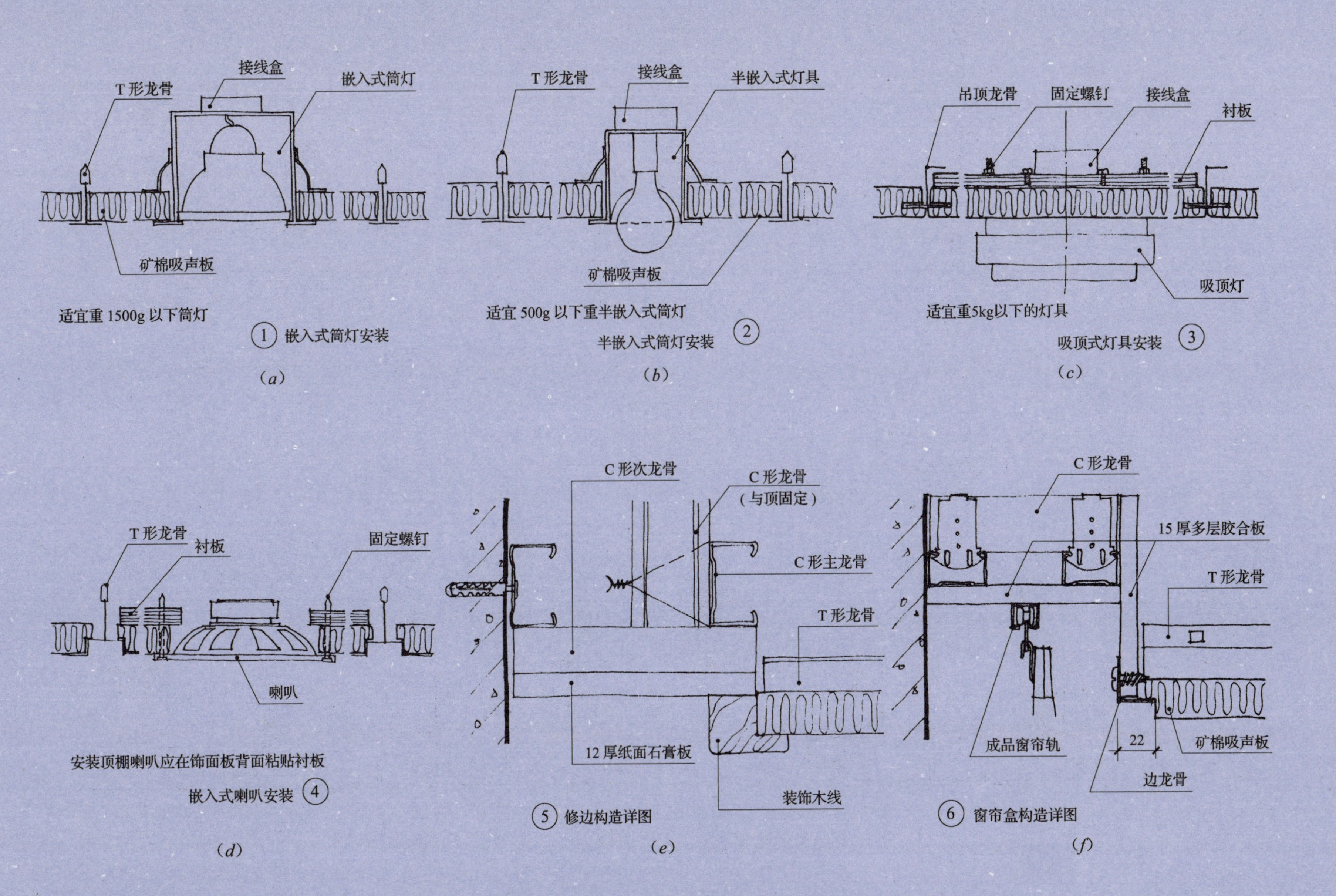

图3-2-9　灯具、喇叭、窗帘盒构造详图

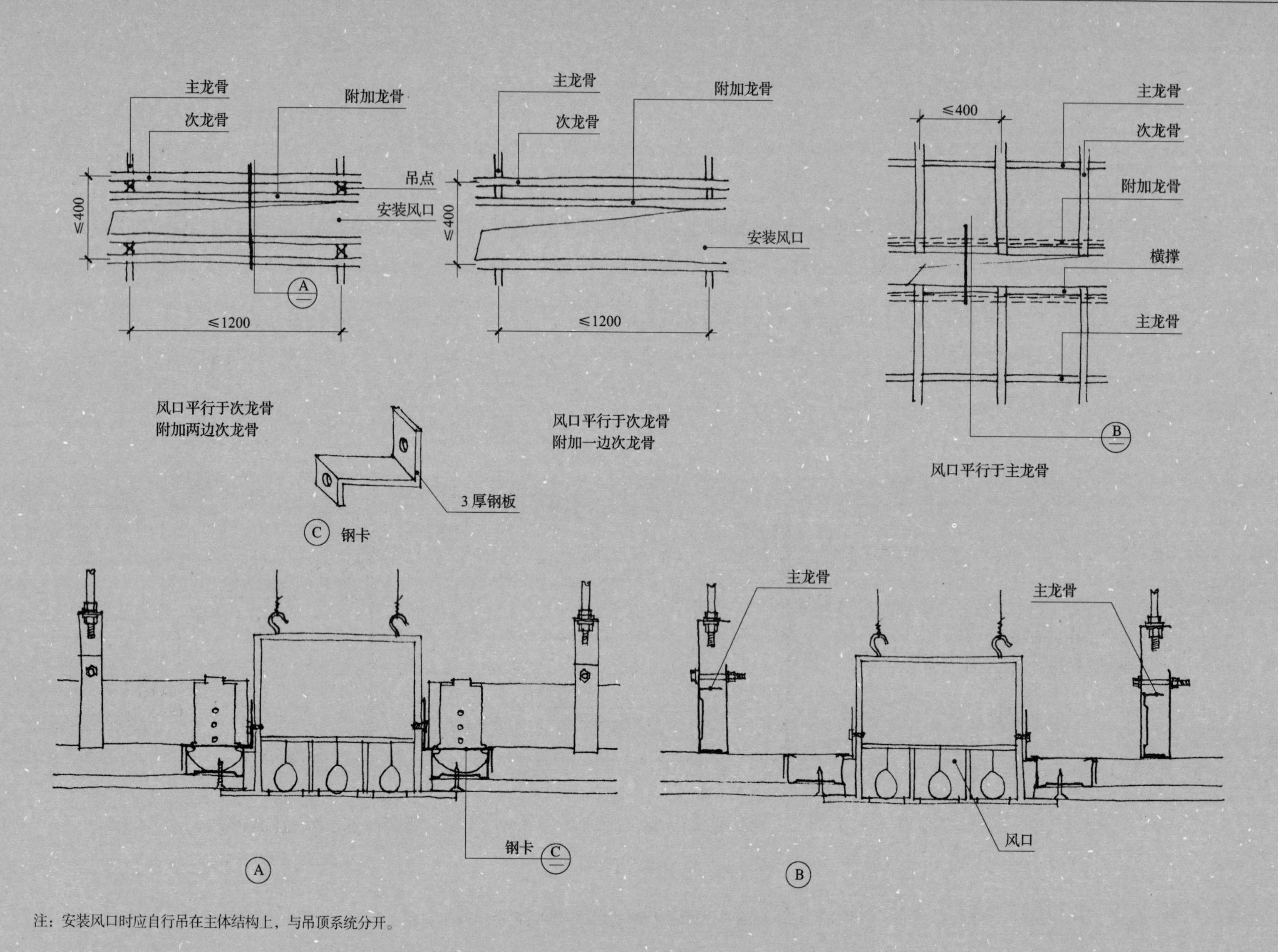

注：安装风口时应自行吊在主体结构上，与吊顶系统分开。

图3-2-10　吊顶条形风口构造

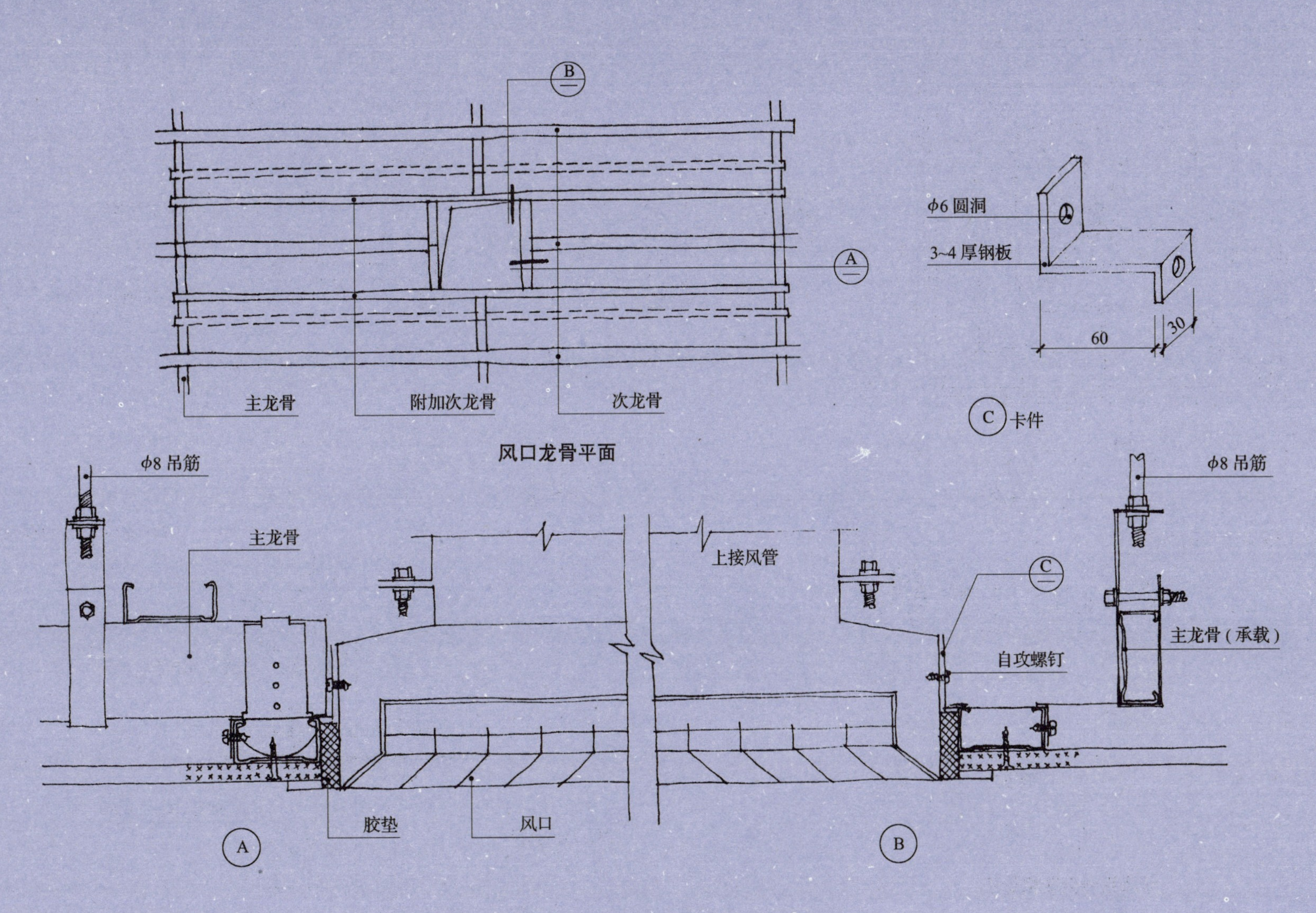

图3-2-11　吊顶方、圆形风口安装构造

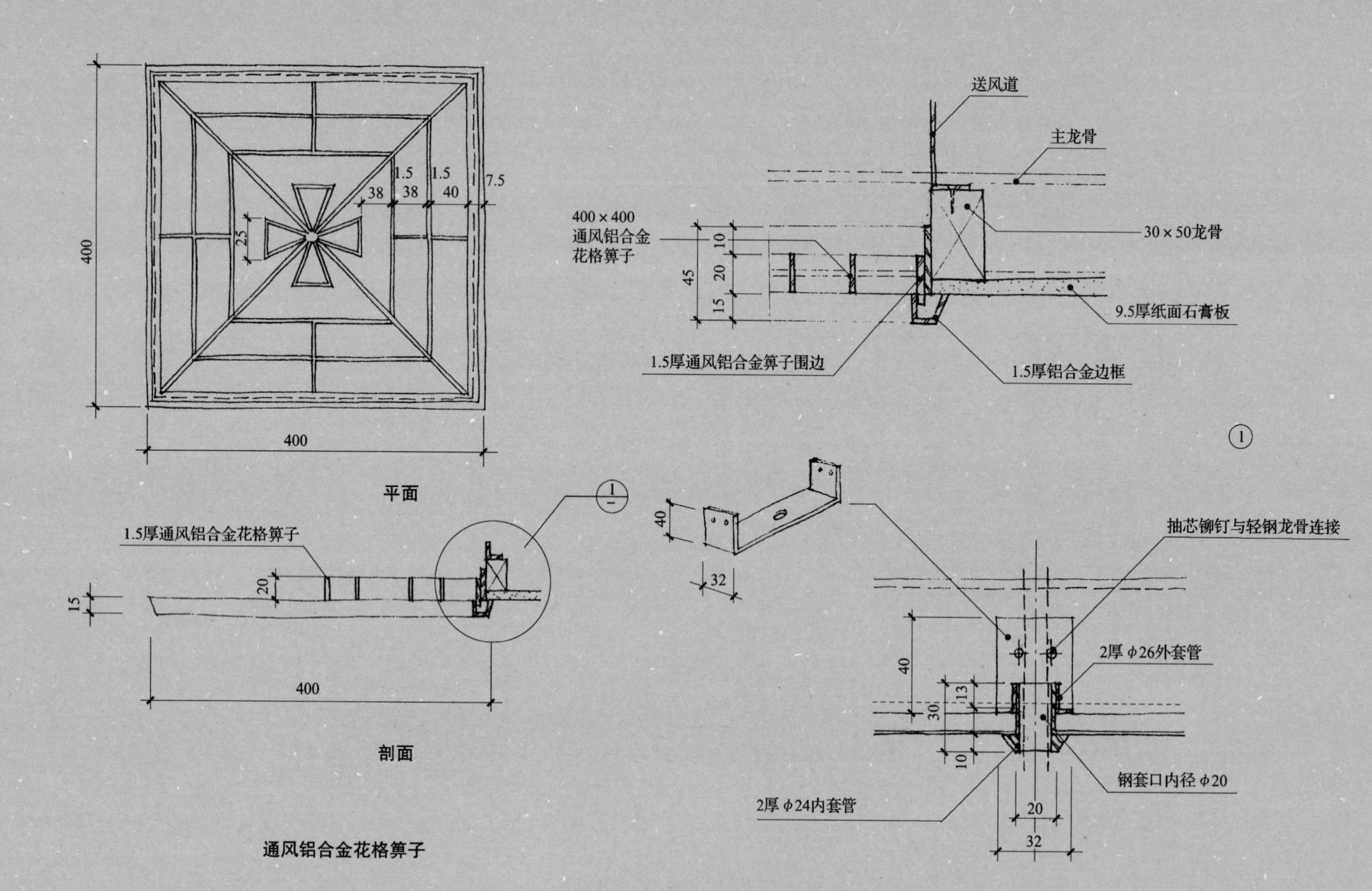

图3-2-12 顶棚嵌入式通风口构造

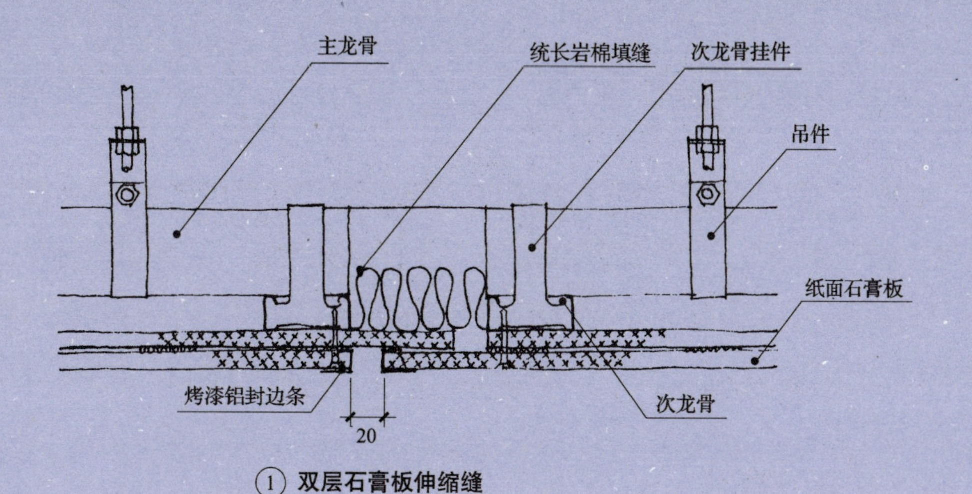

① 双层石膏板伸缩缝

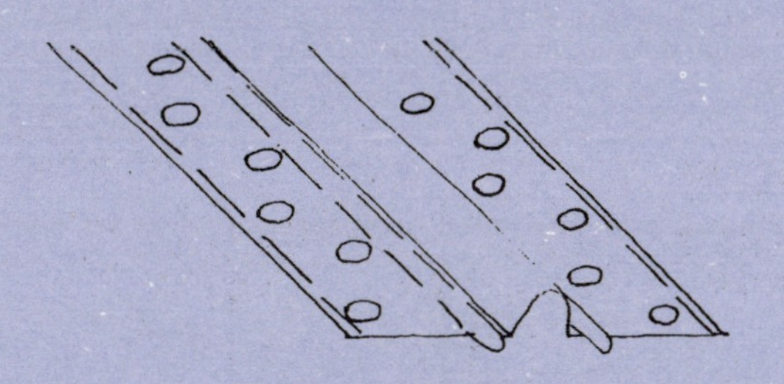

镀锌铁皮盖缝条（或铝合金板）

Ⓐ 盖缝条详图

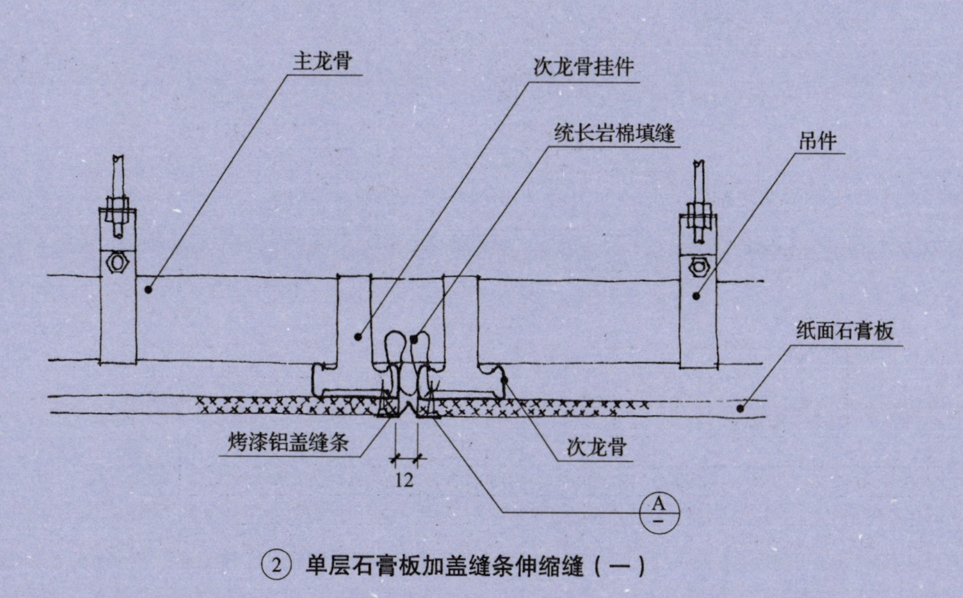

② 单层石膏板加盖缝条伸缩缝（一）

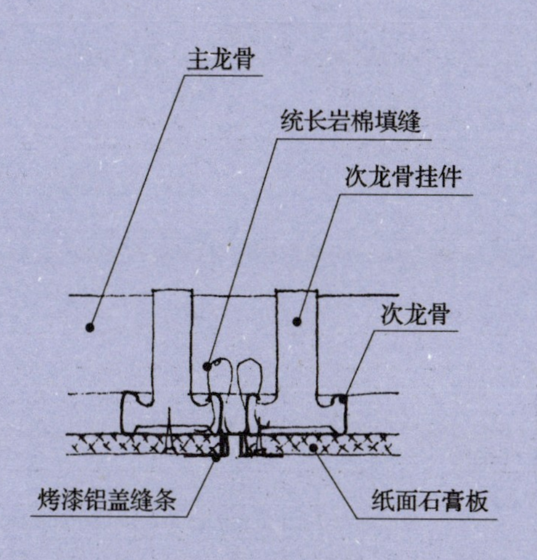

③ 单层石膏板加盖缝条伸缩缝（二）

图3-2-13 吊顶伸缩缝节点详图

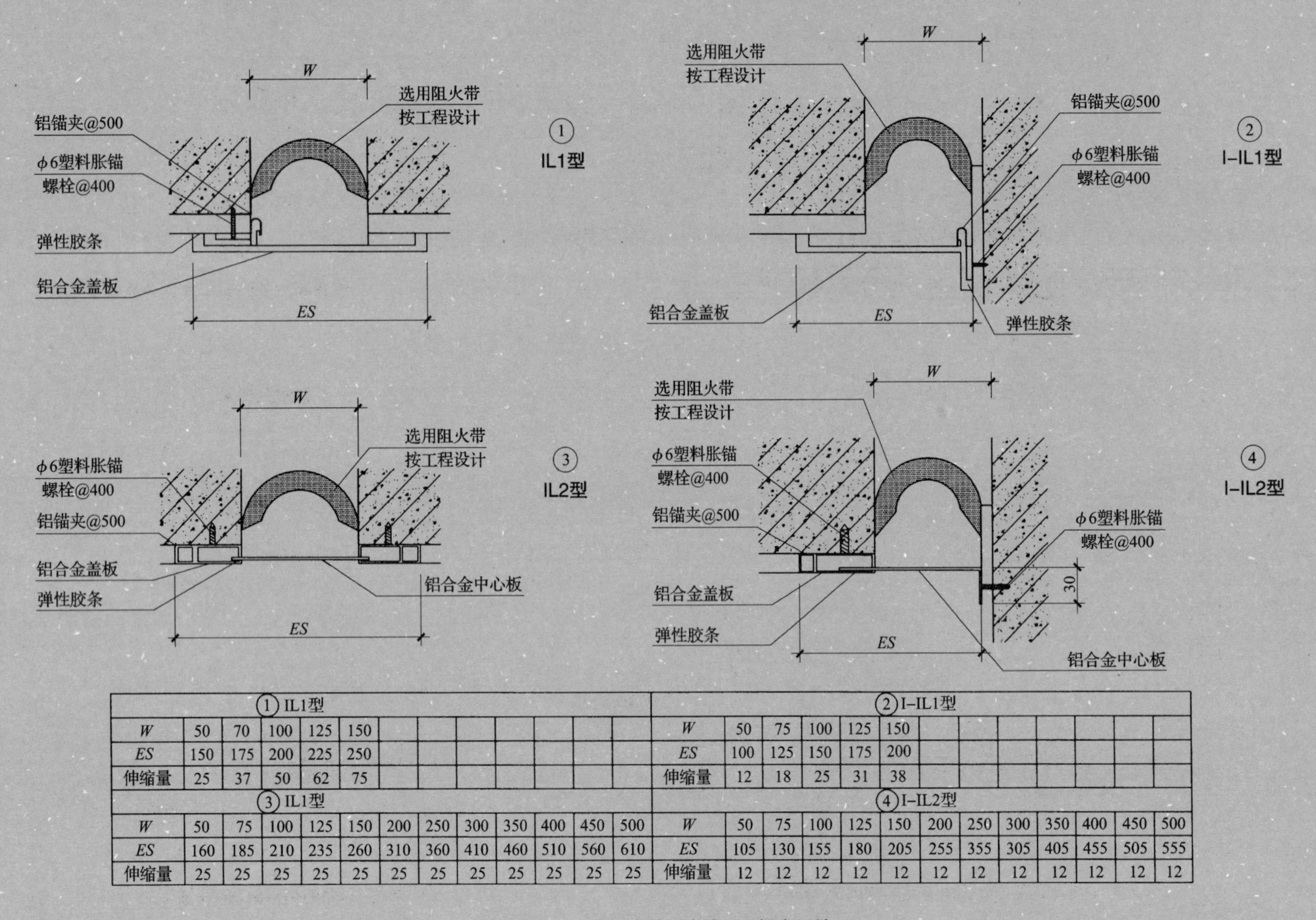

① IL1型												
W	50	70	100	125	150							
ES	150	175	200	225	250							
伸缩量	25	37	50	62	75							
③ IL1型												
W	50	75	100	125	150	200	250	300	350	400	450	500
ES	160	185	210	235	260	310	360	410	460	510	560	610
伸缩量	25	25	25	25	25	25	25	25	25	25	25	25

② I–IL1型												
W	50	75	100	125	150							
ES	100	125	150	175	200							
伸缩量	12	18	25	31	38							
④ I–IL2型												
W	50	75	100	125	150	200	250	300	350	400	450	500
ES	105	130	155	180	205	255	355	305	405	455	505	555
伸缩量	12	12	12	12	12	12	12	12	12	12	12	12

图3–2–14　金属卡锁型内墙、顶棚变形缝

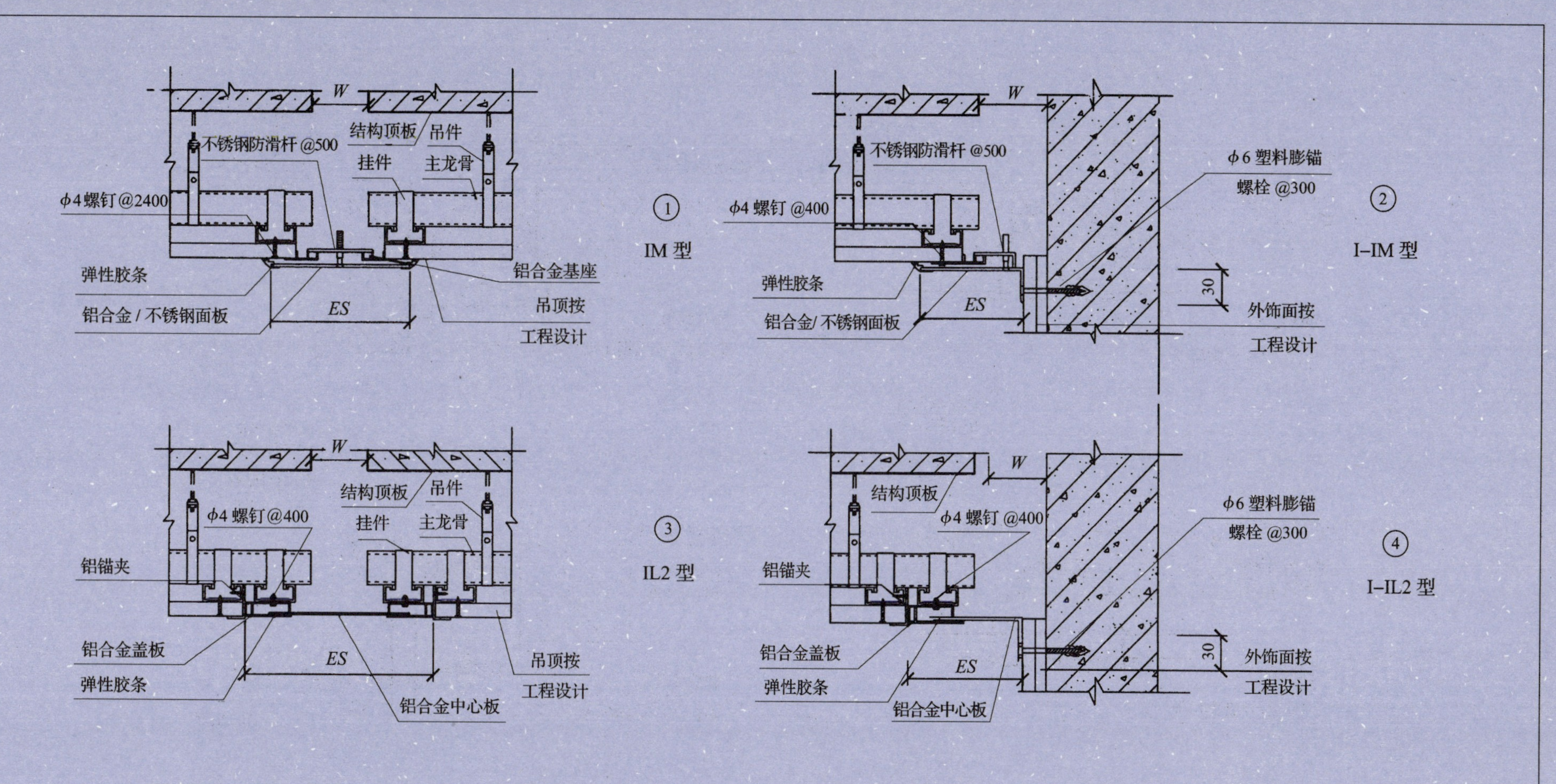

① IM 型											
W		75	100	125	150	200	250	300	350	400	450	500
ES		175	200	225	250	300	375	450	525	600	675	750
伸缩量		37	50	62	75	100	125	150	175	200	225	250

② I–IM 型											
W		75	100	125	150	200	250	300	350	400	450	500
ES		125	150	175	200	250	312	375	437	500	562	625
伸缩量		18	25	31	37	50	62	75	87	100	112	125

③ IL2 型											
W	50	75	100	125	150	200	250	300	350	400	450	500
ES	160	185	210	235	260	310	360	410	460	510	560	610
伸缩量	25	25	25	25	25	25	25	25	25	25	25	25

④ I–IL2 型											
W	50	75	100	125	150	200	250	300	350	400	450	500
ES	105	130	155	180	205	255	305	355	405	455	505	555
伸缩量	12	12	12	12	12	12	12	12	12	12	12	12

注：1. 变形缝 W 宽度按工程设计。

图3–2–15　金属卡锁型与盖板型吊顶变形缝

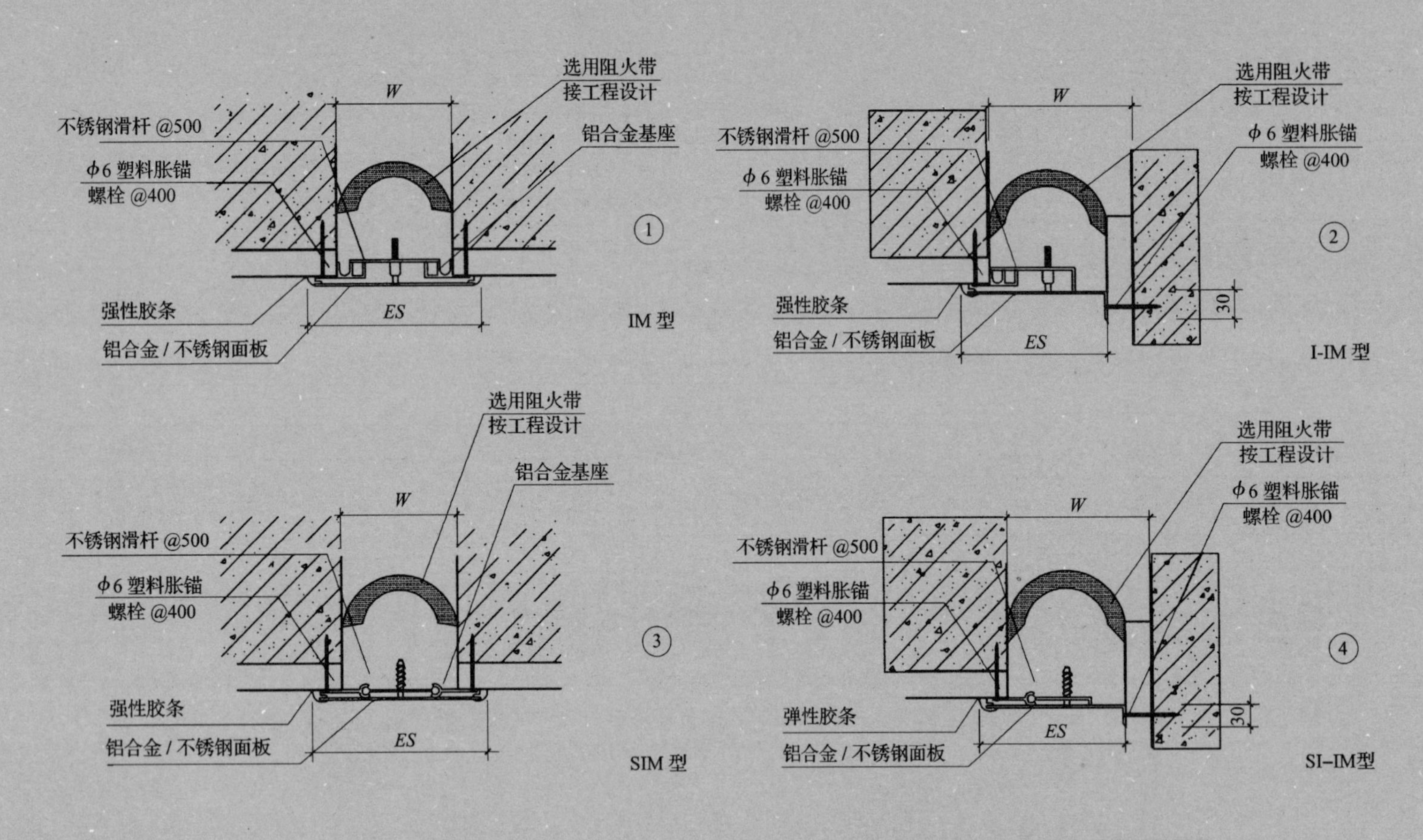

① IM 型													② I–IN型												
		75	100	125	150	200	250	300	350	400	450	500	*W*		75	100	125	150	200	250	300	350	400	450	500
		175	200	225	250	300	375	450	525	600	675	750	*ES*		125	150	175	200	250	312	375	437	500	562	625
		37	50	62	75	100	125	150	175	200	225	250	伸缩量		18	25	31	37	50	62	75	87	100	112	125
③ SIM 型													④ SI–IM型												
W		75	100	125	150	200	250	300	350	400	450	500	*W*		75	100	125	150	200	250	300	350	400	450	500
ES		175	200	225	250	300	375	450	525	600	675	750	*ES*		125	150	175	200	250	312	375	437	500	562	625
伸缩量		37	50	62	75	100	125	150	175	200	225	250	伸缩量		18	25	31	37	50	62	75	87	100	112	125

注 :1. 变形缝 *W* 宽度按工程设计

图3–2–16　金属盖板型内墙、顶棚变形缝

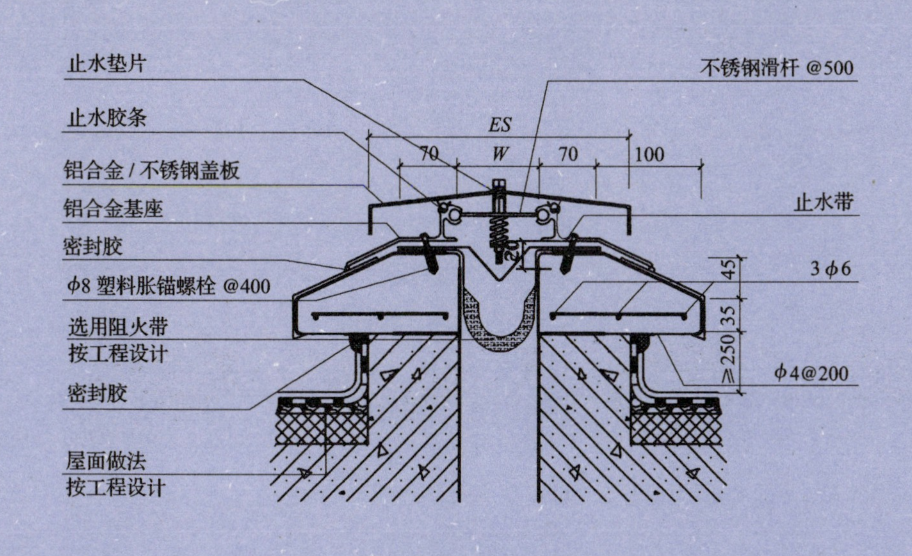

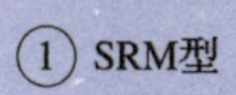
① SRM型

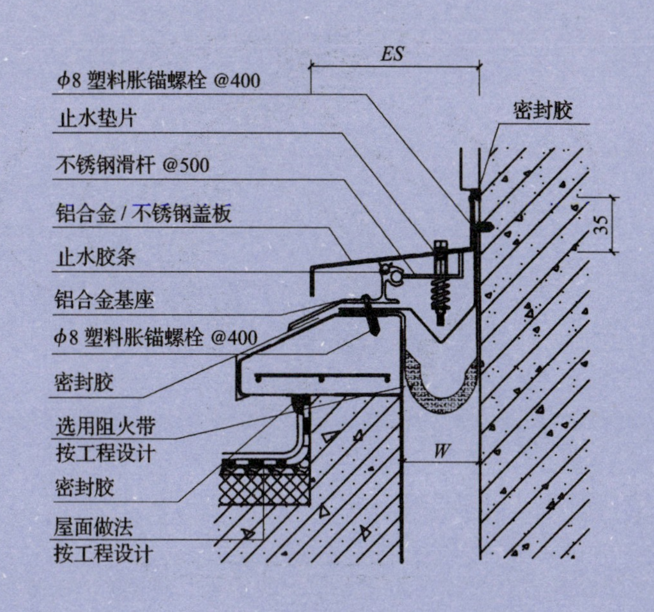

② SR-WM型

① SRM型													② SR-WM型												
W	50	75	100	125	150	200	250	300	350	400	450	500	*W*	50	75	100	125	150	200	250	300	350	400	450	500
ES	206	230	280	305	330	380	430	480	530	600	675	750	*ES*	128	153	190	215	240	290	340	390	440	500	562	625
伸缩量	25	37	50	62	75	100	125	150	175	200	225	250	伸缩量	12	18	25	31	37	50	62	75	87	110	112	125

图3-2-17　抗震型屋面变形缝

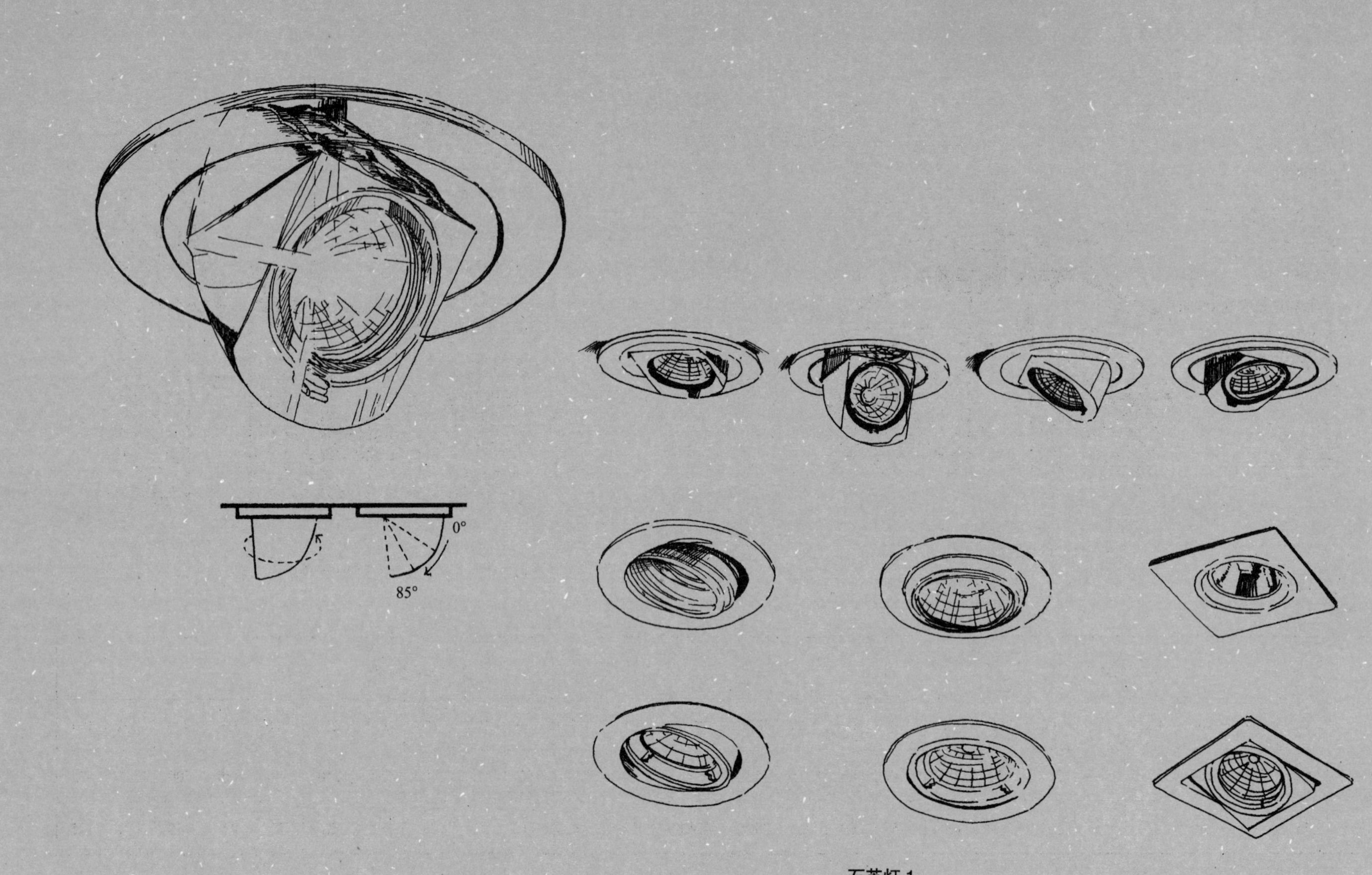

石英灯 1

图4-1-1　嵌顶灯

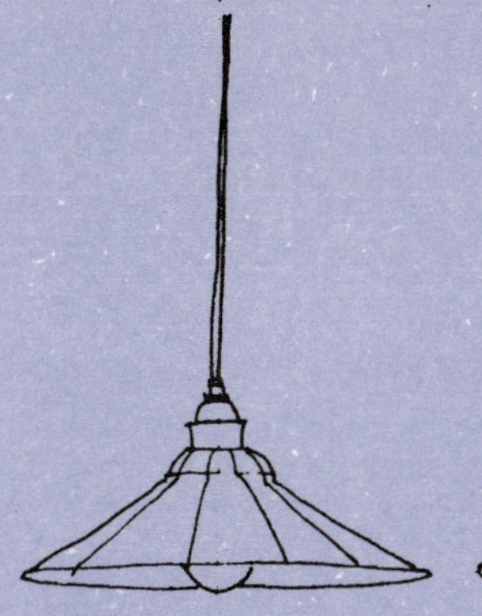
丽拉　吊灯，铜贡上透明漆 ϕ30.5cm，高9cm，≤60W

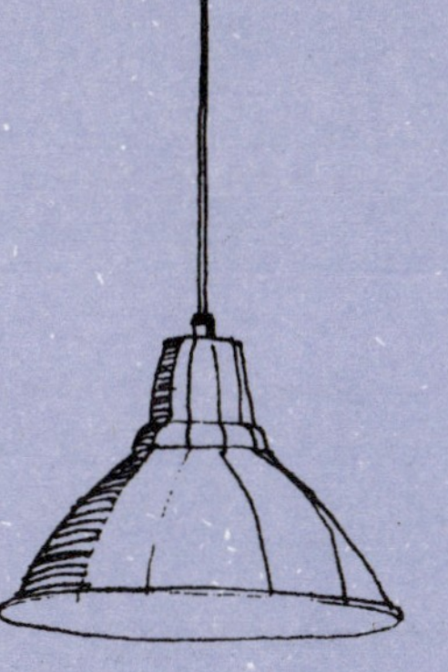
福托　吊灯，无光泽面铝质 ϕ38，高30cm，≤75W

麦勒迪　吊灯　塑胶材质 ϕ28，高27cm，≤75W

莫尼格　枝形吊灯，可调高，可选灯罩，钢质表层覆黑粉 ϕ58，高132cm，≤5×40W

卡西姆　吊灯 雾面玻璃，ϕ35，H22.5cm ≤100W

赛蒂吊灯，可调高度 涂绿铝质，ϕ36，高185cm ≤60W

格林萨　枝形吊灯，可调高度 深灰钢质烤漆底座，玻璃灯罩 ϕ59.5，高46cm，≤5×40W

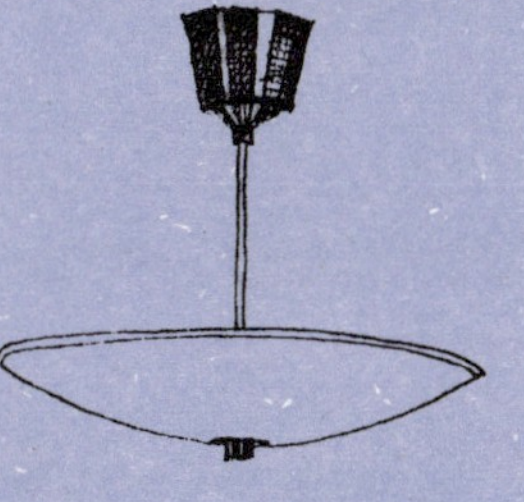
塔里昂　吊灯，磨砂玻璃灯罩、光线柔和。镀镍钢质灯架。ϕ54cm，≤40W

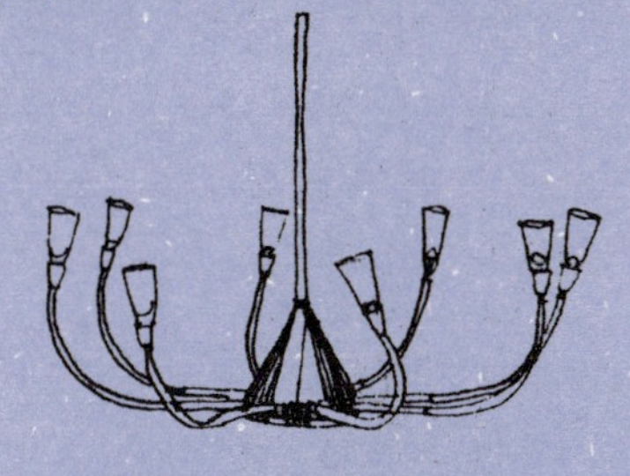
霍尔比　吊灯，高度可调 玻璃灯罩，镀镍钢吊灯架，≤8×10W

莱普　吊灯　灯罩白色纸及塑胶材质。ϕ28或ϕ18cm 高22.5或17.5cm

法多　吊灯 嘴吹乳白色玻璃 ϕ25，高45cm，≤75W

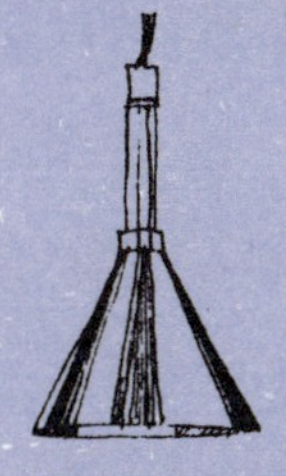
佳德　吊灯，铝质 ϕ11cm，≤35W

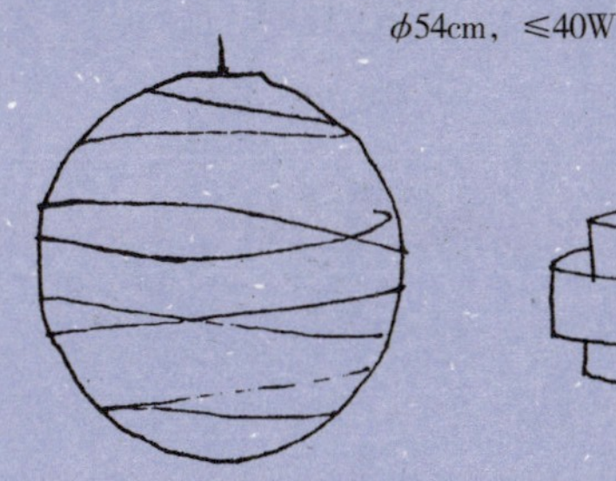
瑞格利　吊灯 宣纸制品，白色 ϕ60cm

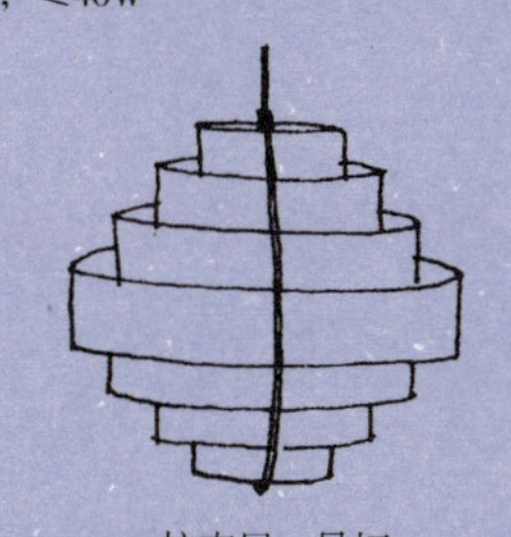
拉克尼　吊灯 塑胶材质，白色半透明 ϕ330cm，≤60W

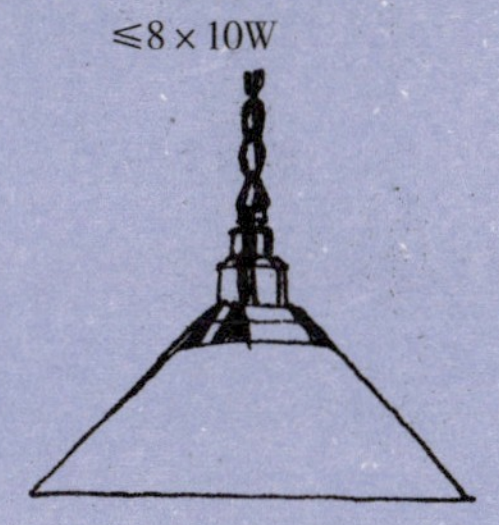
克劳比　吊灯 镀镍钢质，嘴吹玻璃灯罩 白色，ϕ30.5cm，≤60W

图4-1-2　下悬灯（吊灯）

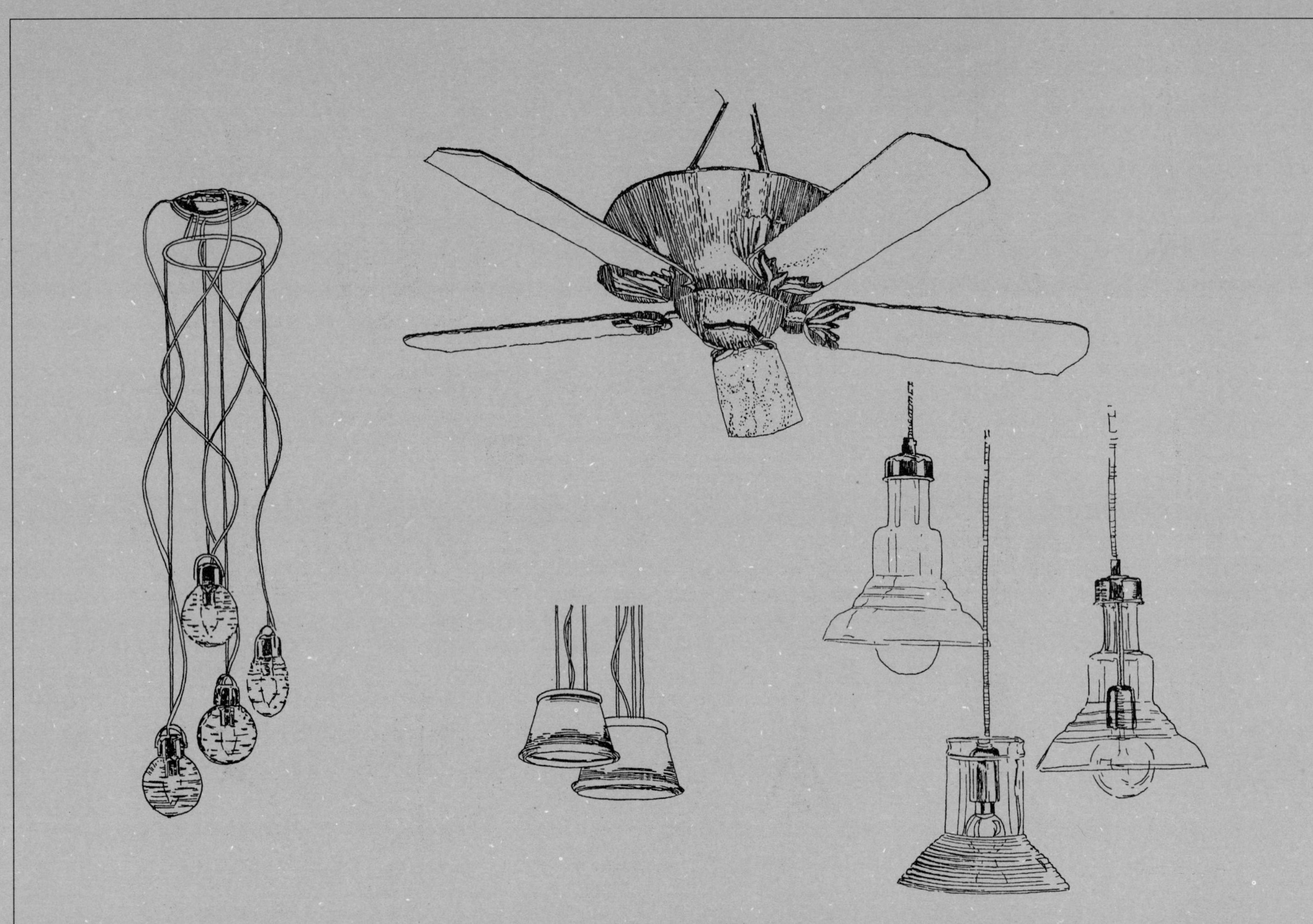

图4–1–3　下悬灯

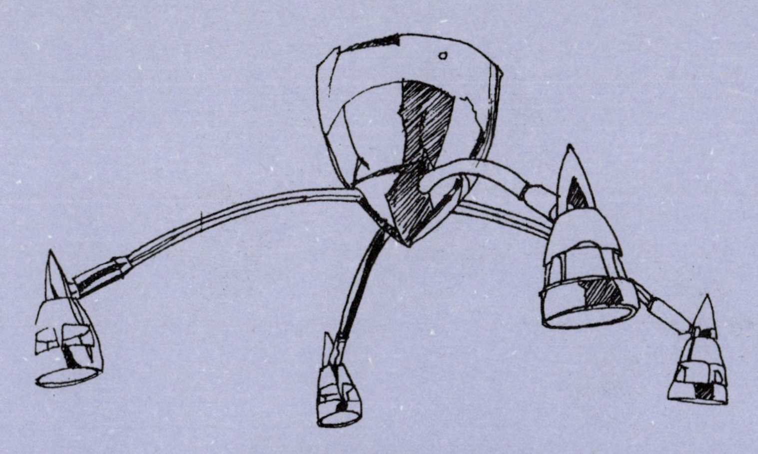

鄂温特林　吸顶聚光灯，镀铬钢质。
深19cm，4×20W卤素灯炮

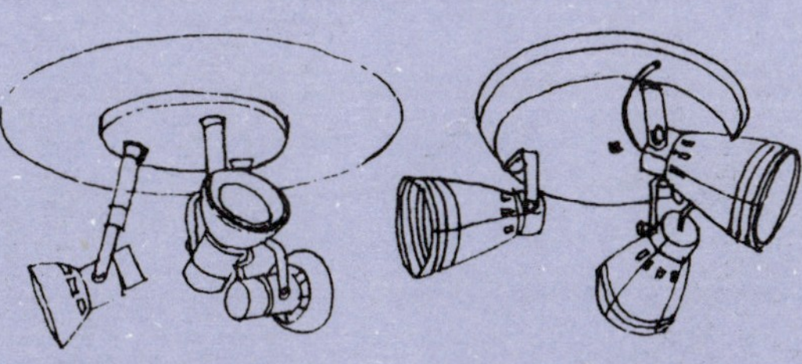

格莱西亚　吸顶式聚光灯
铝质配实桦木，ϕ34.5cm
3×35W卤素灯炮

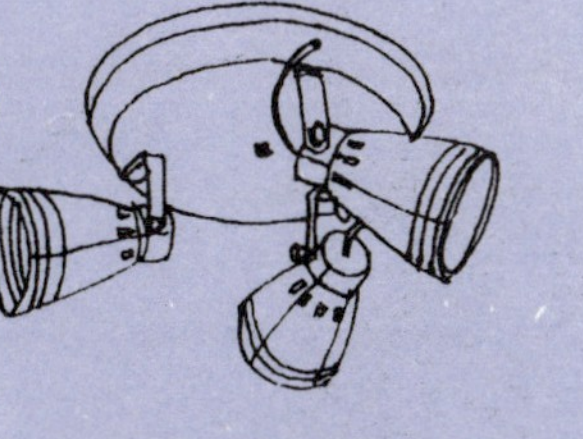

科麦尔　吸顶式聚光灯
投射方向可调，铝质 ϕ30cm
3×60W反射灯泡

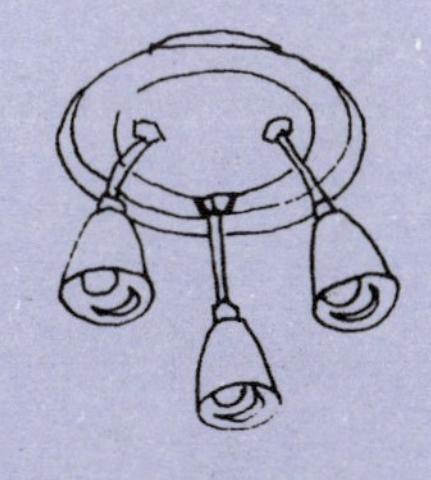

法蒂格　吸顶式聚光灯
投射方向可调，银色钢质，
玻璃材质，ϕ23cm
变压器，3×35W卤素灯

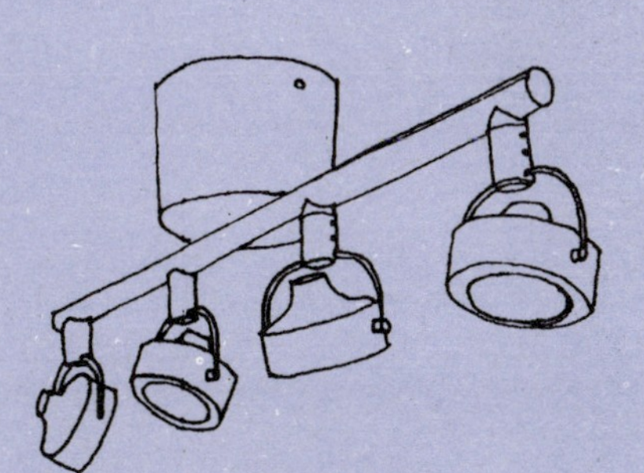

贝丽乐　器头聚光吸顶灯
可配调光器，银色钢质。
长60cm，≤4×20W

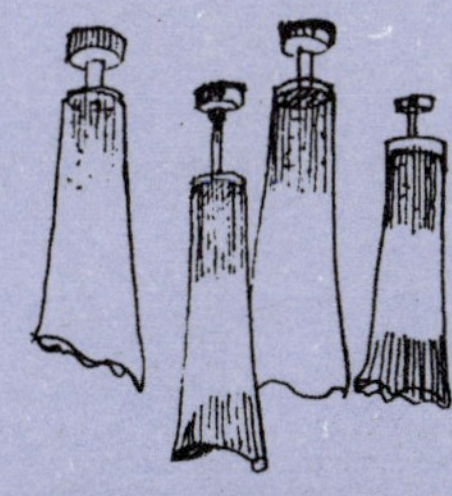

海鲜酒店"水底洞穴"包间
金属底座，水晶玻璃灯罩

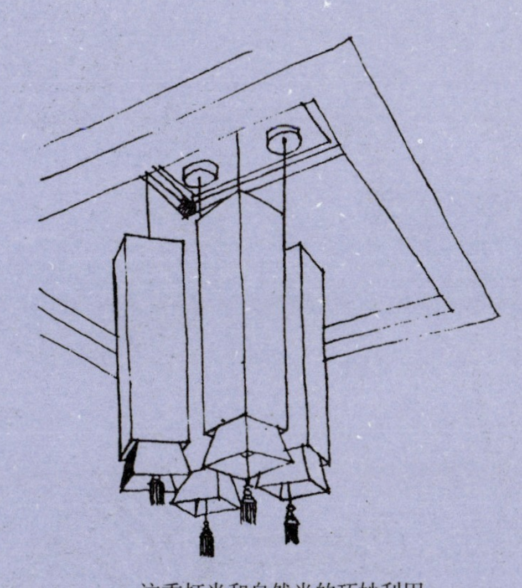

注重灯光和自然光的巧妙利用，
使传统纹样的工艺玻璃在光影的照射
下，彰显岭南人文气息。

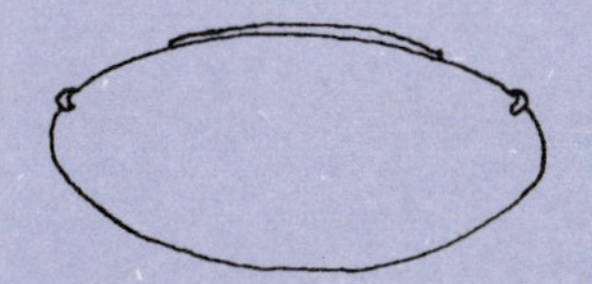

劳克　吸顶灯
磨砂玻璃灯罩 ϕ25cm
≤60W

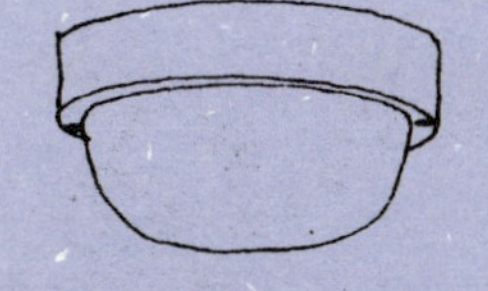

阿力克弗　吸顶灯
磨砂玻璃+塑料
ϕ19cm，≤40W

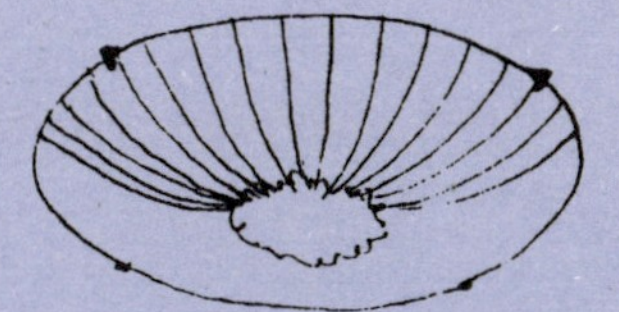
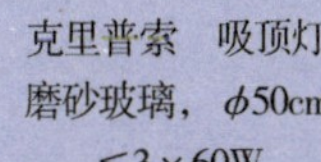

克里普索　吸顶灯
磨砂玻璃，ϕ50cm
≤3×60W

图4-1-4　吸顶灯

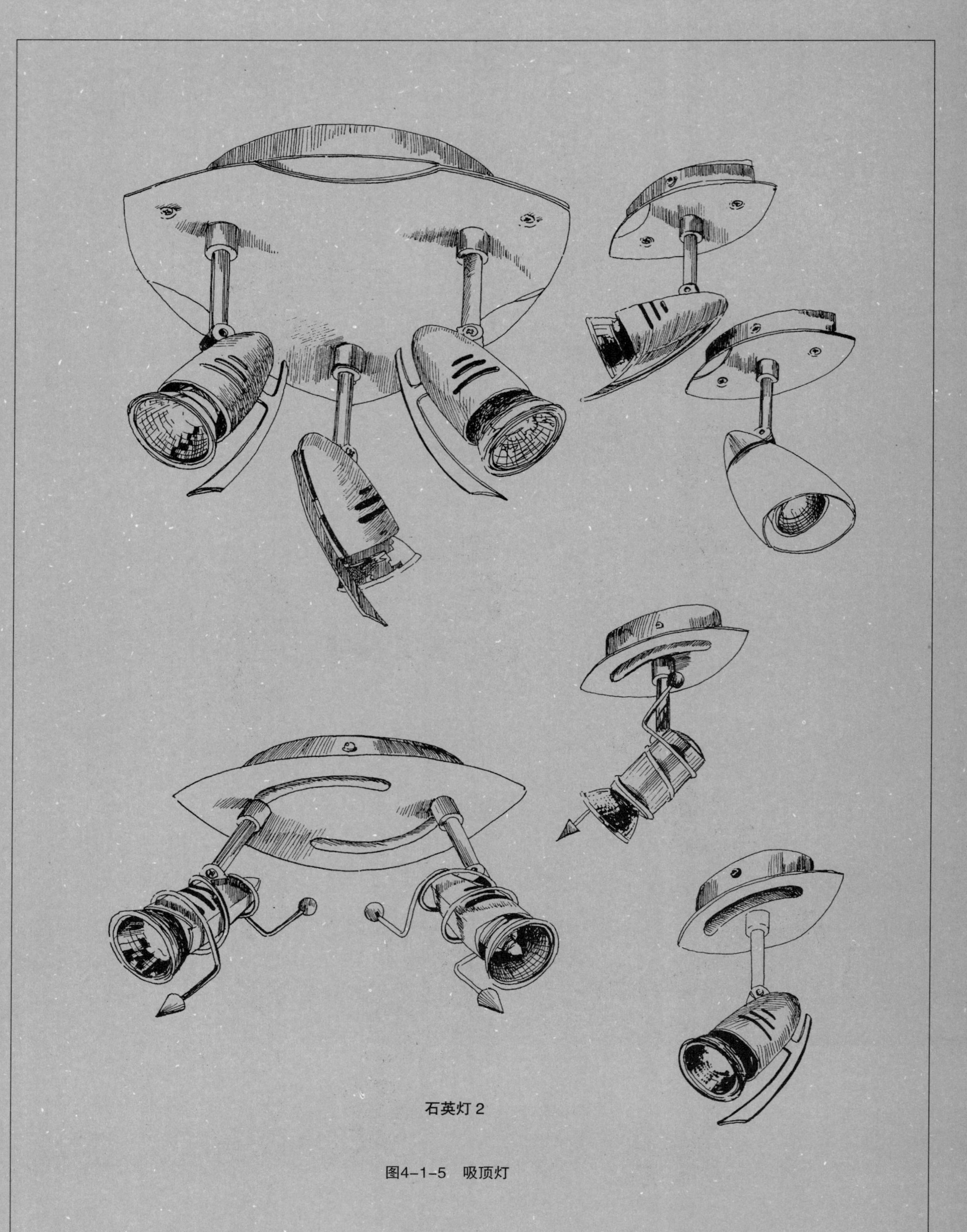

石英灯 2

图4-1-5 吸顶灯

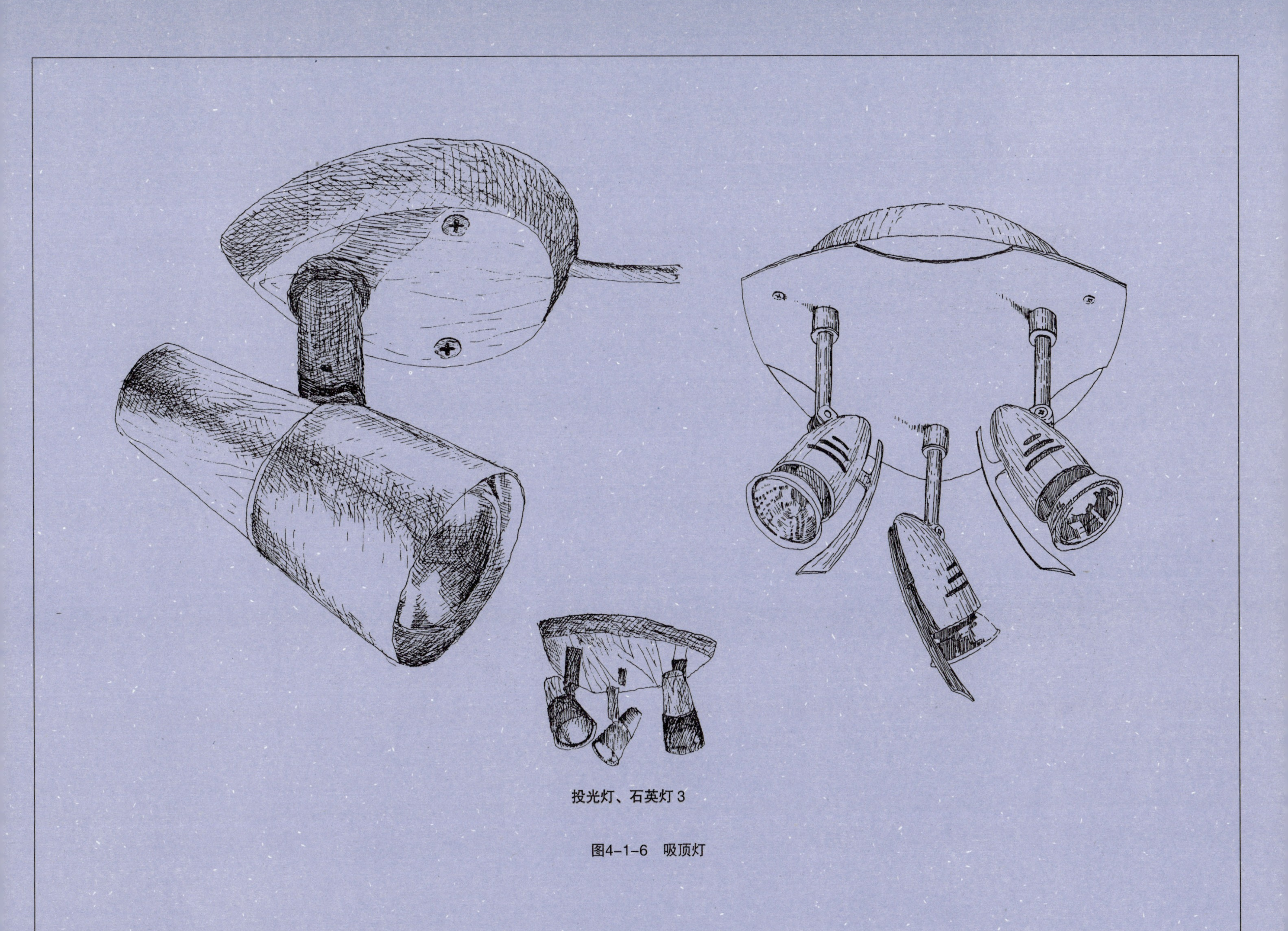

投光灯、石英灯 3

图4-1-6　吸顶灯

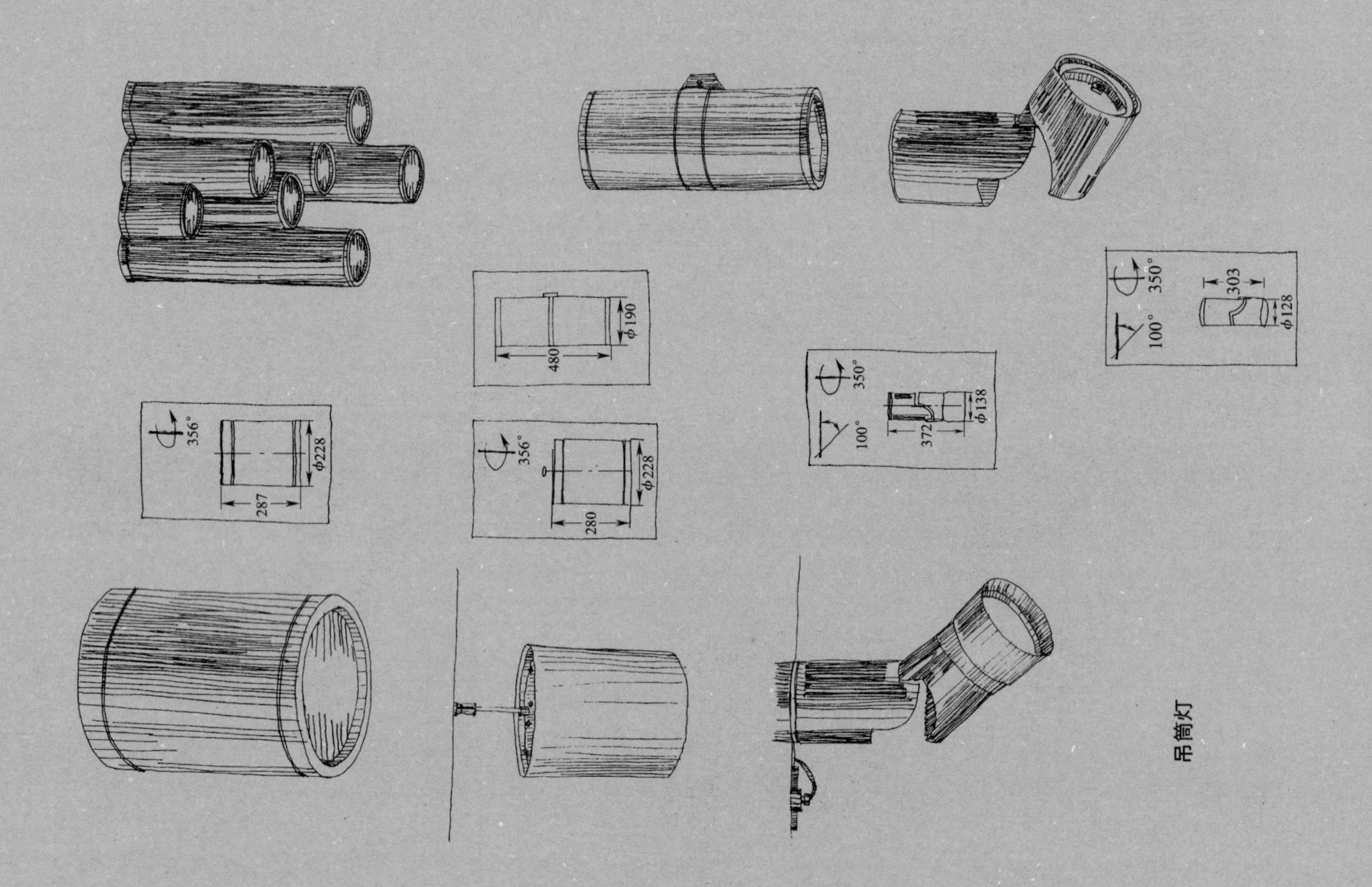
356°
287
φ228
480
φ190
356°
280
φ228
100°
350°
372
φ138
100°
350°
303
φ128
吊筒灯

图4-1-7　吸顶灯

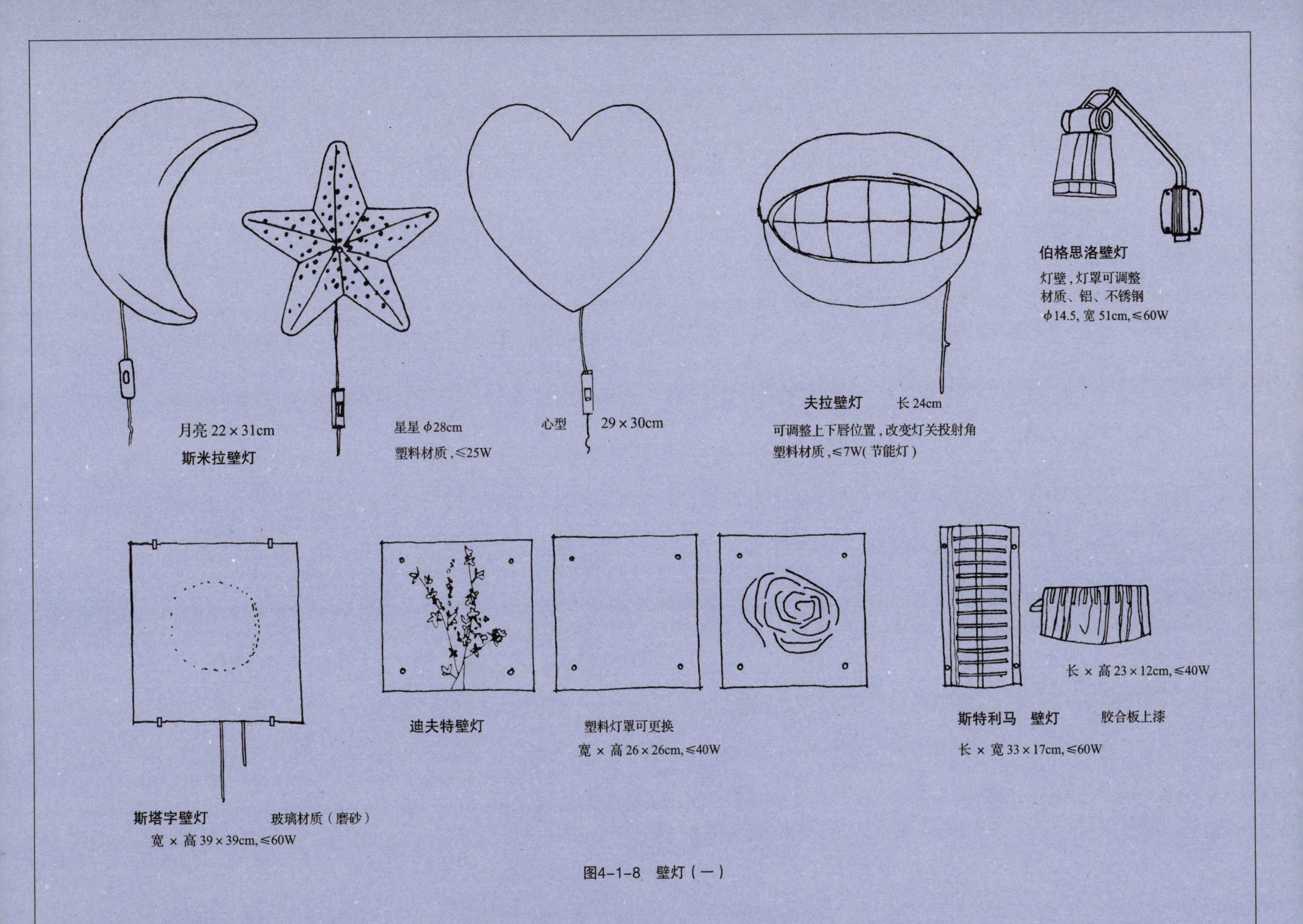
月亮 22×31cm
斯米拉壁灯
星星 φ28cm
塑料材质，≤25W
心型 29×30cm
夫拉壁灯 长 24cm
可调整上下唇位置，改变灯关投射角
塑料材质，≤7W（节能灯）
伯格思洛壁灯
灯壁，灯罩可调整
材质、铝、不锈钢
φ14.5，宽 51cm，≤60W
斯塔字壁灯 玻璃材质（磨砂）
宽 × 高 39×39cm，≤60W
迪夫特壁灯
塑料灯罩可更换
宽 × 高 26×26cm，≤40W
长 × 高 23×12cm，≤40W
斯特利马 壁灯 胶合板上漆
长 × 宽 33×17cm，≤60W

图4-1-8 壁灯（一）

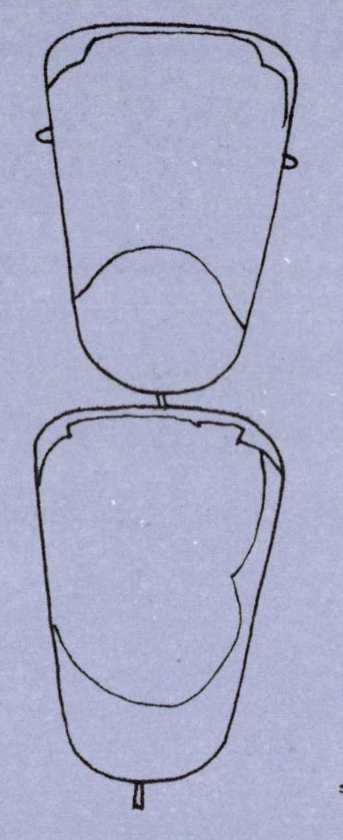

≤60W

莱维恩　壁灯，材质：嘴吹玻璃
色彩：蓝、绿、白、深×高13×23cm

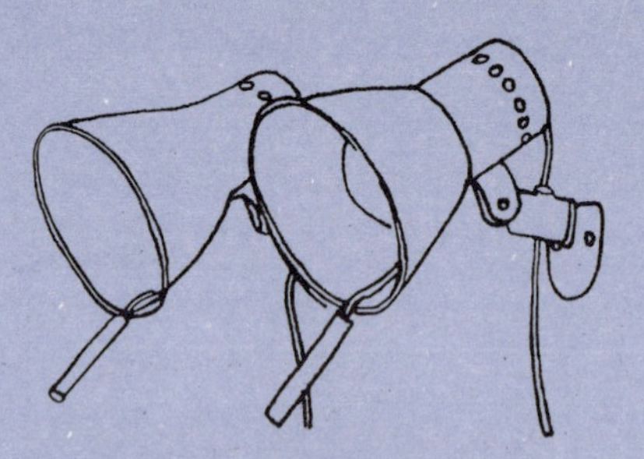

乔卡壁灯 灯罩方向可调
材质：钢质，色彩：白或银色烤漆
塑料把手。ϕ12.5cm，高16cm≤60W

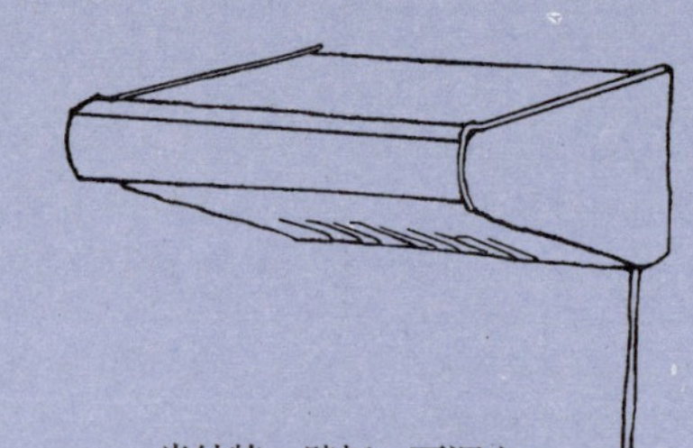

米纳特　壁灯，可调光
材质：镀镍钢、玻璃灯罩
宽×深 15×18cm，高 7cm
≤40W 卤素灯泡

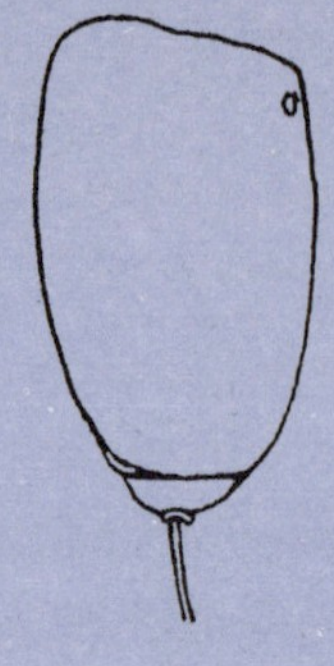

桑蒂尔　壁灯，≤40W
材质：玻璃灯罩，白色
宽×深，13×20cm

赛根壁灯（防潮、防水）
材质：玻璃灯罩，外壳镀镍
钢ϕ8.5cm，卤素灯法节能灯

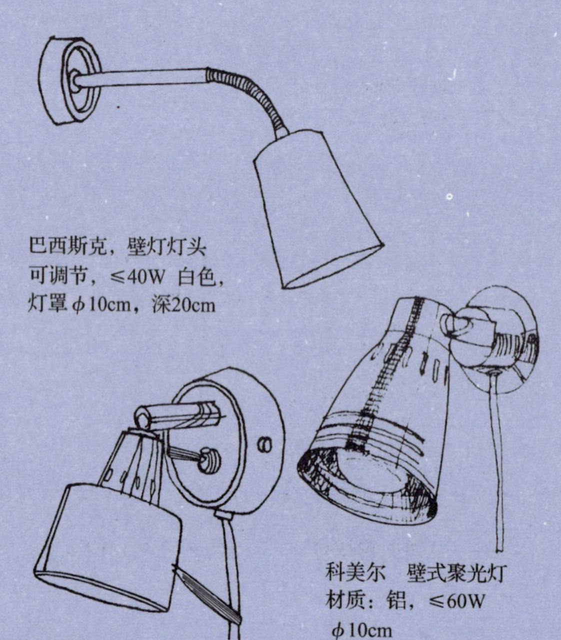

巴西斯克，壁灯灯头
可调节，≤40W 白色，
灯罩ϕ10cm，深20cm

科美尔　壁式聚光灯
材质：铝，≤60W
ϕ10cm

夫莱其　壁灯
材质：镀铬钢，≤50W
ϕ8.5cm，深13cm

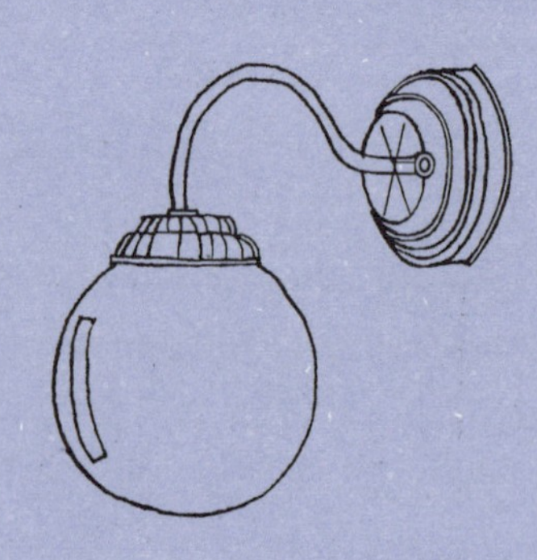

利霍蒙　壁灯
防潮防水　材质，玻璃灯罩，
灯座镀镍钢灯罩ϕ14cm，
高 25cm，≤40W

奥思迪壁灯，材质：钢质灯架、
涤纶/棉质灯罩直径16cm，
深38cm，≤40W　灯罩可调方向

图4-1-9　壁灯（二）

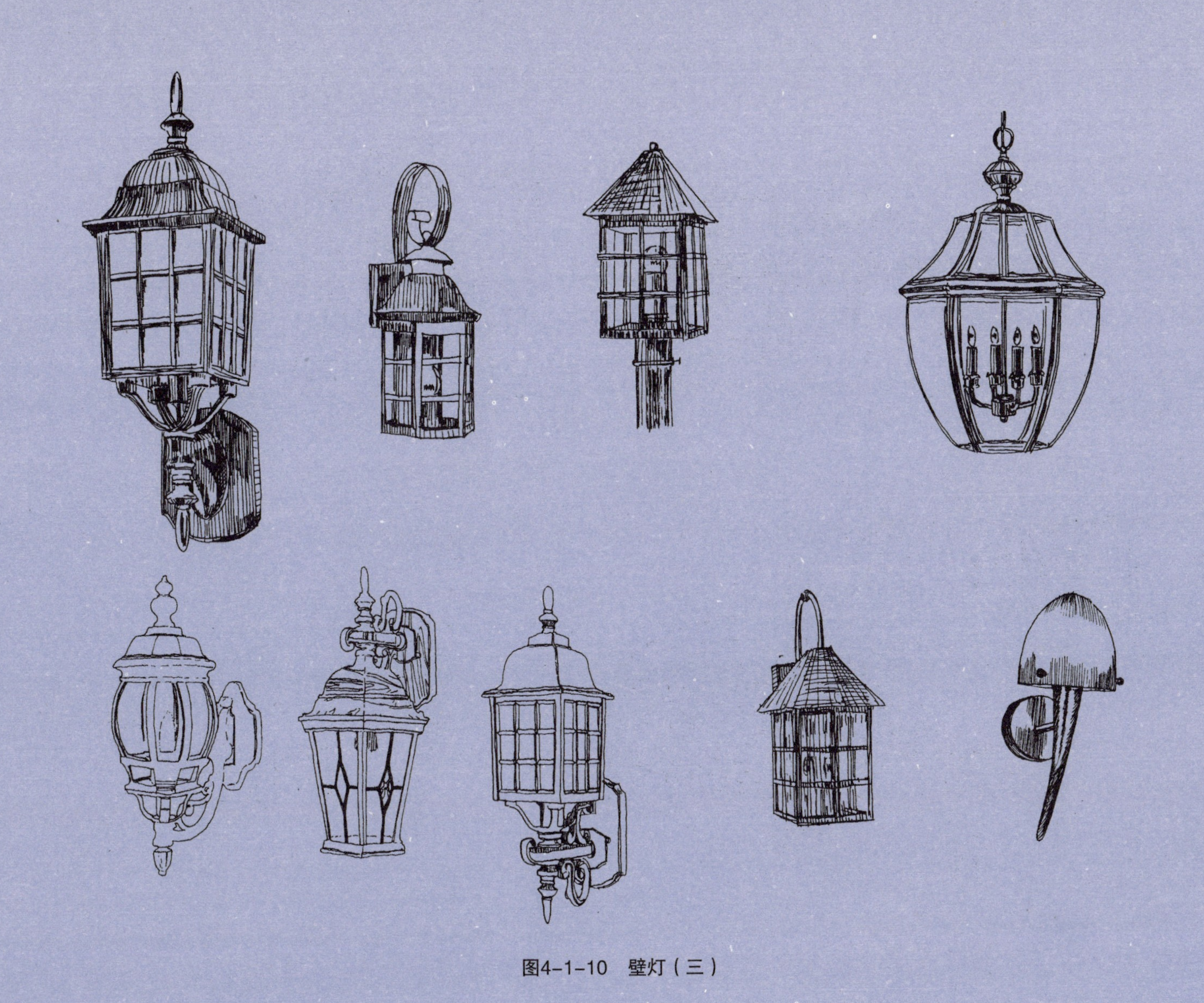

图4-1-10　壁灯（三）

图4-1-11　壁灯（四）

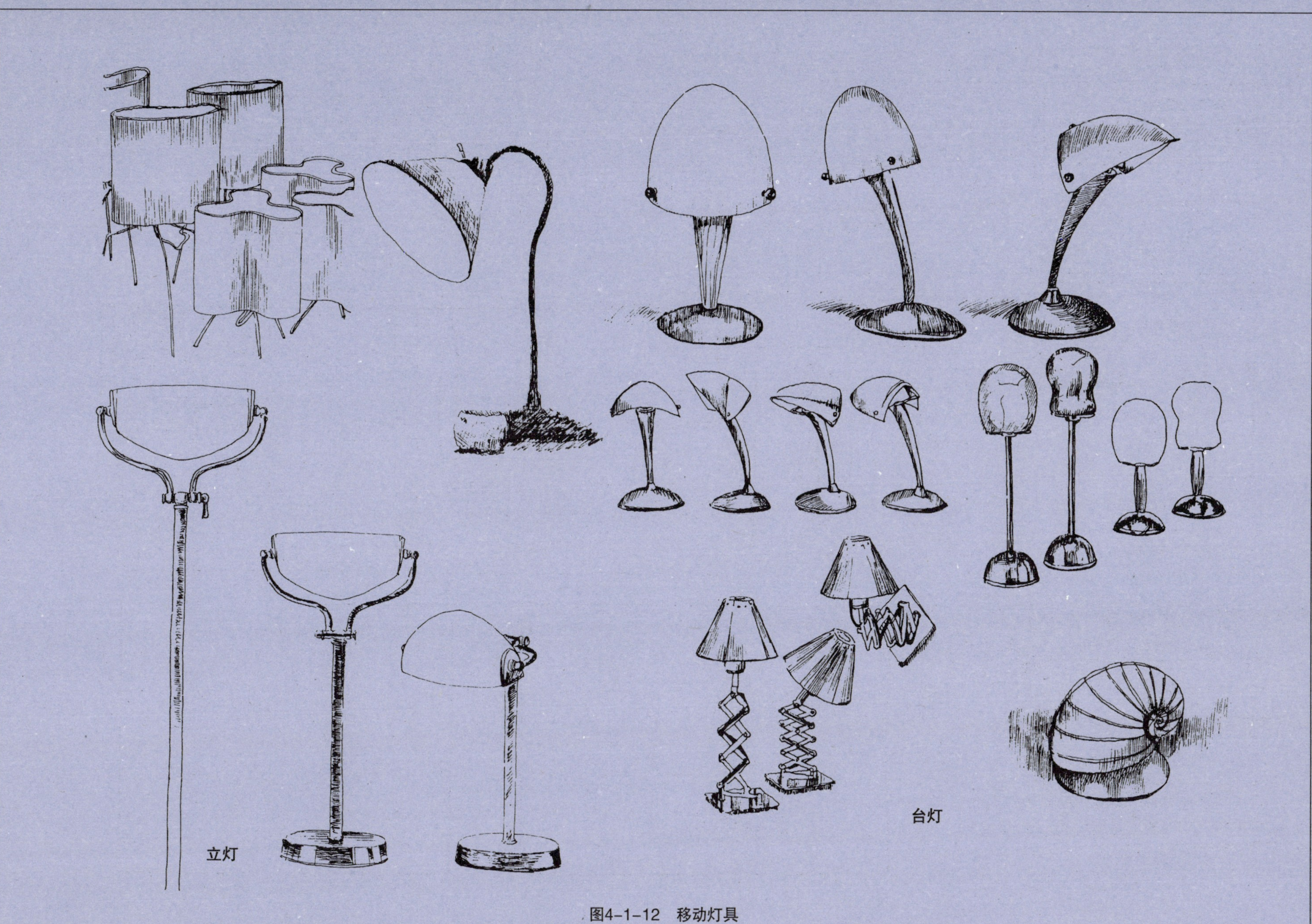

图4-1-12　移动灯具

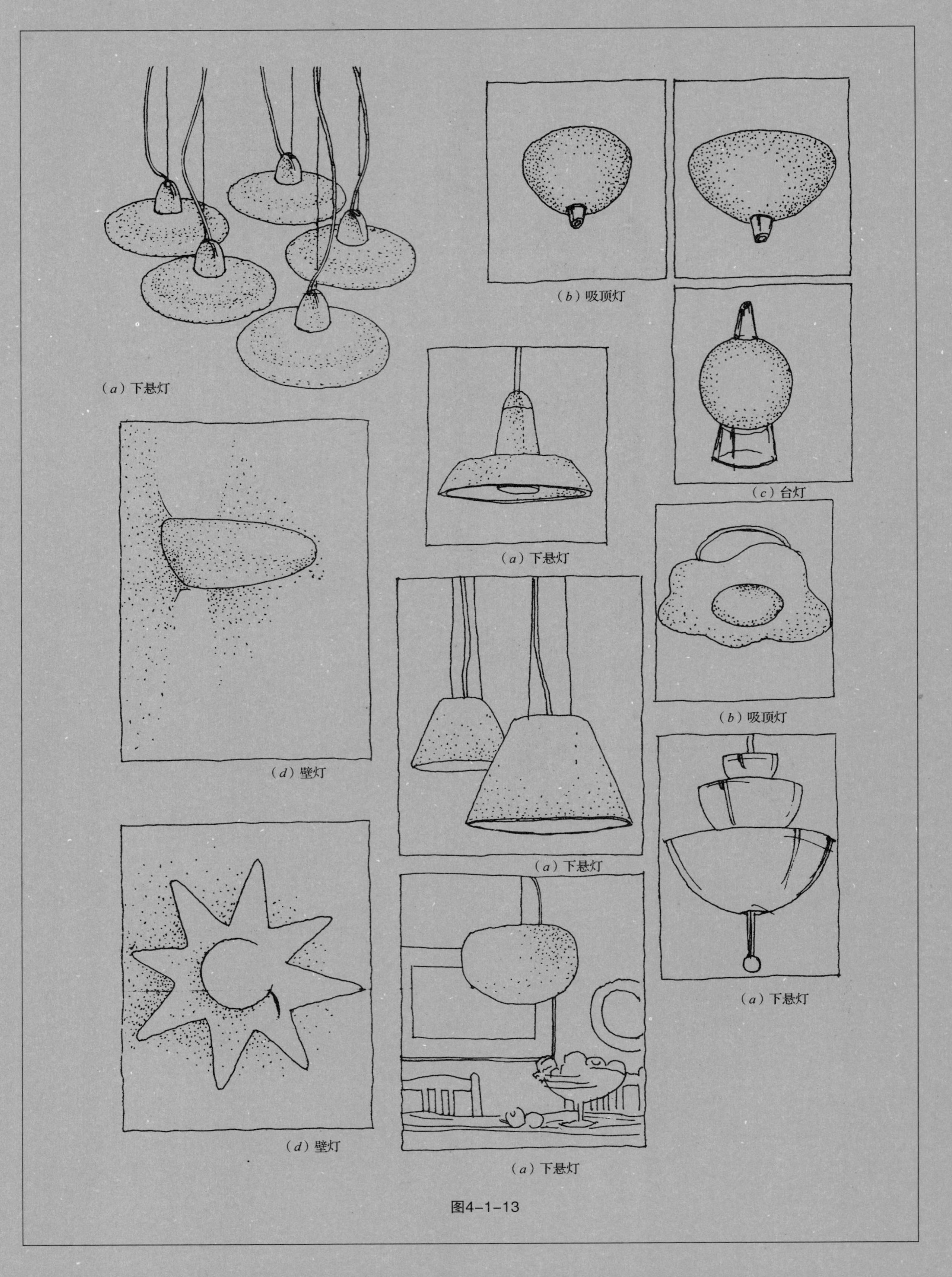

图4-1-13

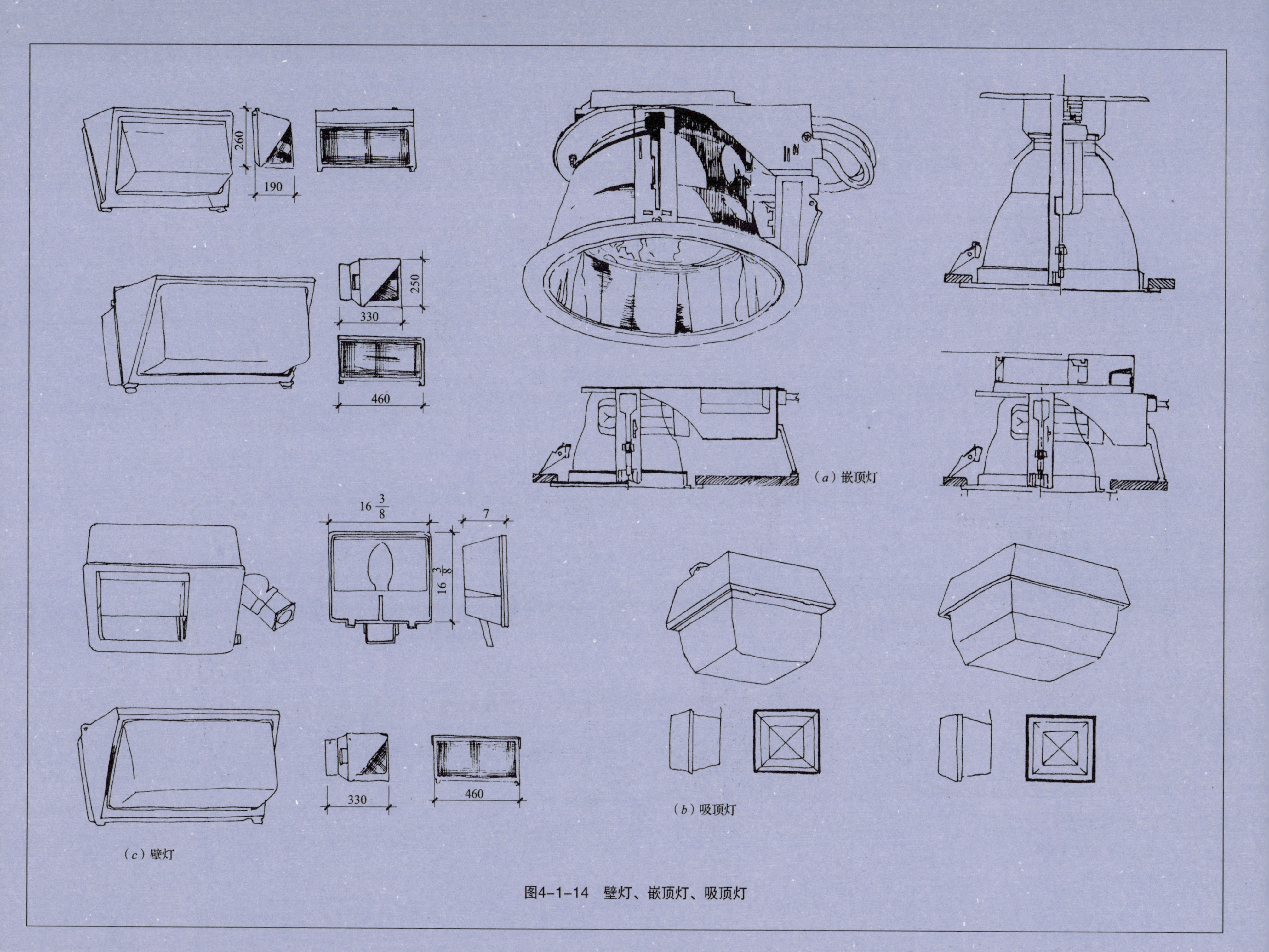

图4-1-14　壁灯、嵌顶灯、吸顶灯

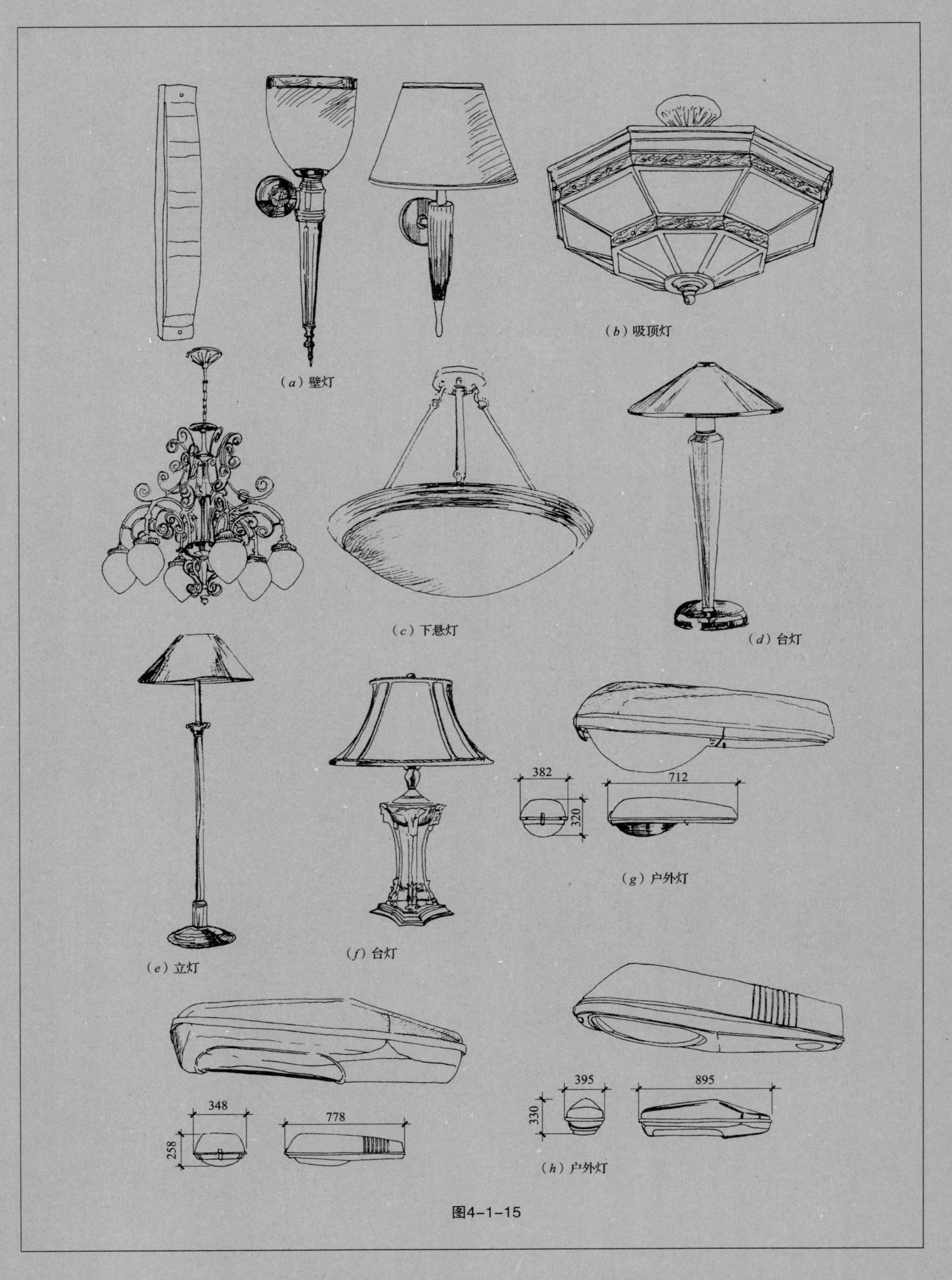
（a）壁灯
（b）吸顶灯
（c）下悬灯
（d）台灯
（e）立灯
（f）台灯
382
712
320
（g）户外灯
348
778
258
395
895
330
（h）户外灯

图4-1-15

晶典售楼处,上海浦东, 2003年

图4-1-16　条形灯槽

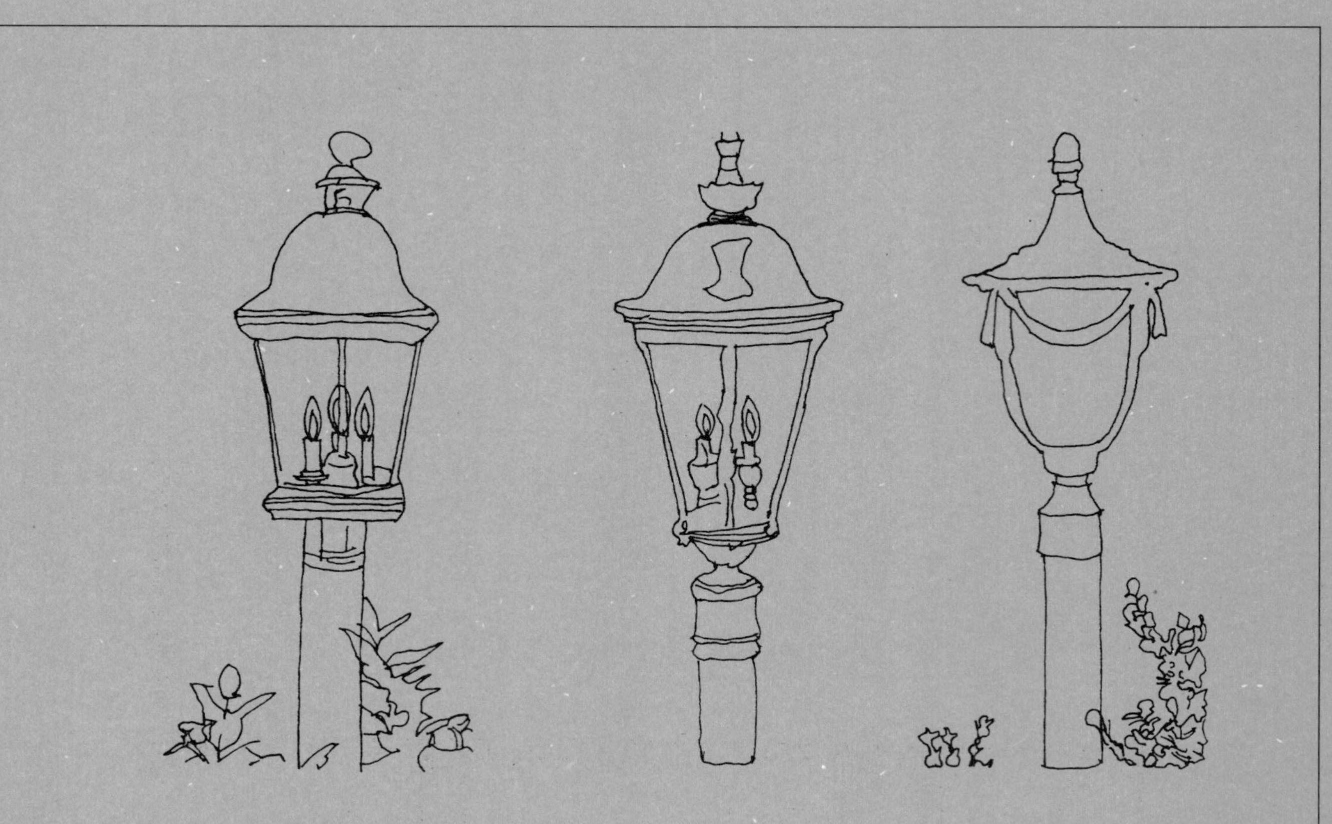

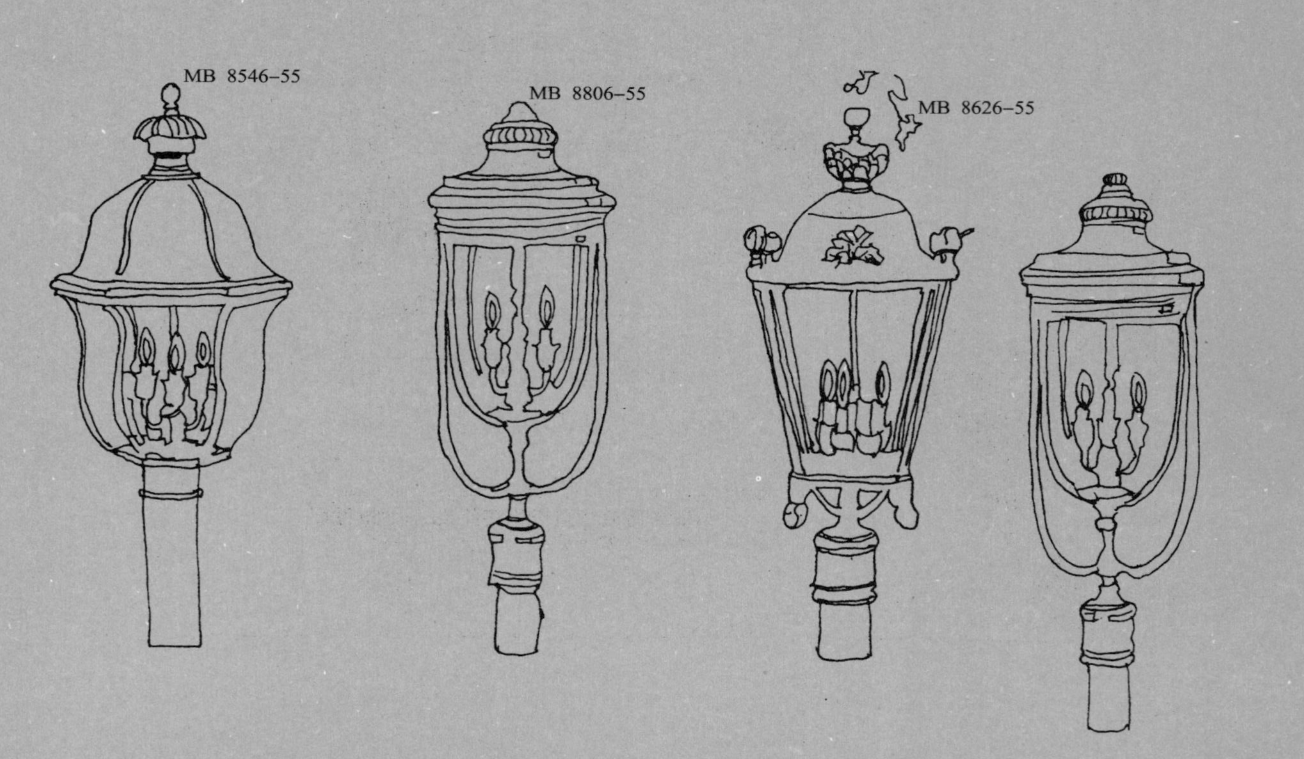

图4-1-17　户外灯

(*a*) 华丽的水晶吊灯，烘托了古典风格的大堂氛围

(*b*) 悬挂小球灯，形式了和谐的餐饮空间氛围，极具表现力

图4-2-1

2006年5月 Pier One Mimosa Supper Club

蓝色灯光笼罩下的接待台，下悬的鼓状灯具，显得很有氛围

图4-2-2

造型精美的独特宫灯点缀着传统东方风格的厅堂

图4-2-3

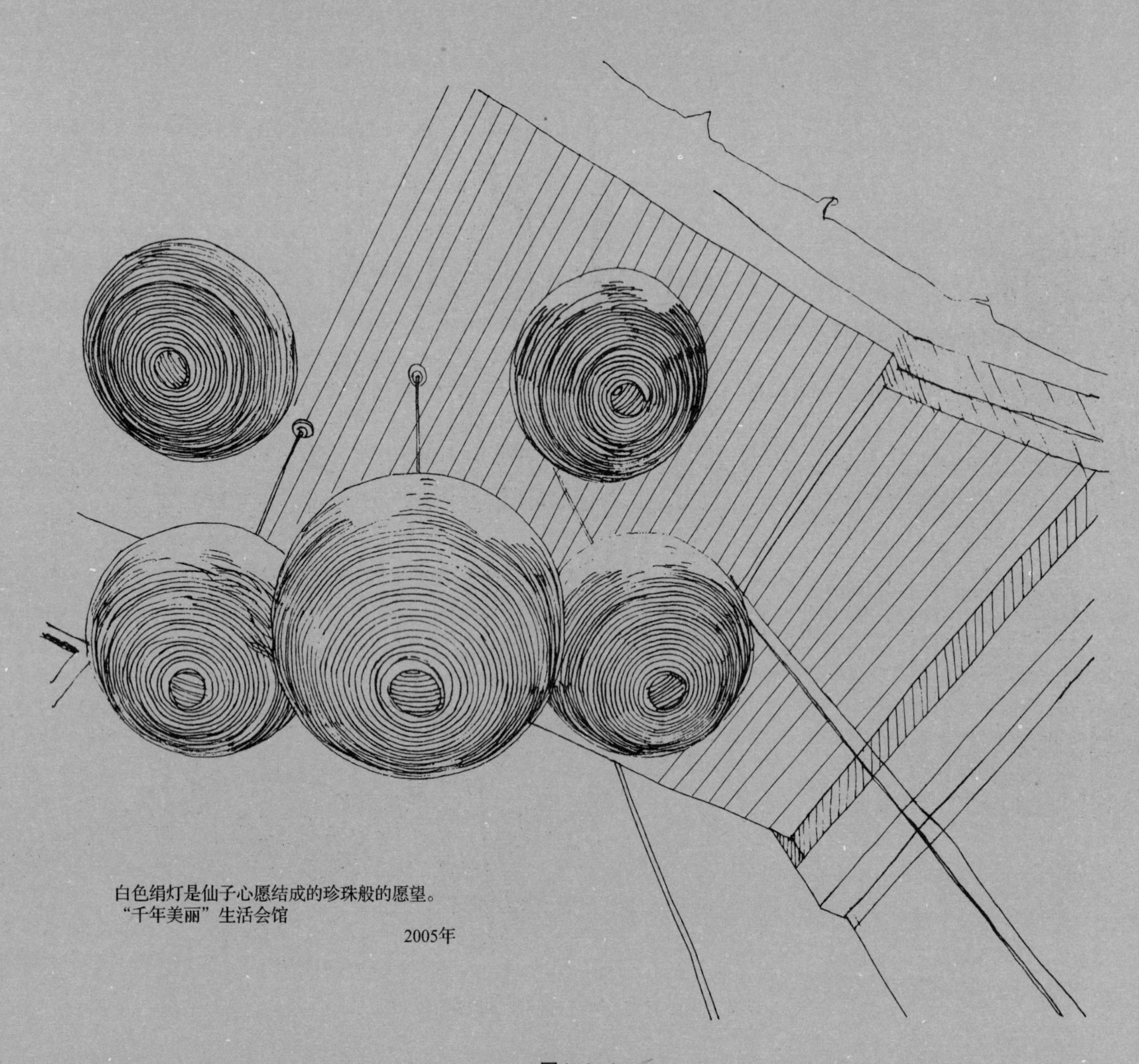

白色绢灯是仙子心愿结成的珍珠般的愿望。
“千年美丽”生活会馆
2005年

图4-2-4

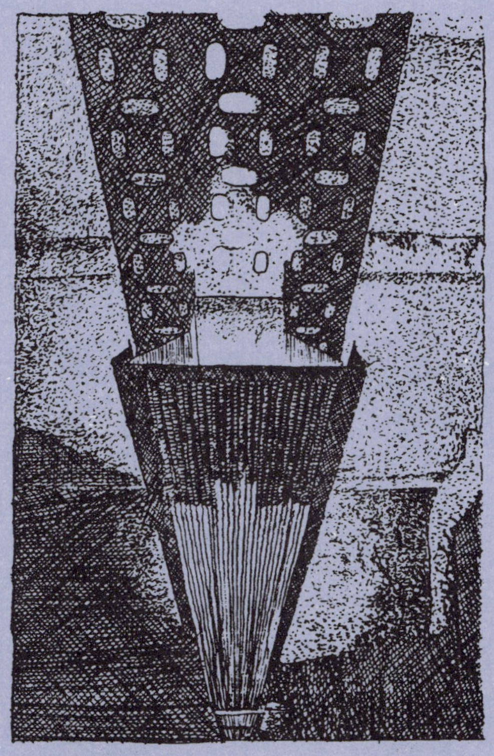

(a) 特别定制的镀锌铁灯具盘得到了理想的灯光效果

(b) 某办公室楼下会客厅旁楼梯间的光影效果

图4-2-5

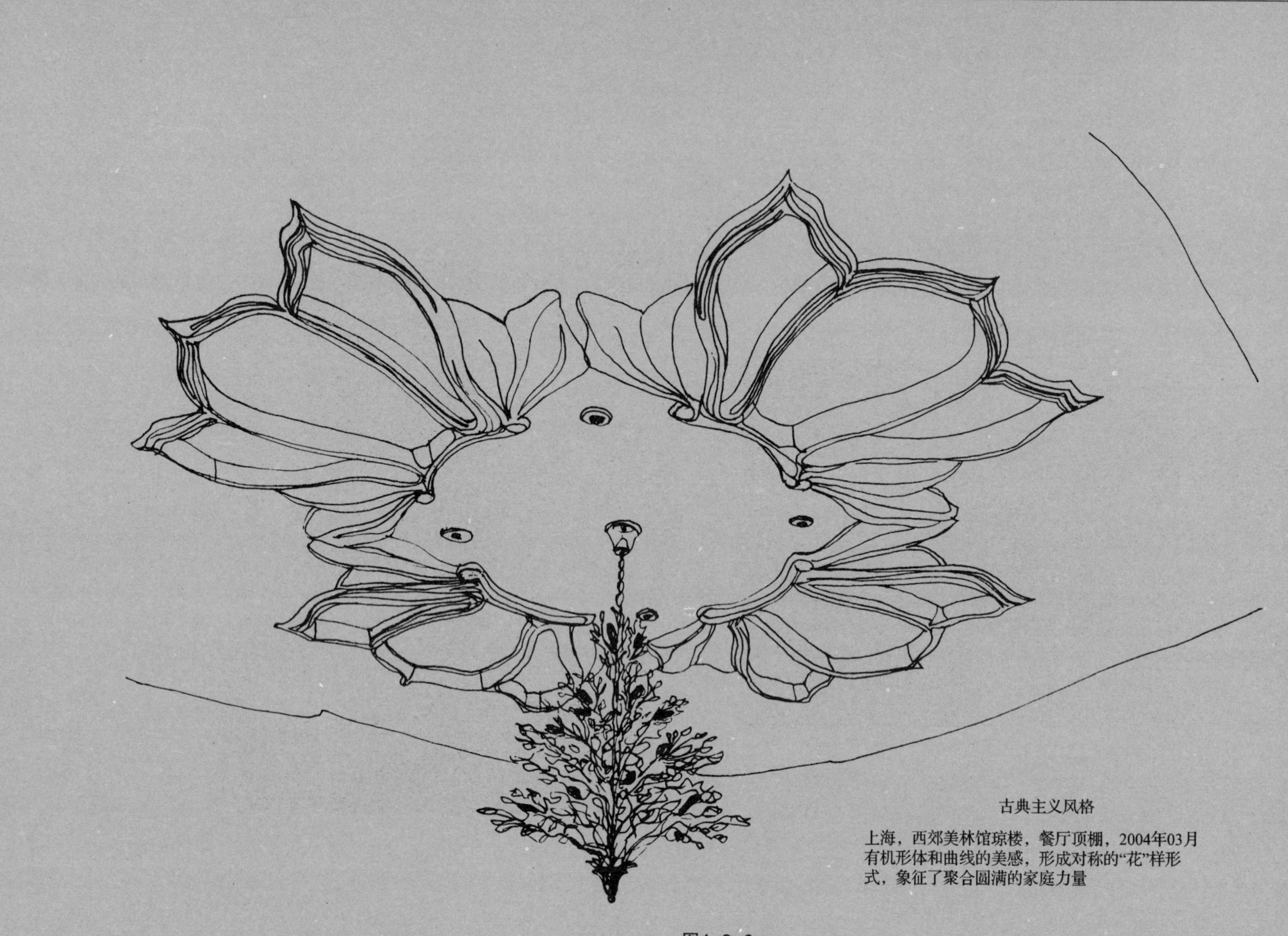

古典主义风格

上海，西郊美林馆琼楼，餐厅顶棚，2004年03月
有机形体和曲线的美感，形成对称的“花”样形式，象征了聚合圆满的家庭力量

图4-2-6

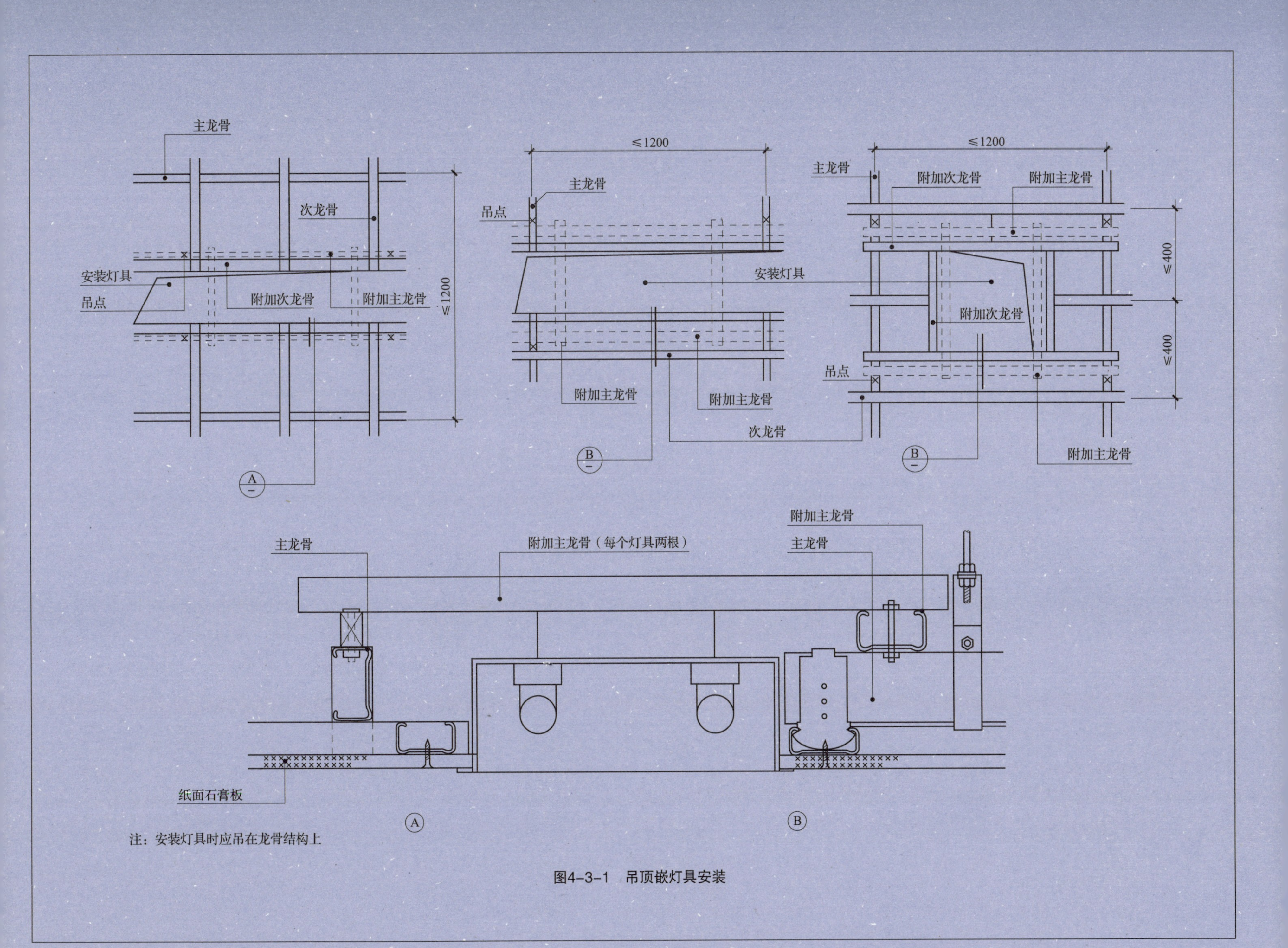

注：安装灯具时应吊在龙骨结构上

图4-3-1　吊顶嵌灯具安装

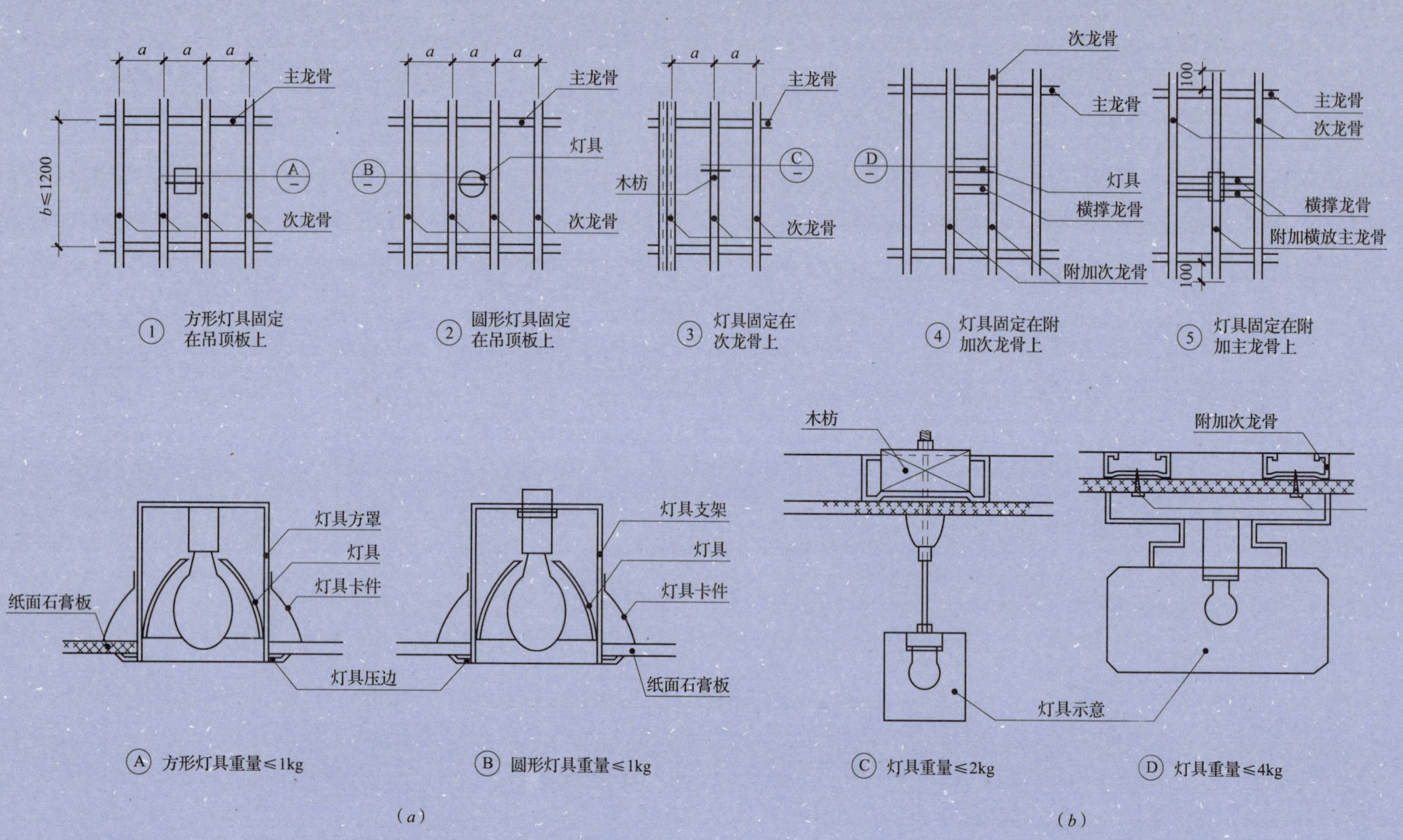

注：1. 超重型灯具（≥8kg）以及有振动的电扇等，均需自行吊挂，不得与吊顶发生受力关系；
2. 当板长为2400mm时，a=400mm；当板长为2700mm时，a=450mm；当板长为3000mm时，a=500mm。

图4-3-2　嵌顶灯、吊顶灯具安装

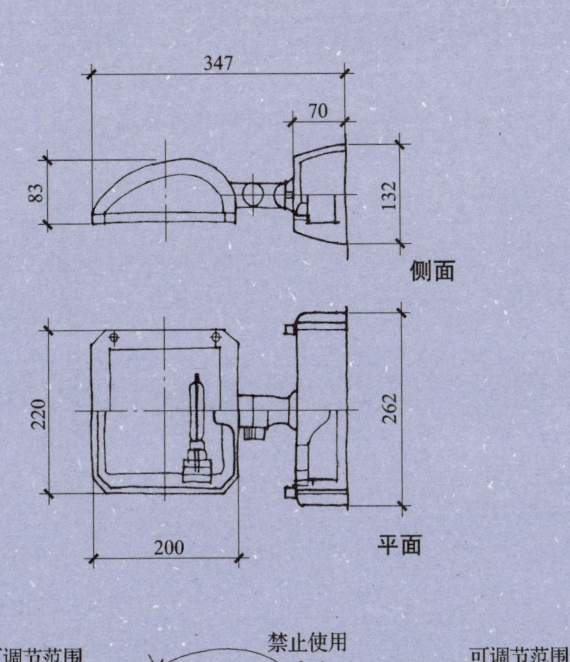

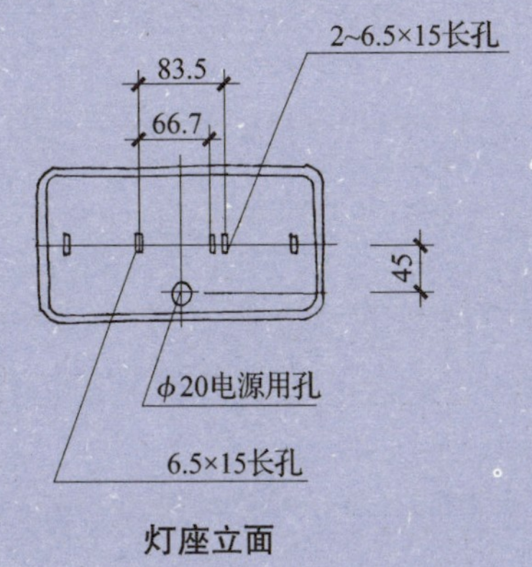

直接安装、可调节照射角度——PYXIA灯具

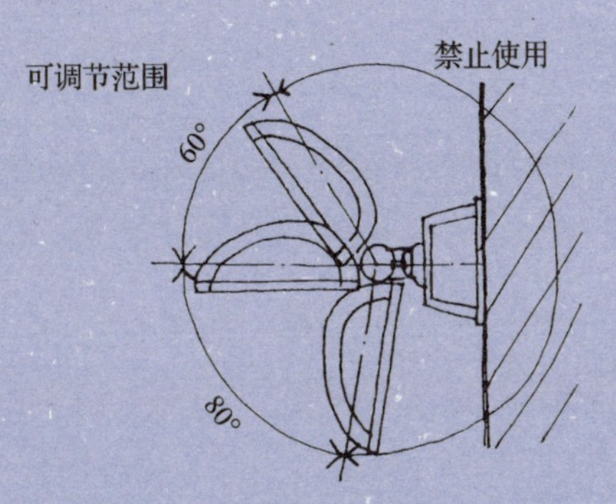

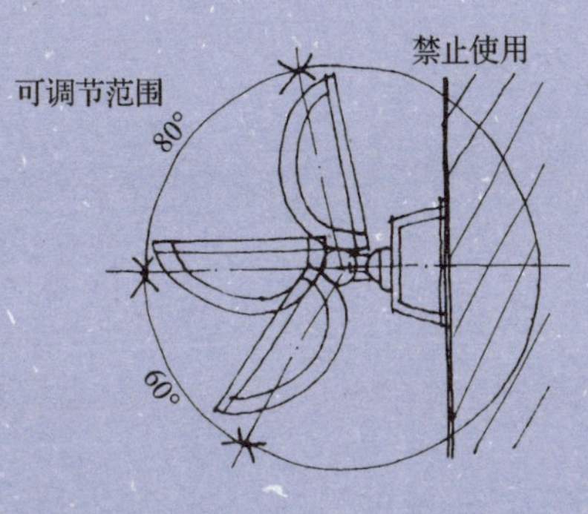

(a) 墙面安装示意

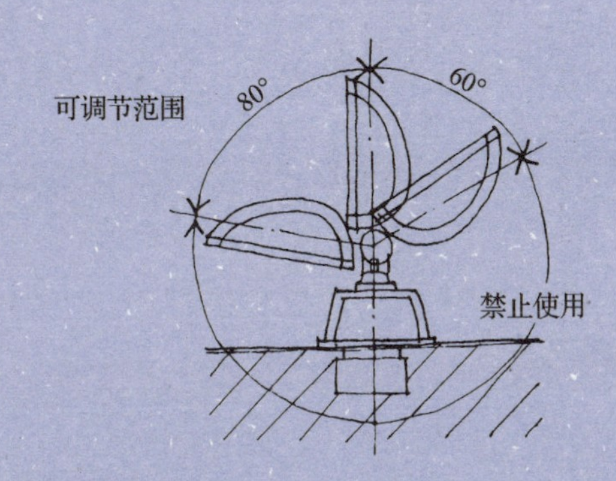

(b) 地面安装示意

图4-3-3　灯具安装

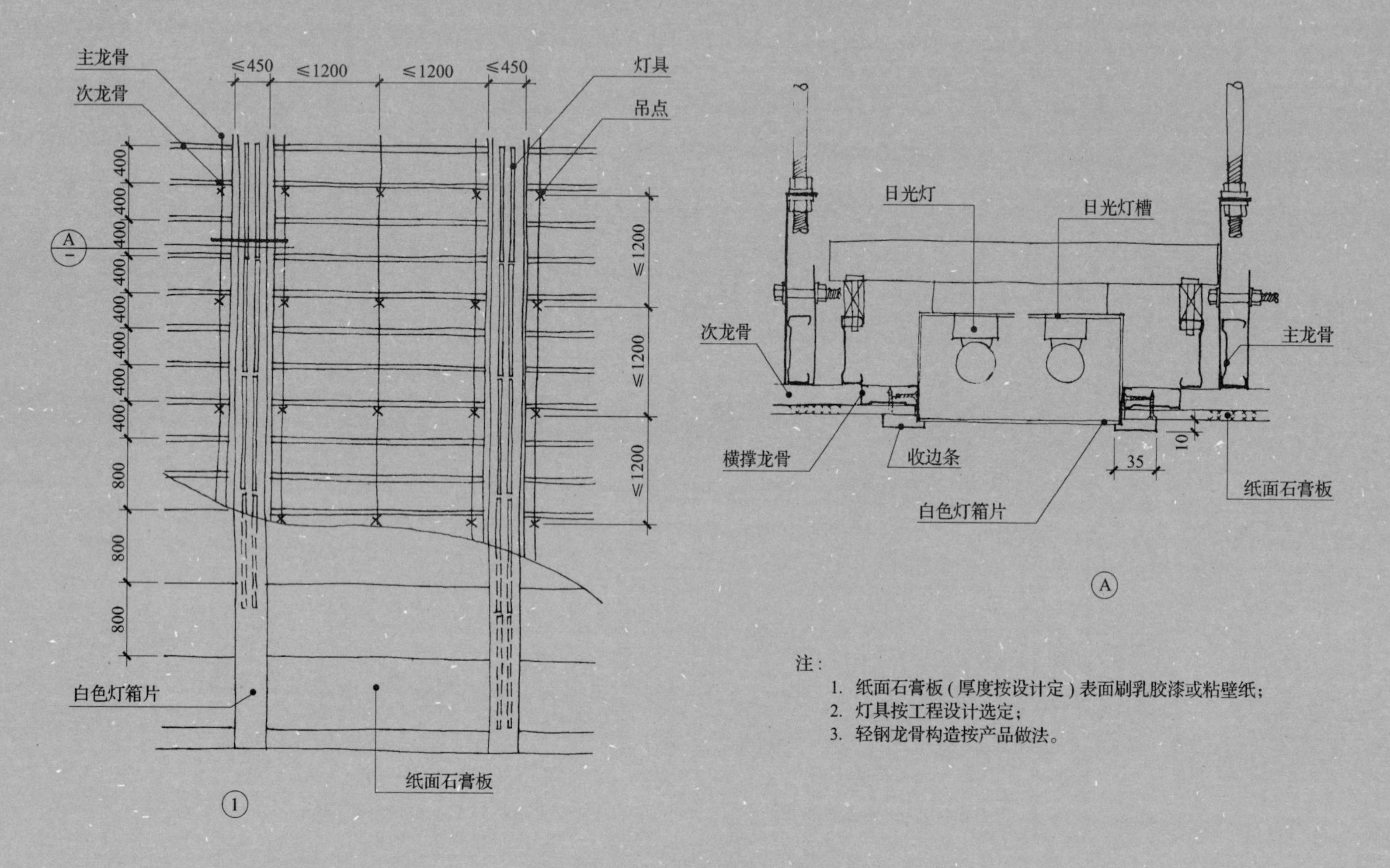

注：

1. 纸面石膏板（厚度按设计定）表面刷乳胶漆或粘壁纸；
2. 灯具按工程设计选定；
3. 轻钢龙骨构造按产品做法。

图4-3-4 吊顶光带平面、节点构造

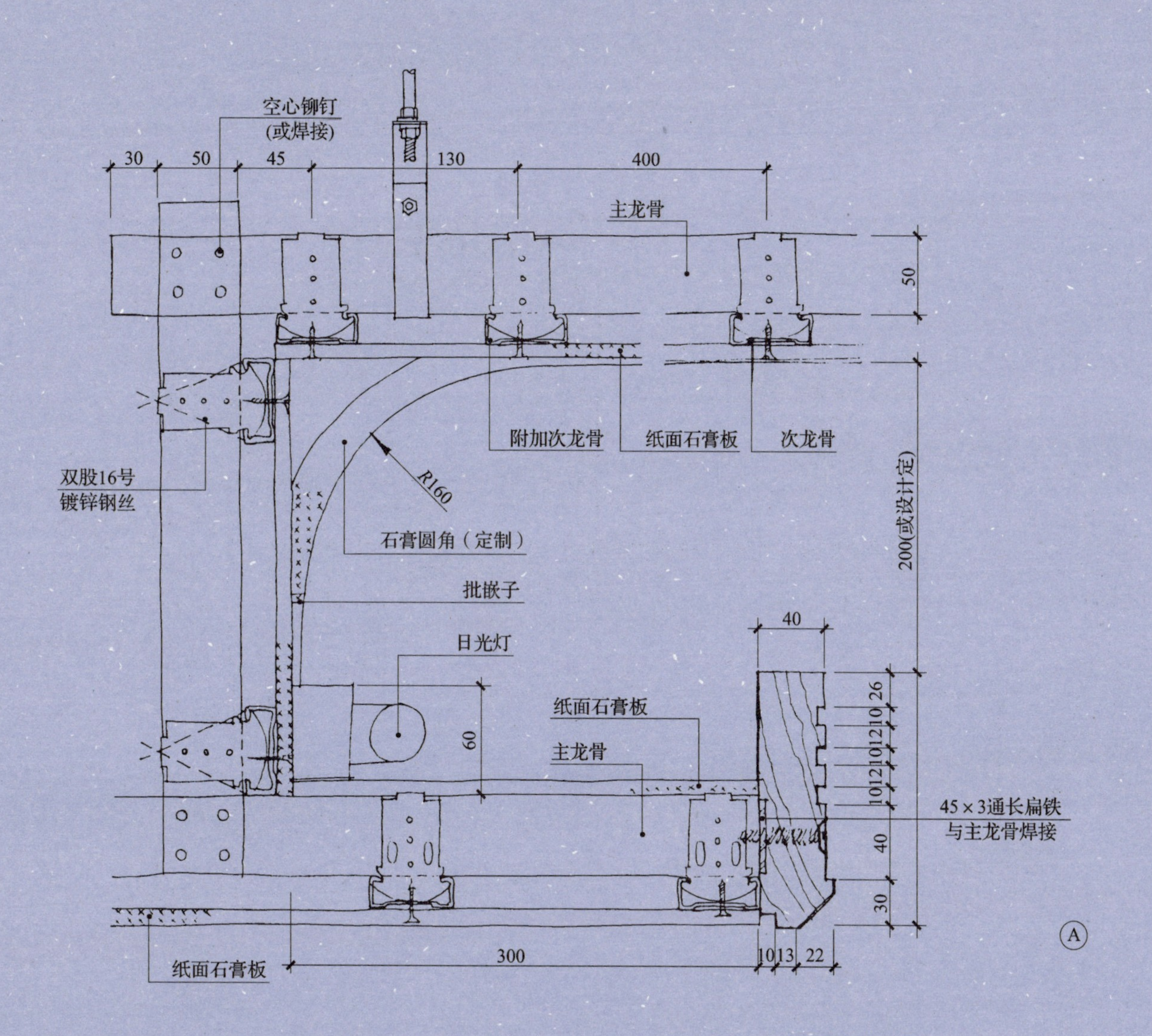

注：纸面石膏板表面刷乳胶漆或粘贴壁纸。

图4-3-5　吊顶灯槽带剖面

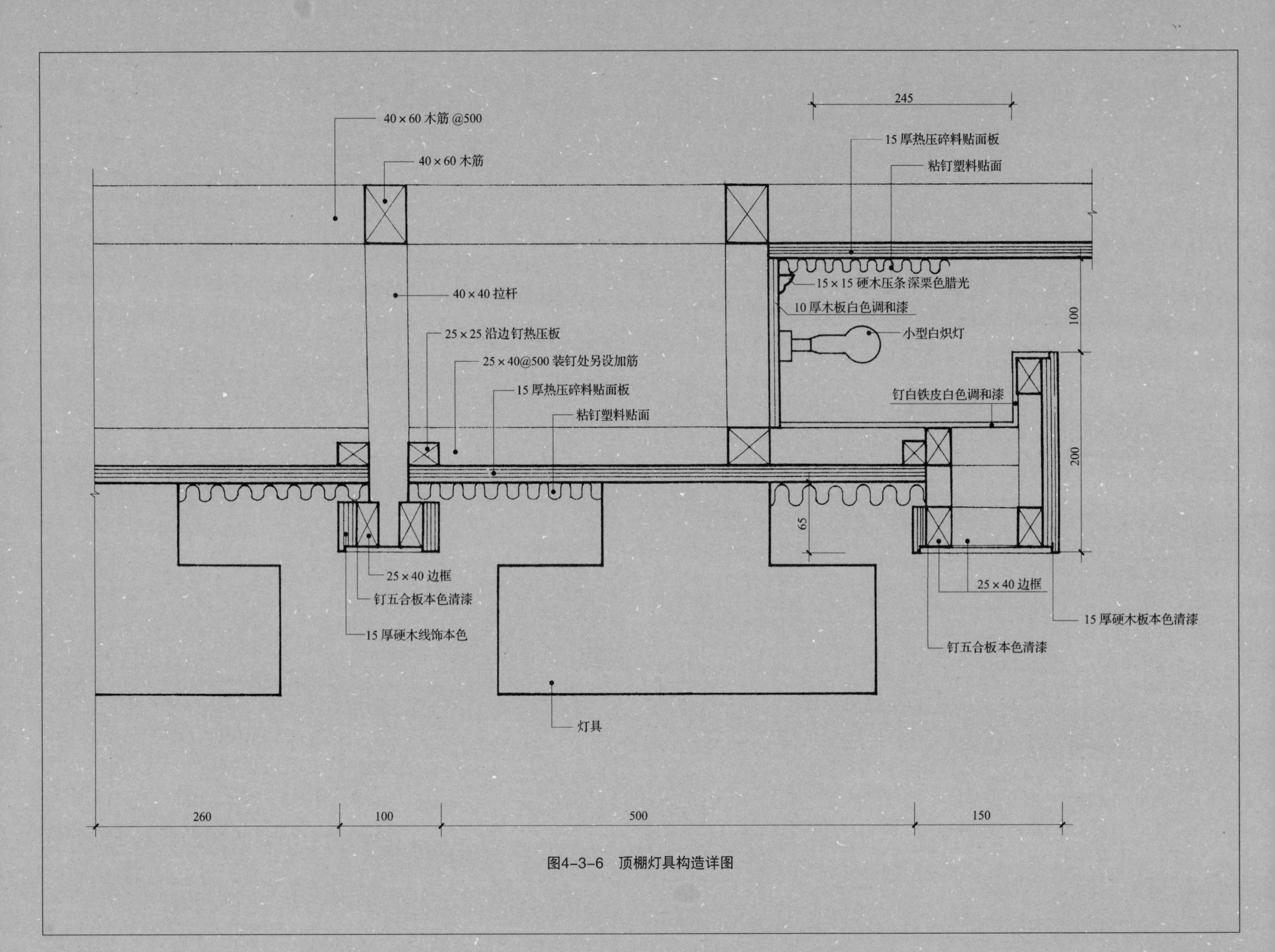

图4-3-6　顶棚灯具构造详图

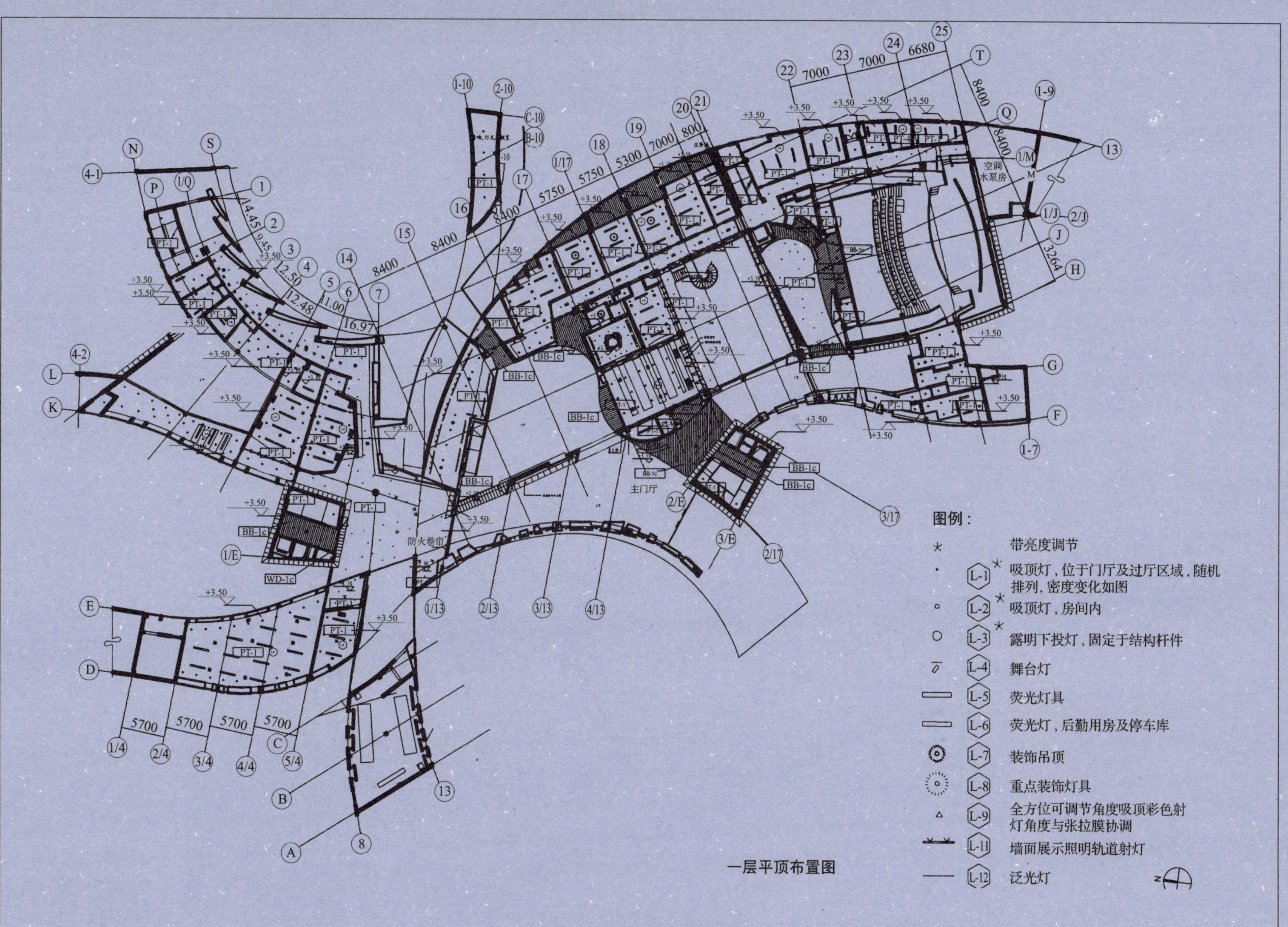

图5-1-1 新江湾城文化中心

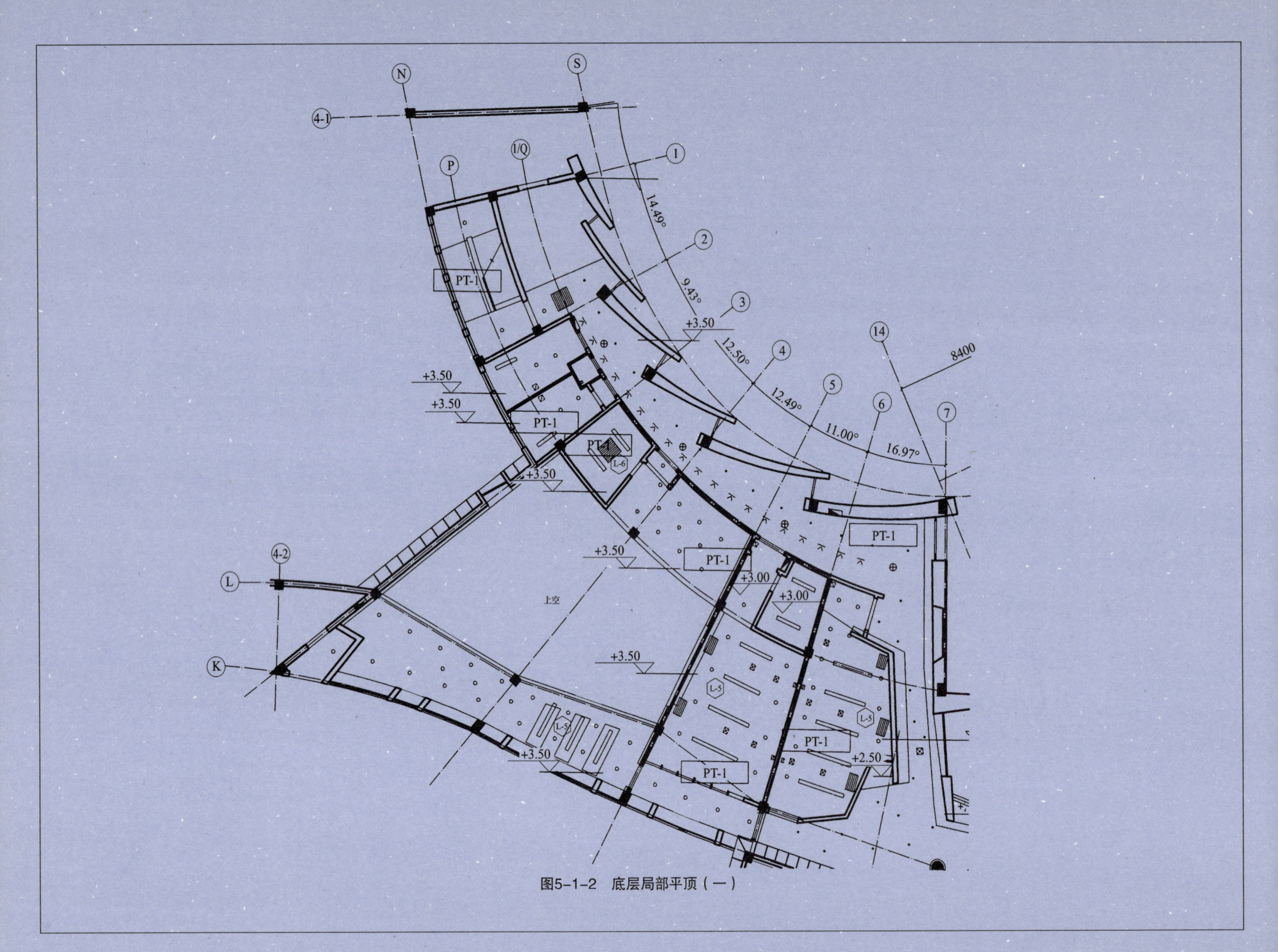

图5-1-2　底层局部平顶（一）

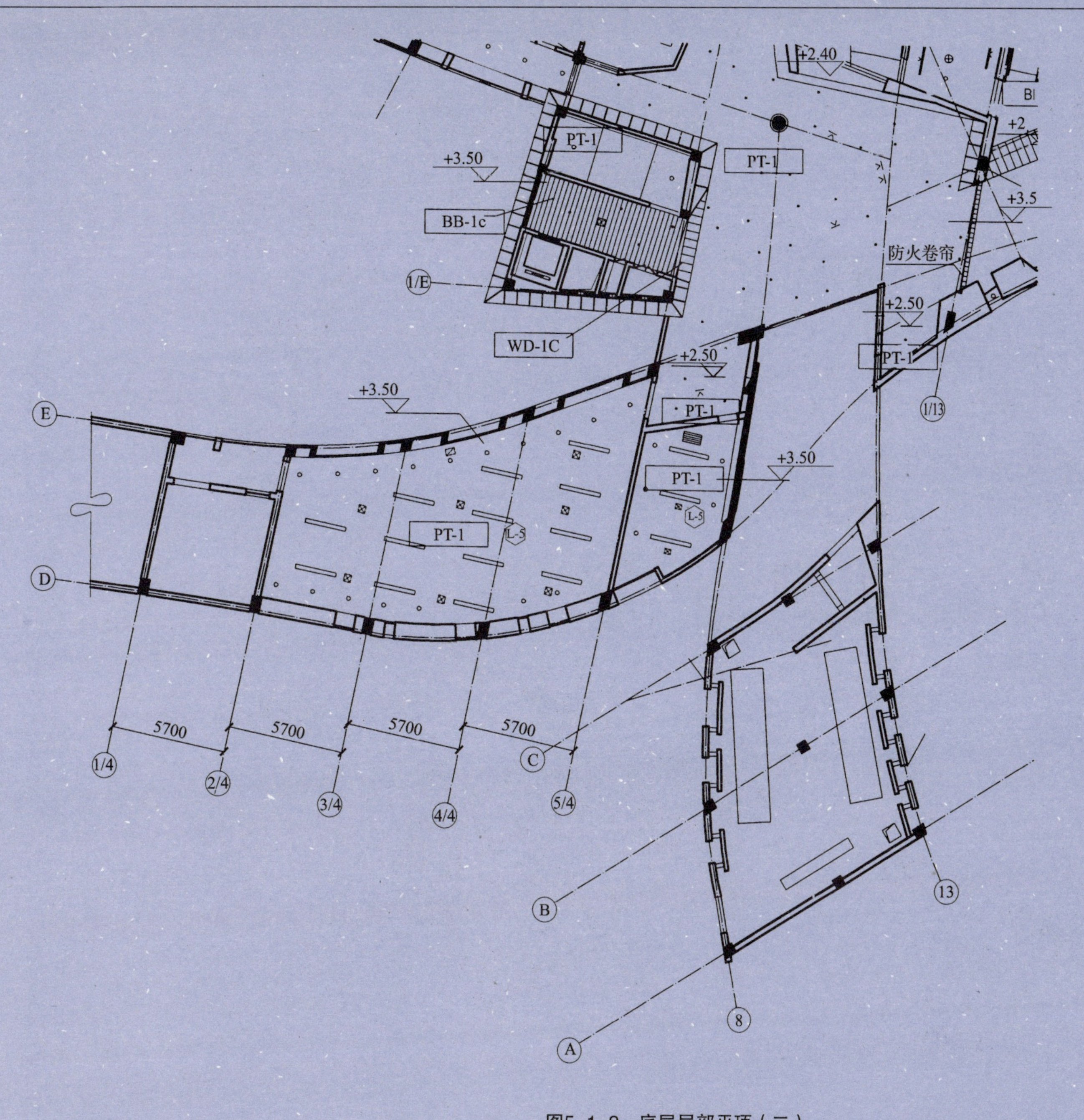

图5-1-3 底层局部平顶（二）

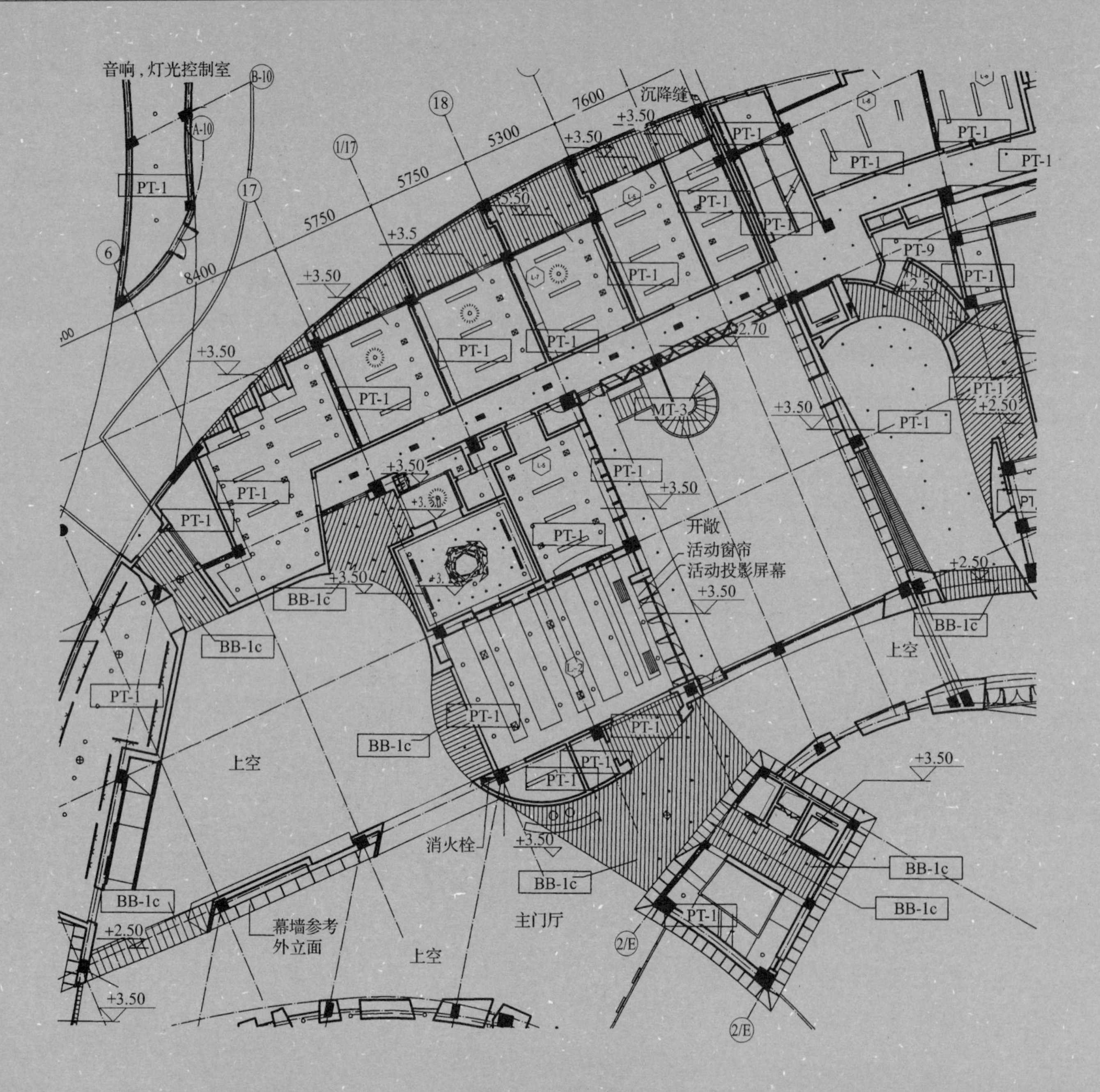

图5-1-4　底层局部平顶（三）

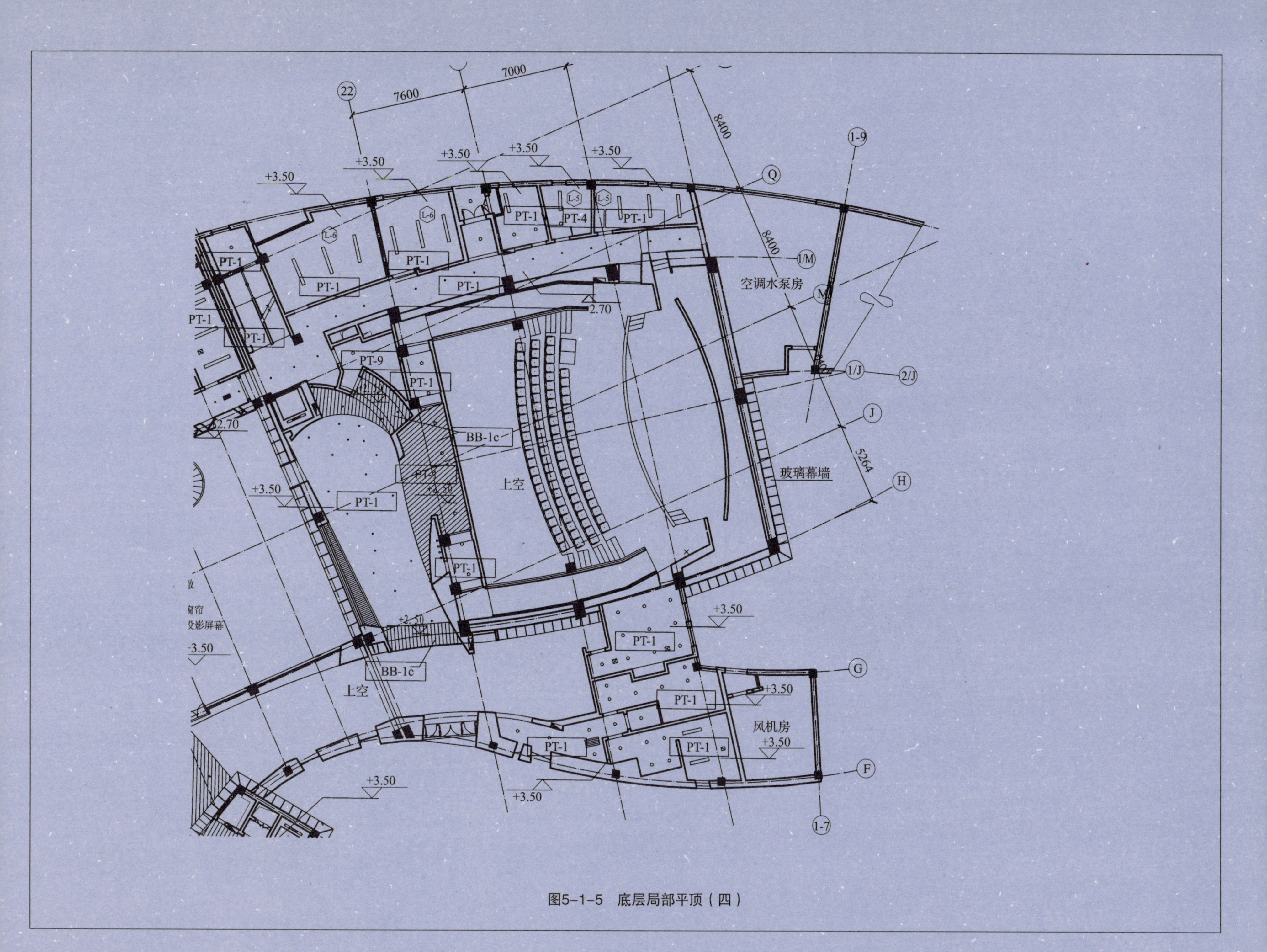

图5-1-5 底层局部平顶（四）

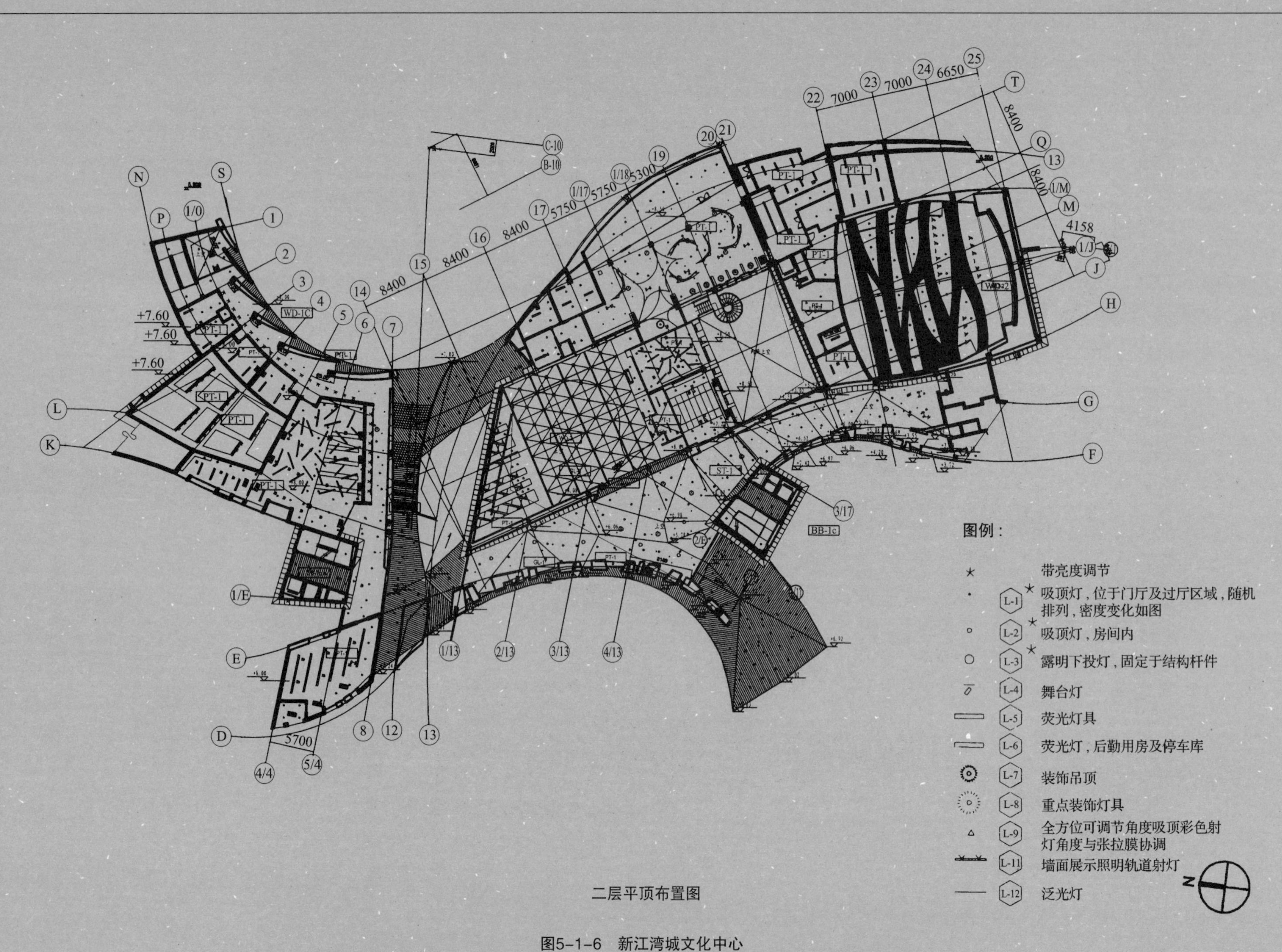

二层平顶布置图

图5-1-6　新江湾城文化中心

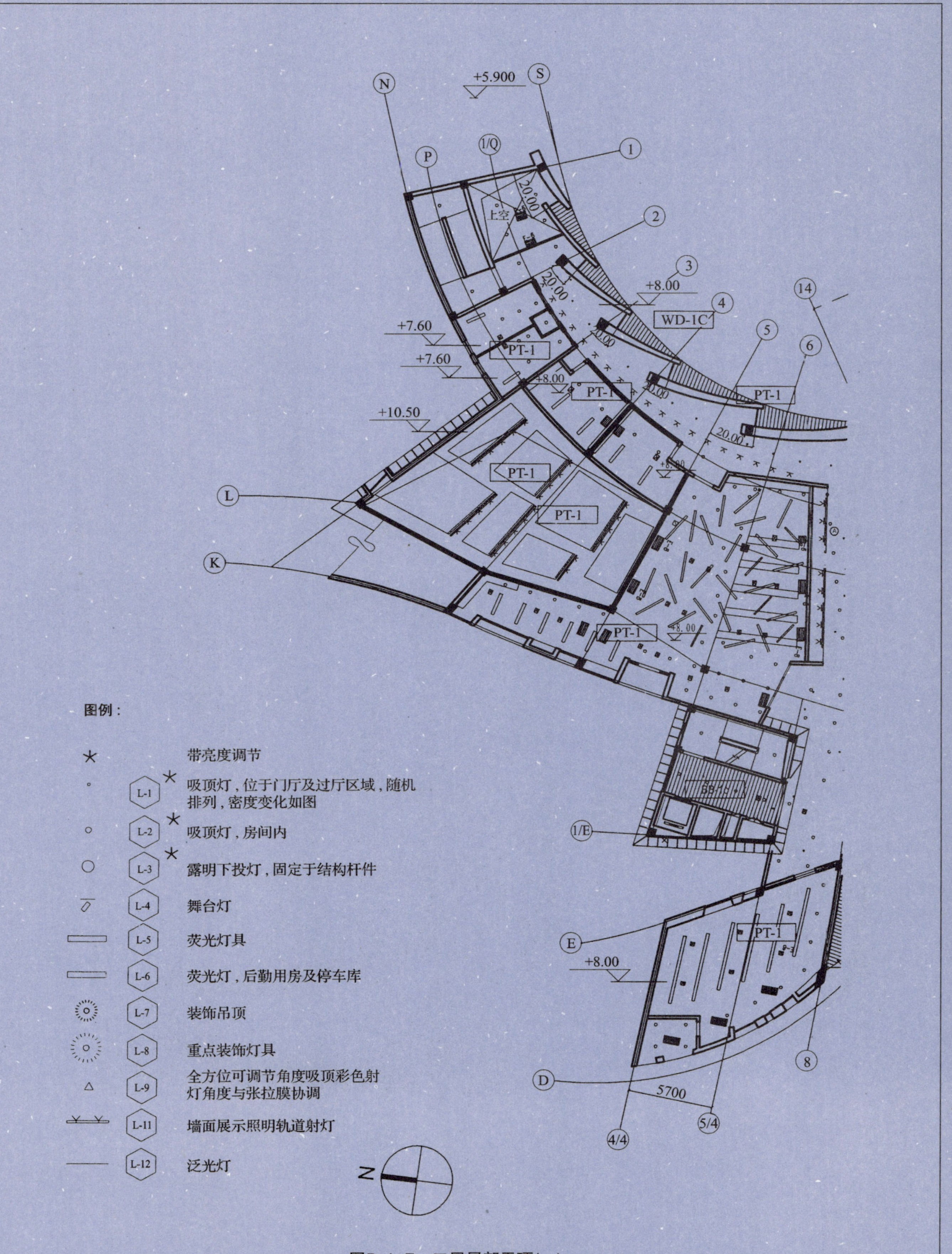

图5-1-7　二层局部平顶(一)

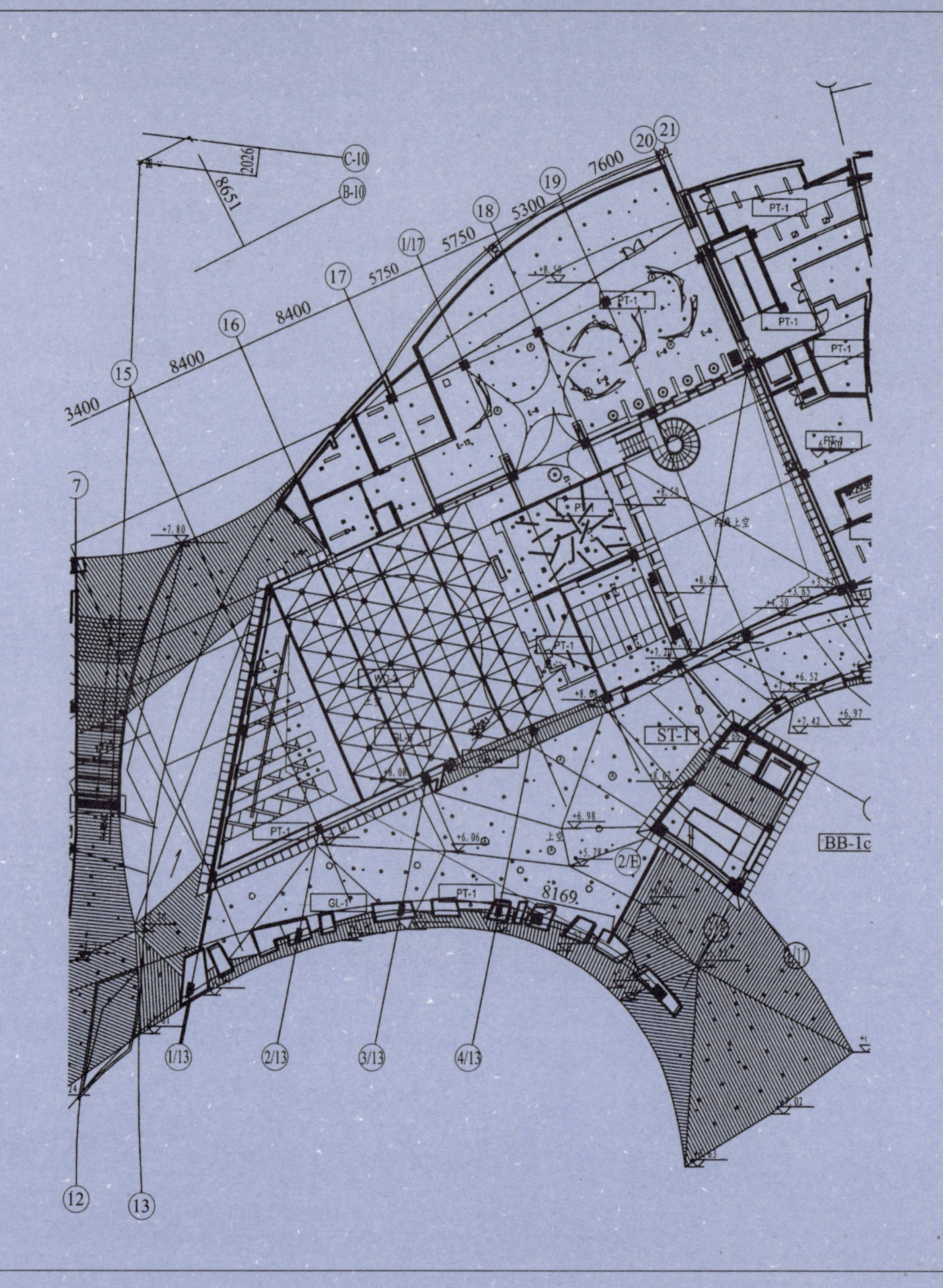

图5-1-8　二层局部平顶(二)

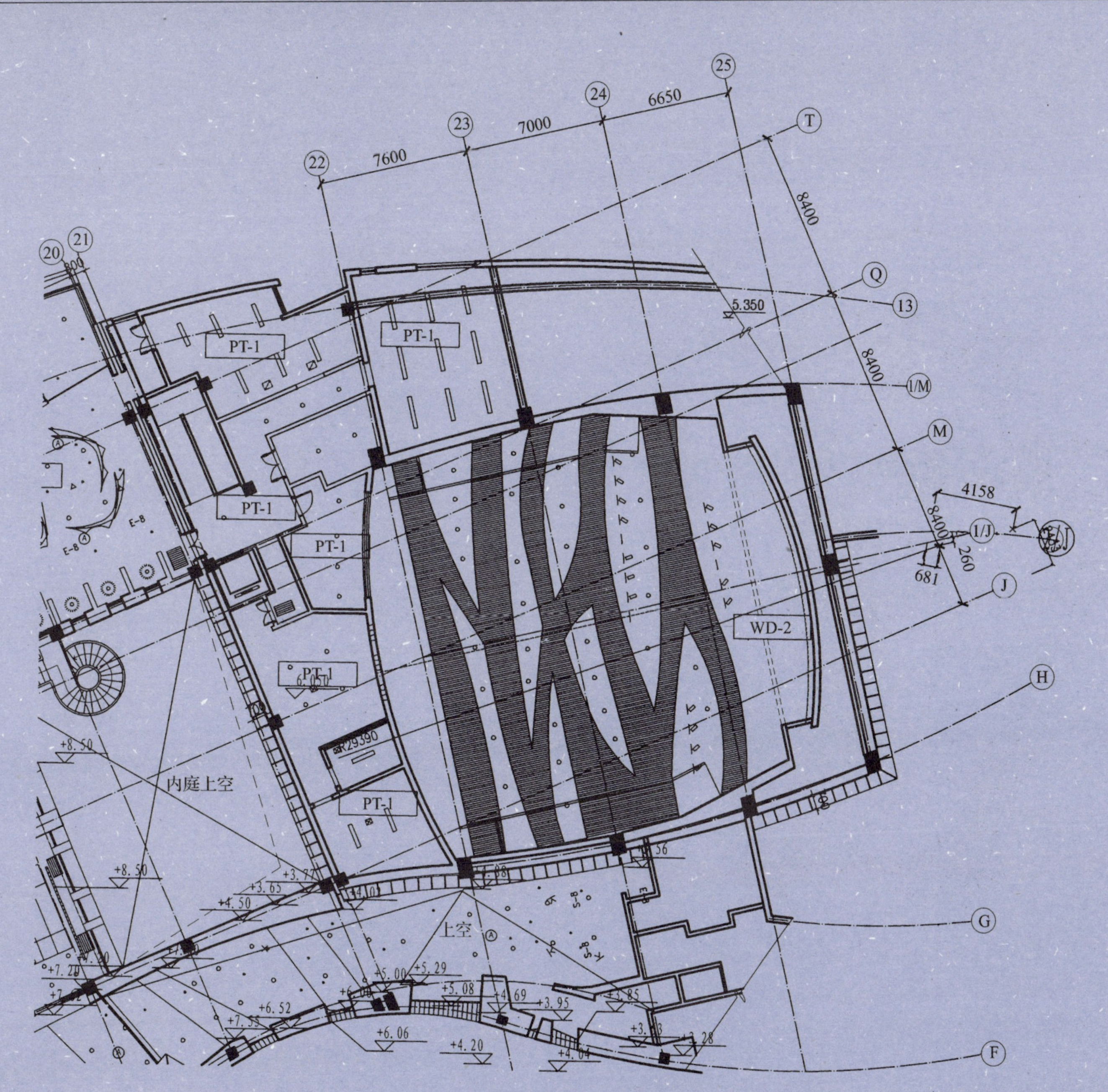

图5-1-9　二层局部平顶（三）

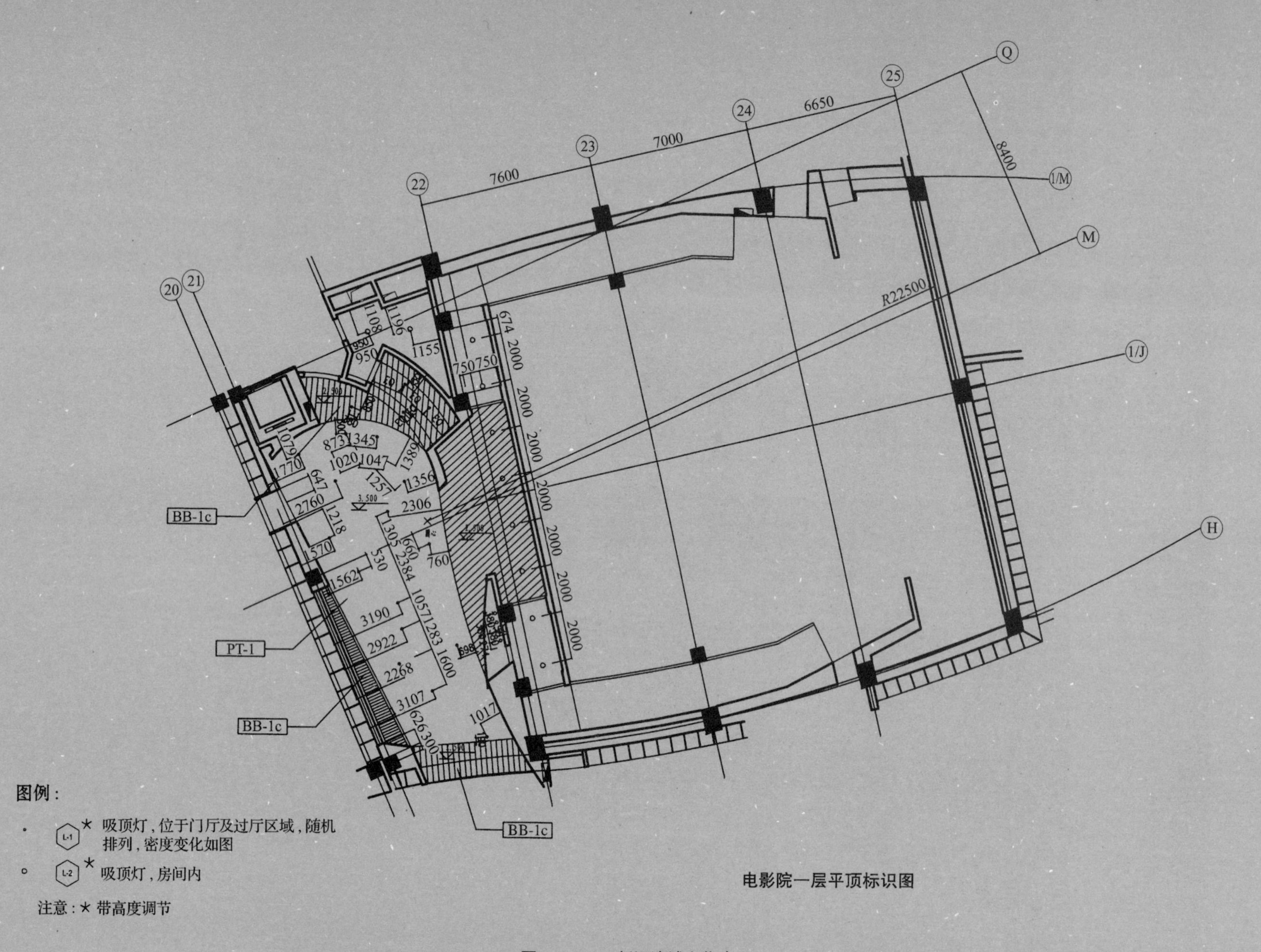

图5-1-10 新江湾城文化中心

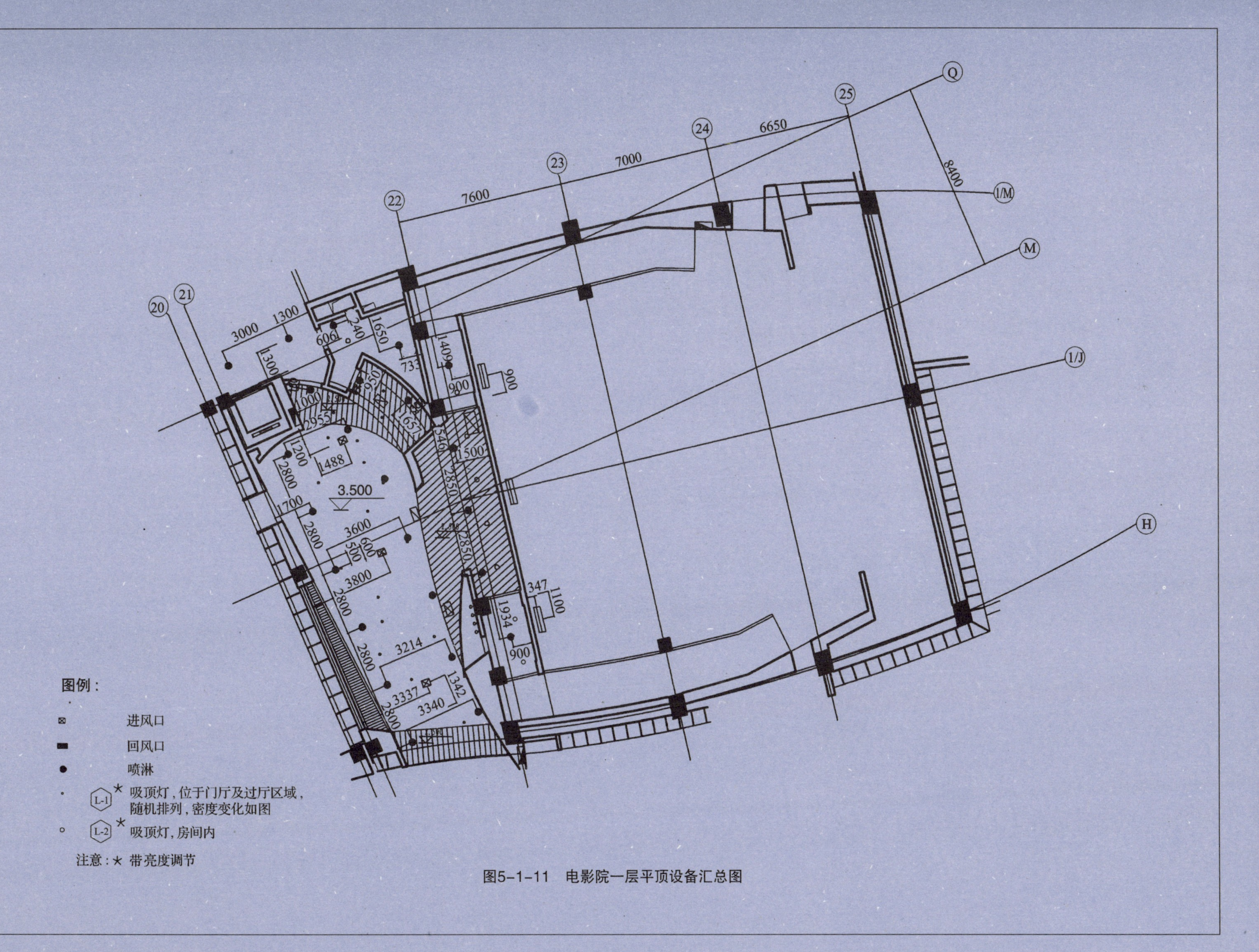

图5-1-11　电影院一层平顶设备汇总图

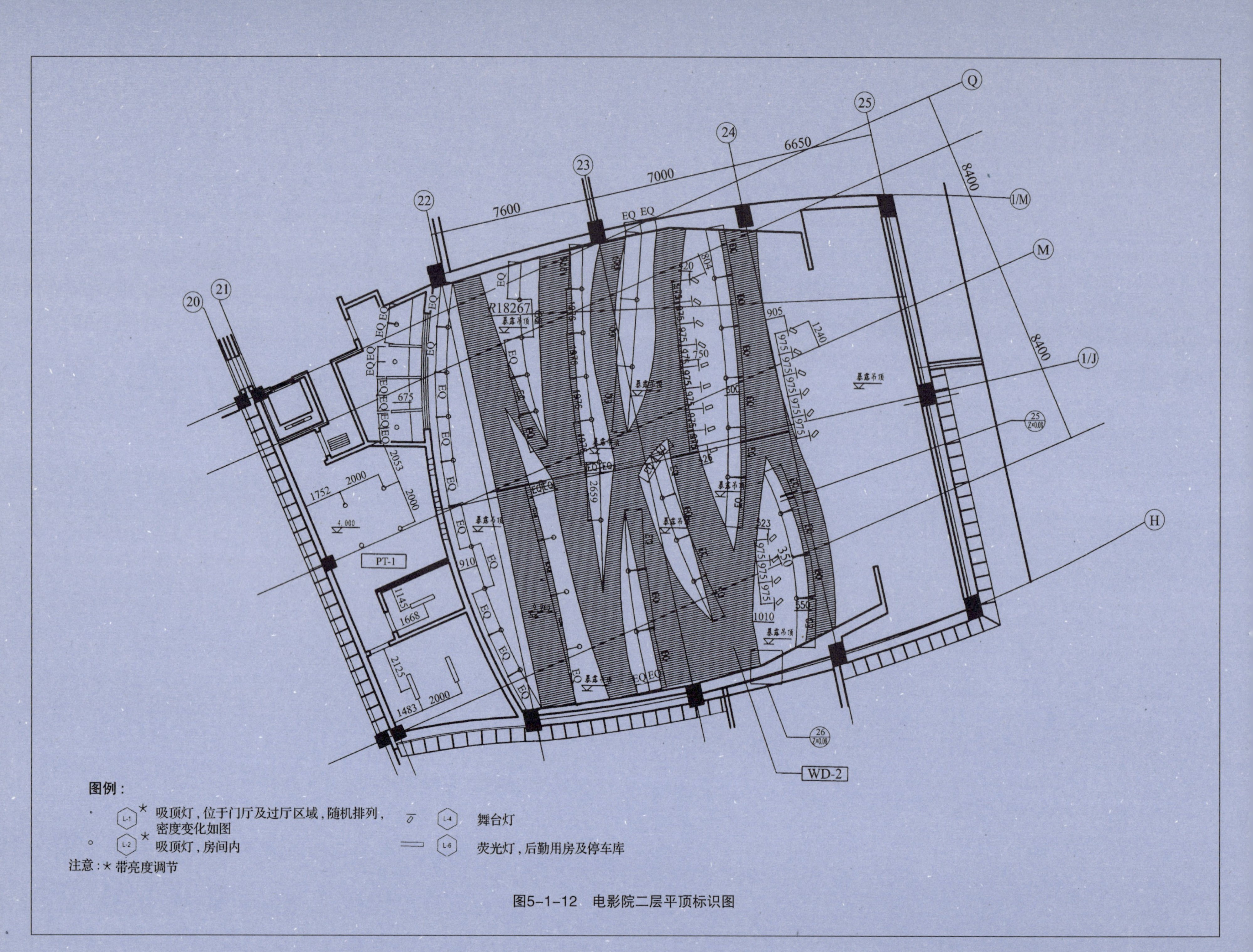

图5-1-12　电影院二层平顶标识图

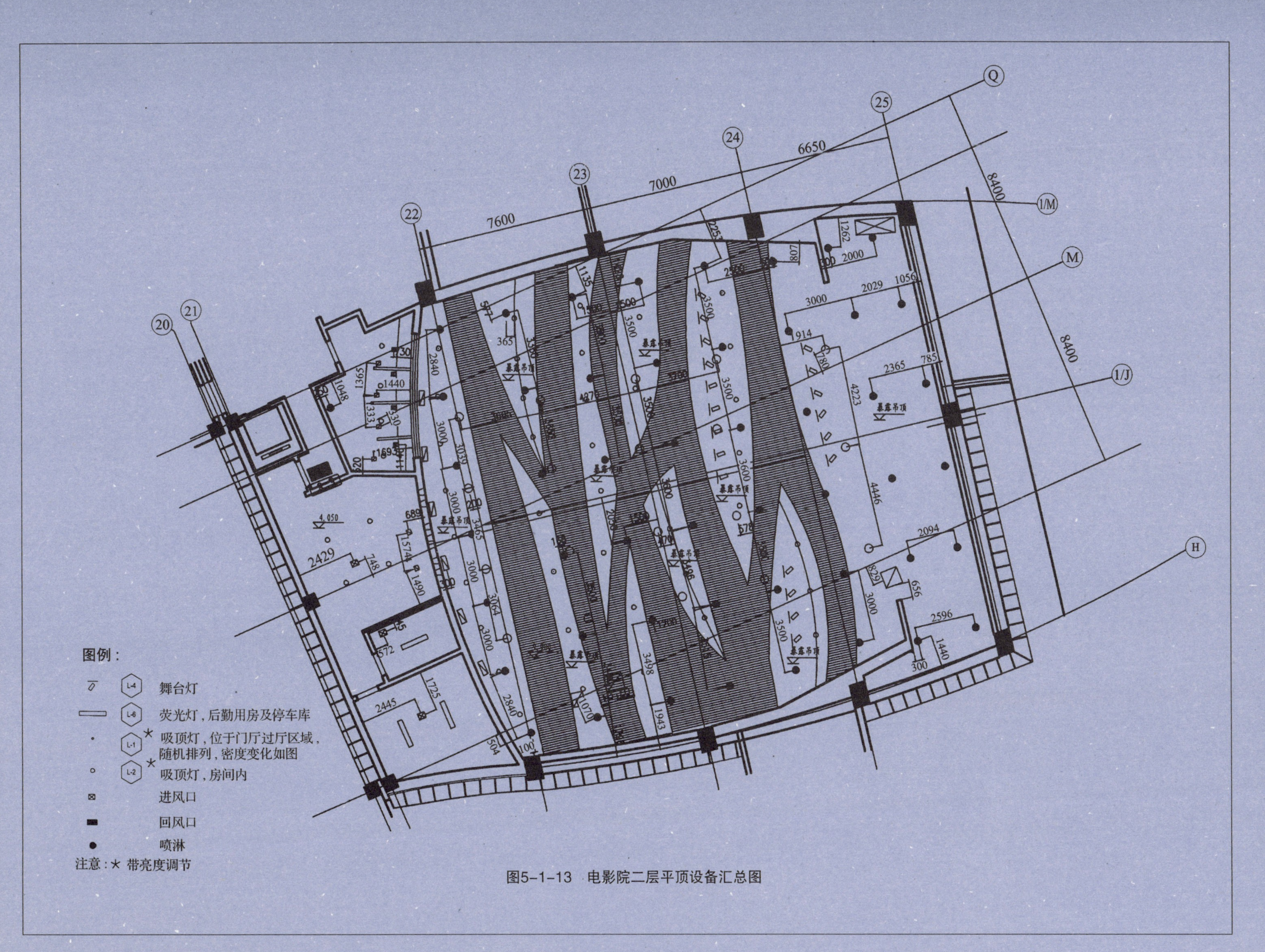

图5-1-13　电影院二层平顶设备汇总图

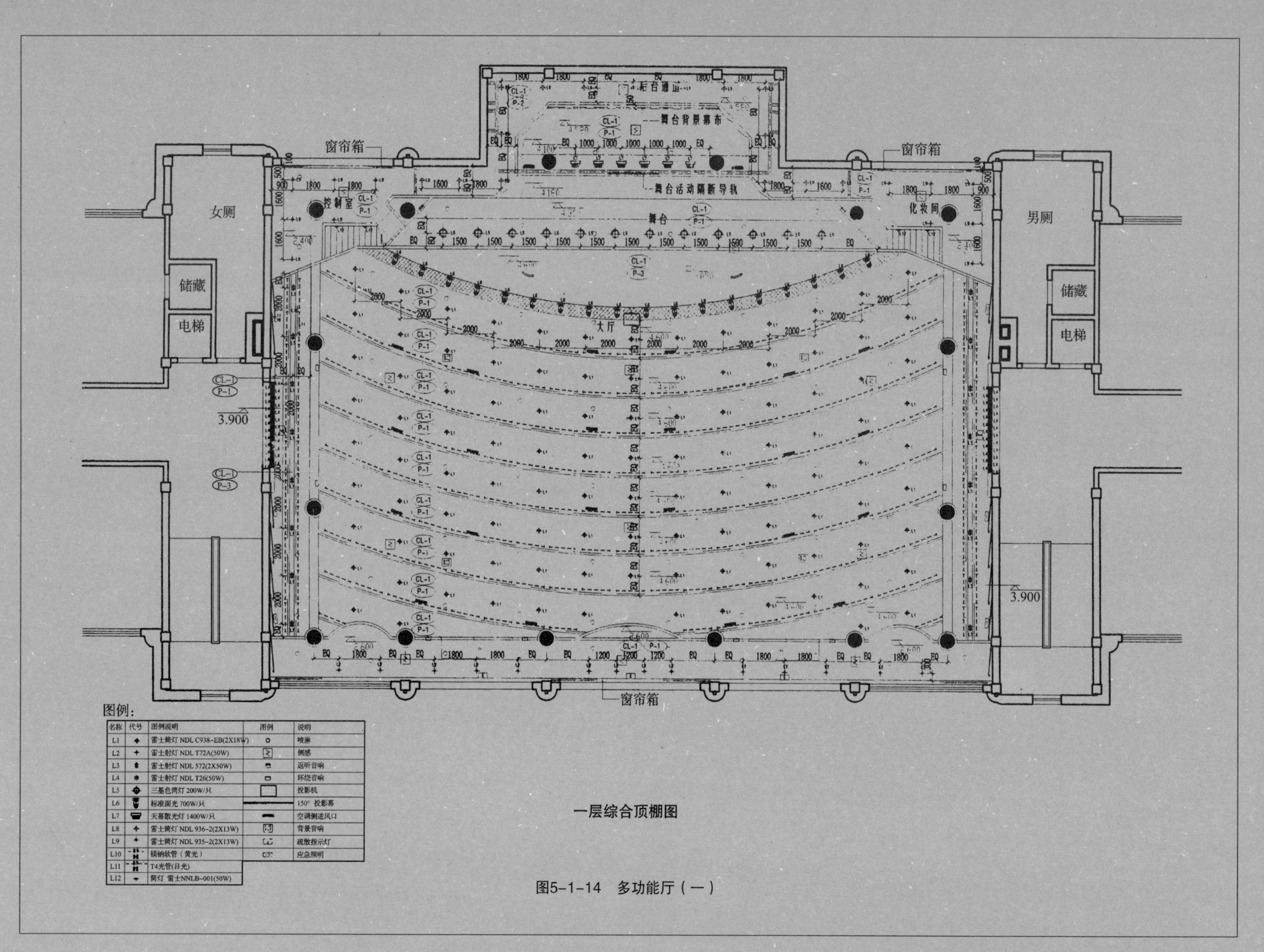

图例：

名称	代号	图例说明	图例	说明
L1		雷士筒灯 NDL C938-EB(2X18W)		喷淋
L2		雷士射灯 NDL T72A(50W)		侧感
L3		雷士射灯 NDL 572(2X50W)		返听音响
L4		雷士射灯 NDL T26(50W)		环绕音响
L5		三基色筒灯 200W/只		投影机
L6		标准面光 700W/只		150° 投影幕
L7		天幕散光灯 1400W/只		空调侧送风口
L8		雷士筒灯 NDL 936-2(2X13W)		背景音响
L9		雷士筒灯 NDL 935-2(2X13W)		疏散指示灯
L10		镁钠软管（黄光）		应急照明
L11		T4光管(日光)		
L12		筒灯 雷士NNLB-001(50W)		

图5-1-14　多功能厅（一）

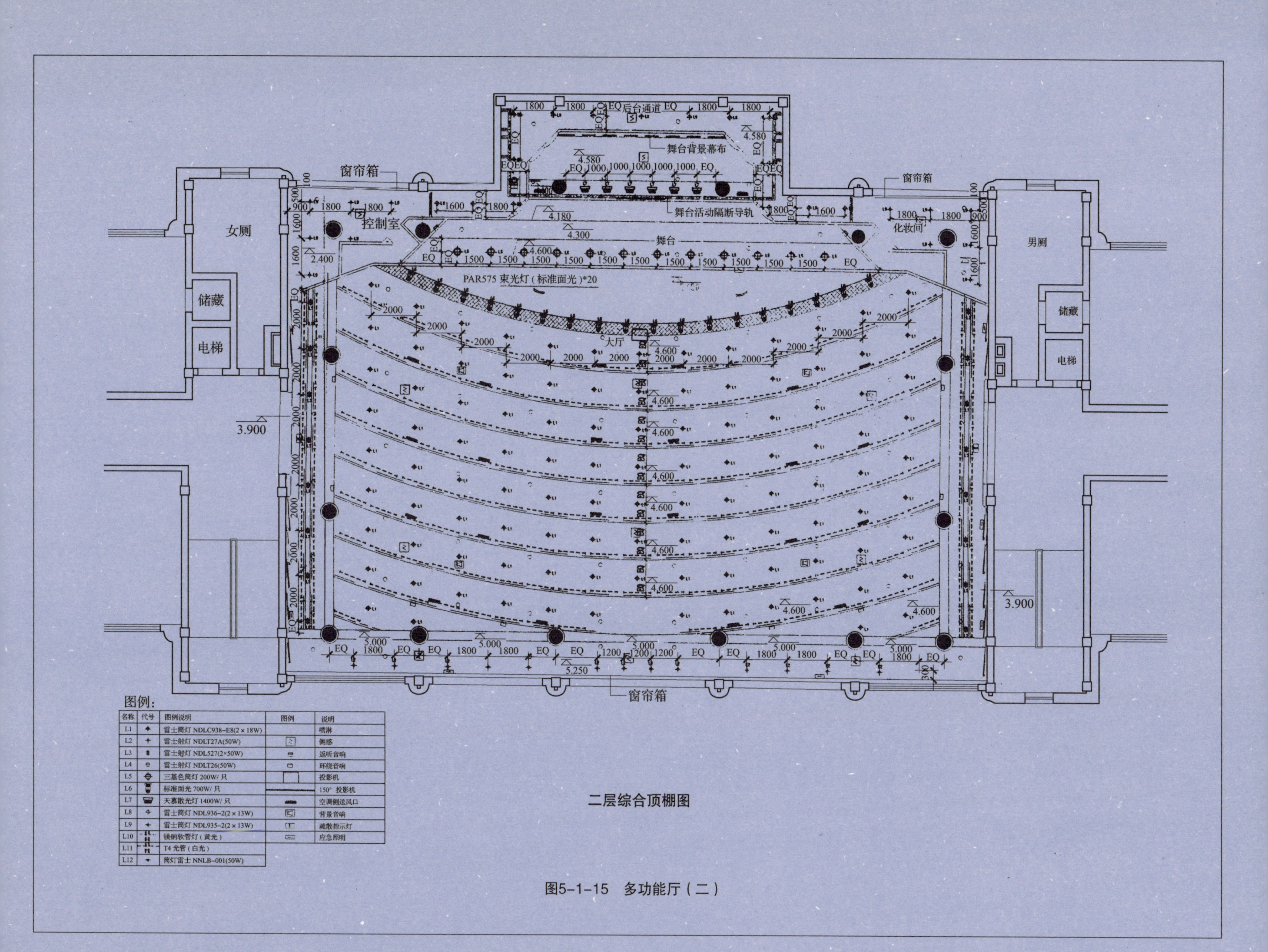

名称	代号	图例说明	图例	说明
L1		雷士筒灯 NDLC938-E8(2×18W)		喷淋
L2		雷士射灯 NDLT27A(50W)		侧感
L3		雷士射灯 NDL527(2×50W)		返听音响
L4		雷士射灯 NDLT26(50W)		环绕音响
L5		三基色筒灯 200W/ 只		投影机
L6		标准面光 700W/ 只		150° 投影机
L7		天幕散光灯 1400W/ 只		空调侧送风口
L8		雷士筒灯 NDL936-2(2×13W)		背景音响
L9		雷士筒灯 NDL935-2(2×13W)		疏散指示灯
L10		镁钠软管灯（黄光）		应急照明
L11		T4 光管（白光）		
L12		筒灯雷士 NNLB-001(50W)		

图5-1-15 多功能厅（二）

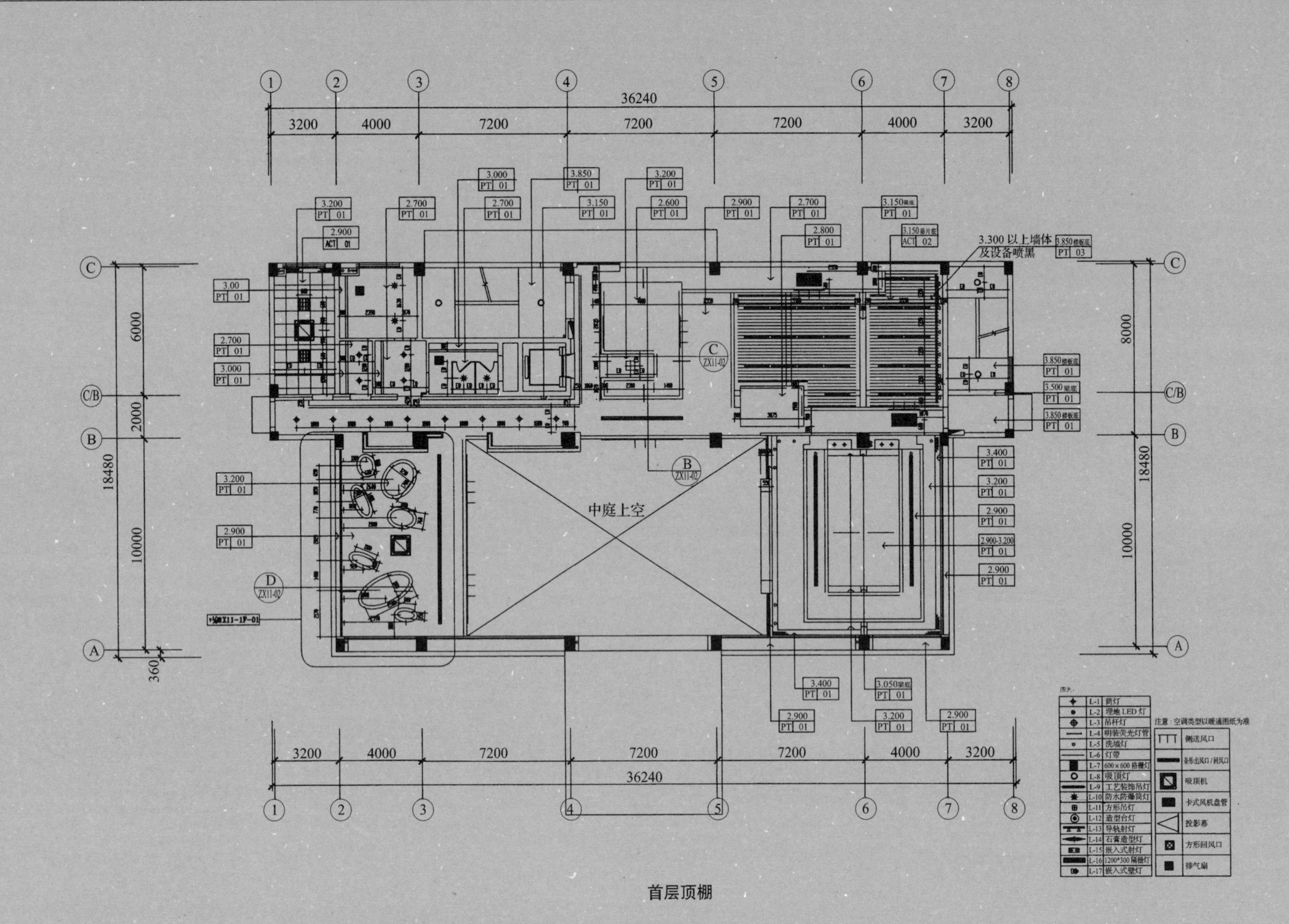

首层顶棚

图5-2-1　电器公司办公楼（一）

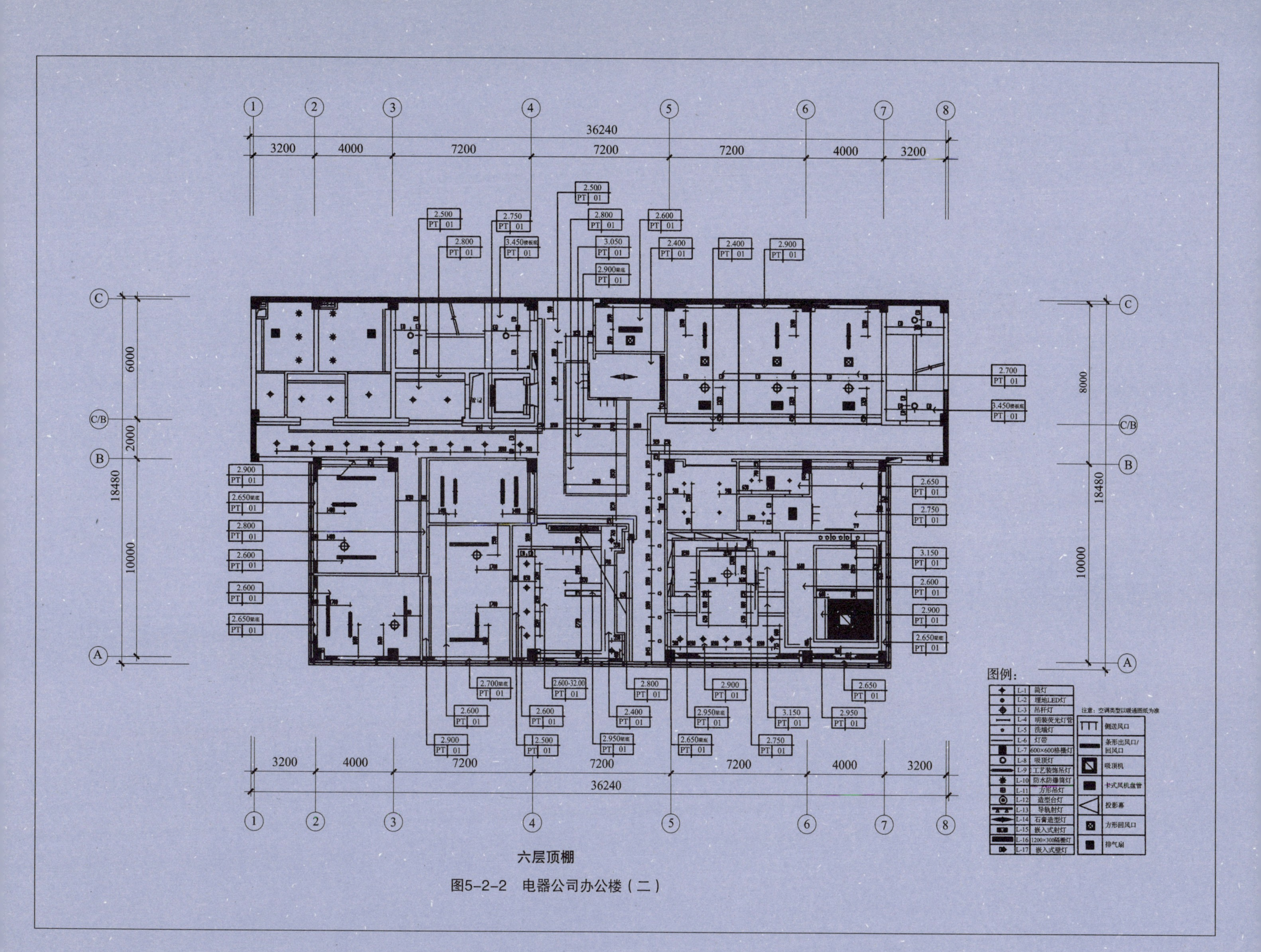

六层顶棚

图5-2-2 电器公司办公楼（二）

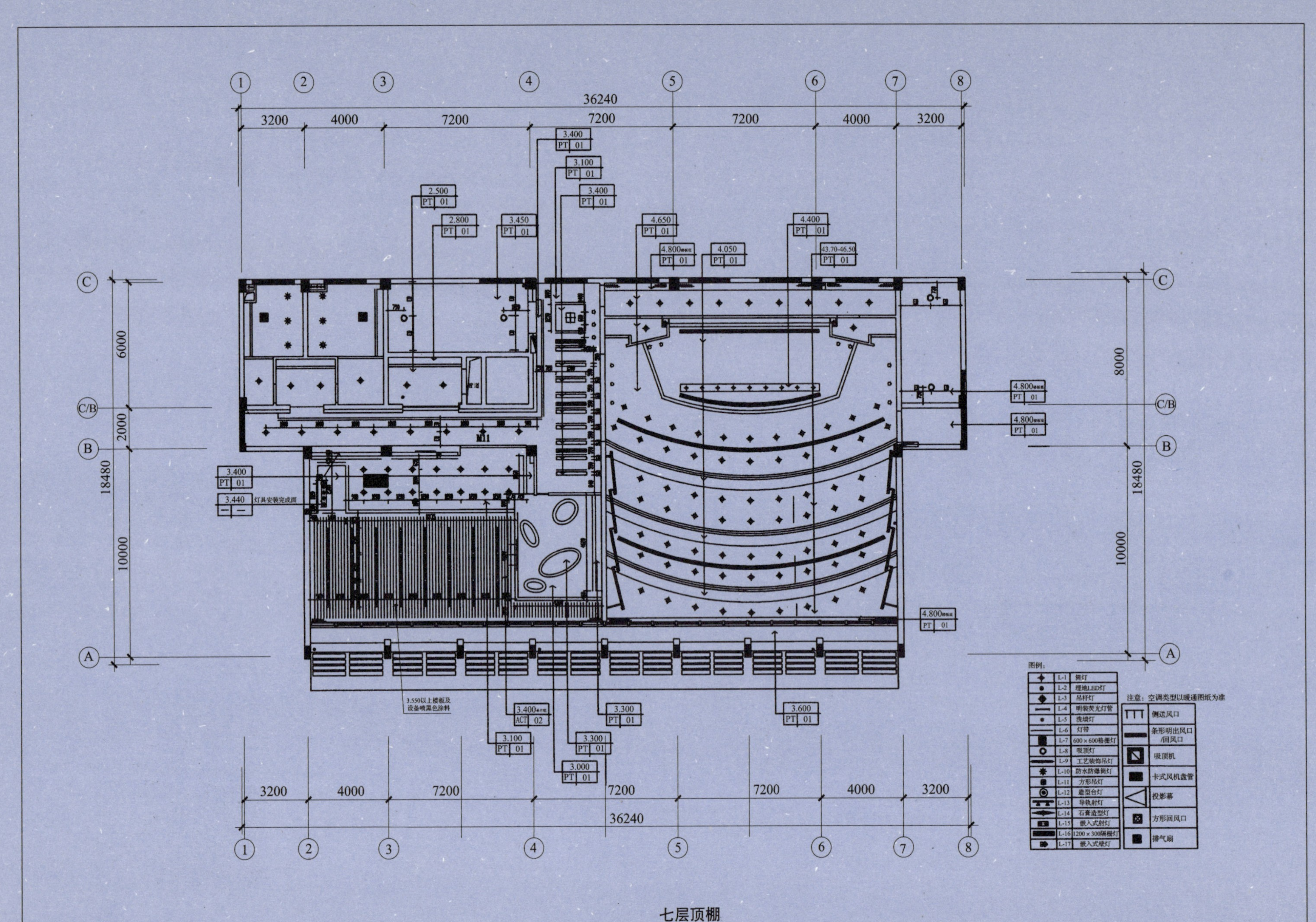

七层顶棚

图5-2-3　电器公司办公楼（三）

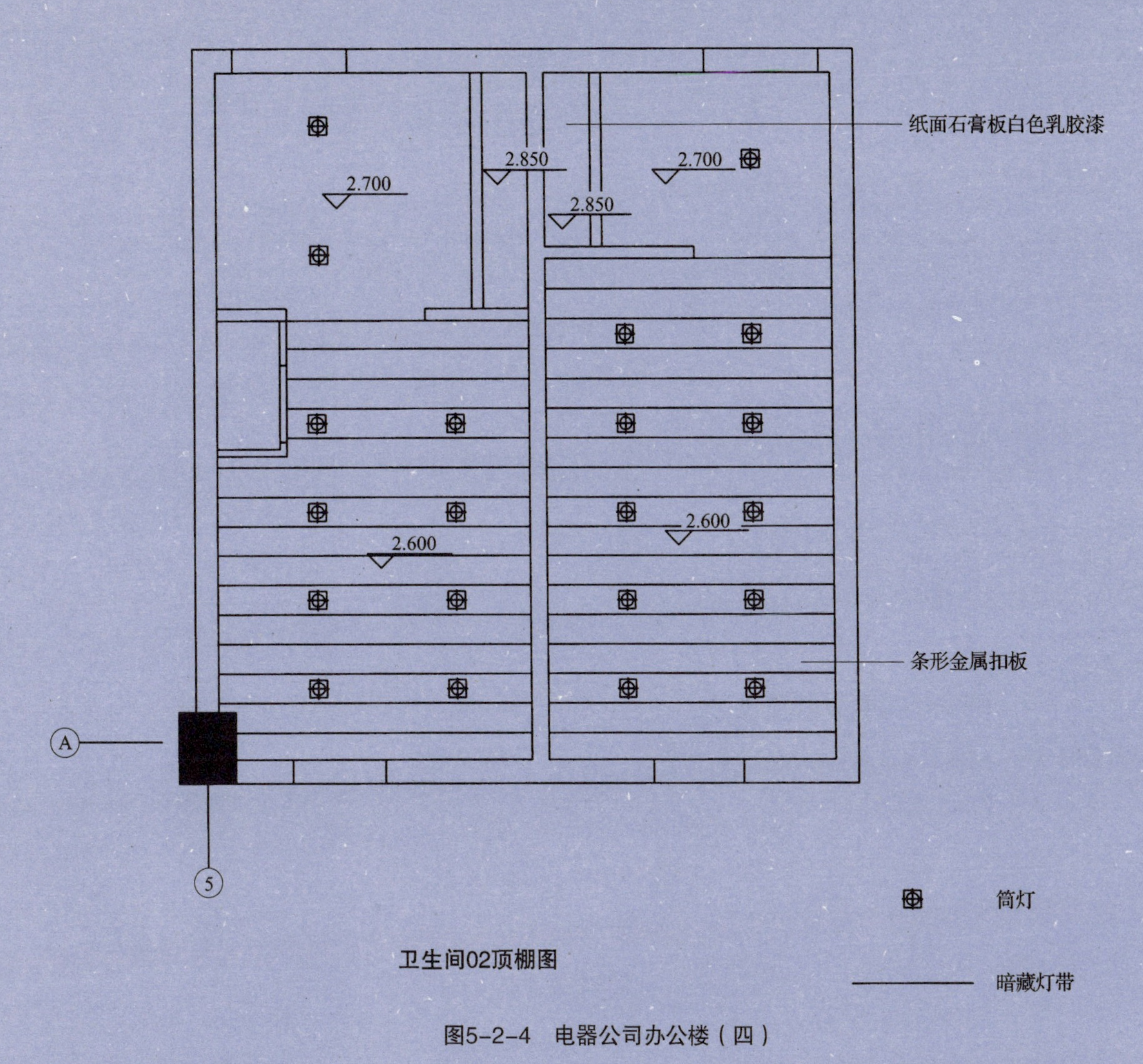

图5-2-4 电器公司办公楼（四）

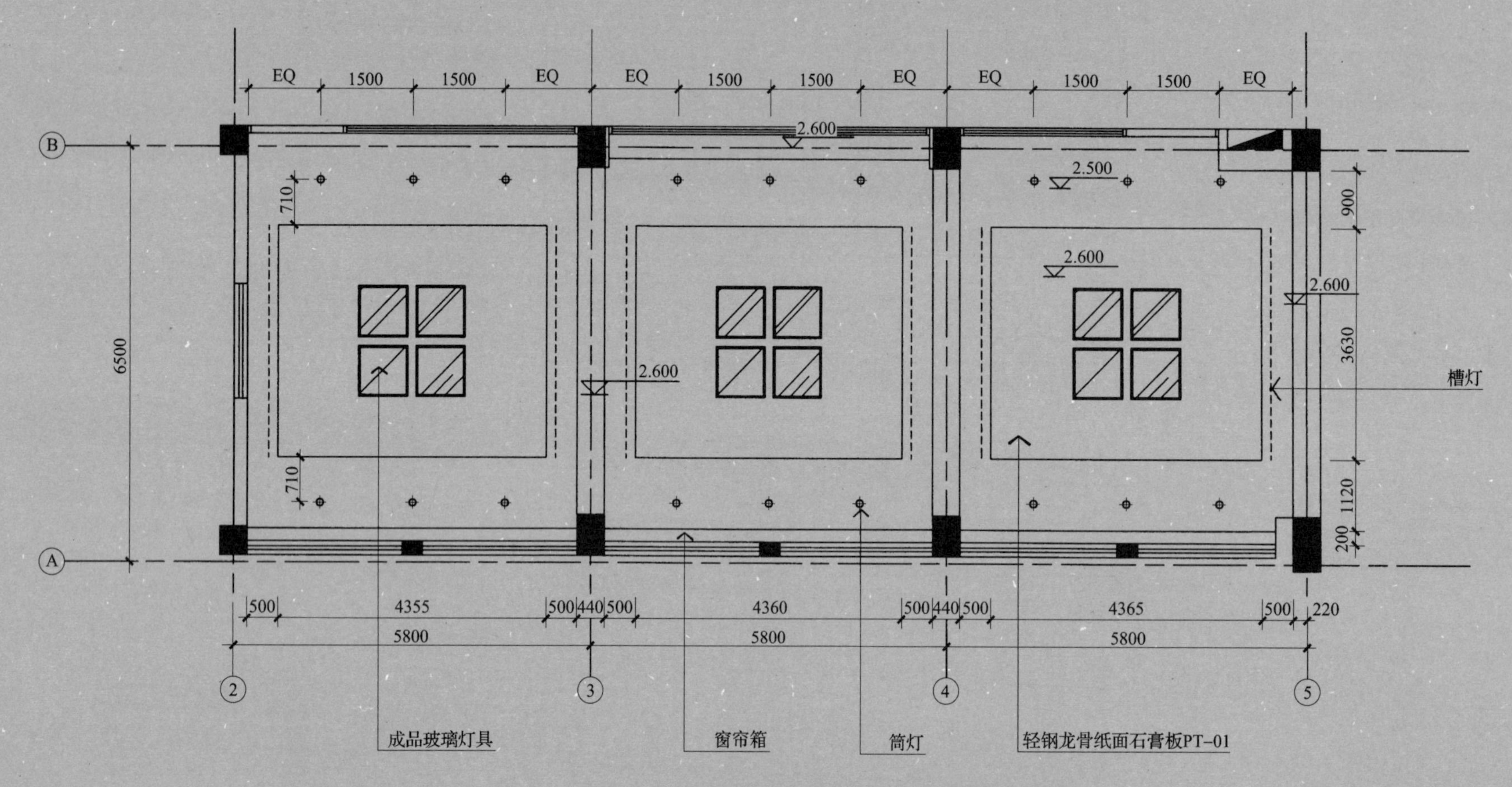

大会议室顶面图

图5-2-5 某电站辅机厂会议室

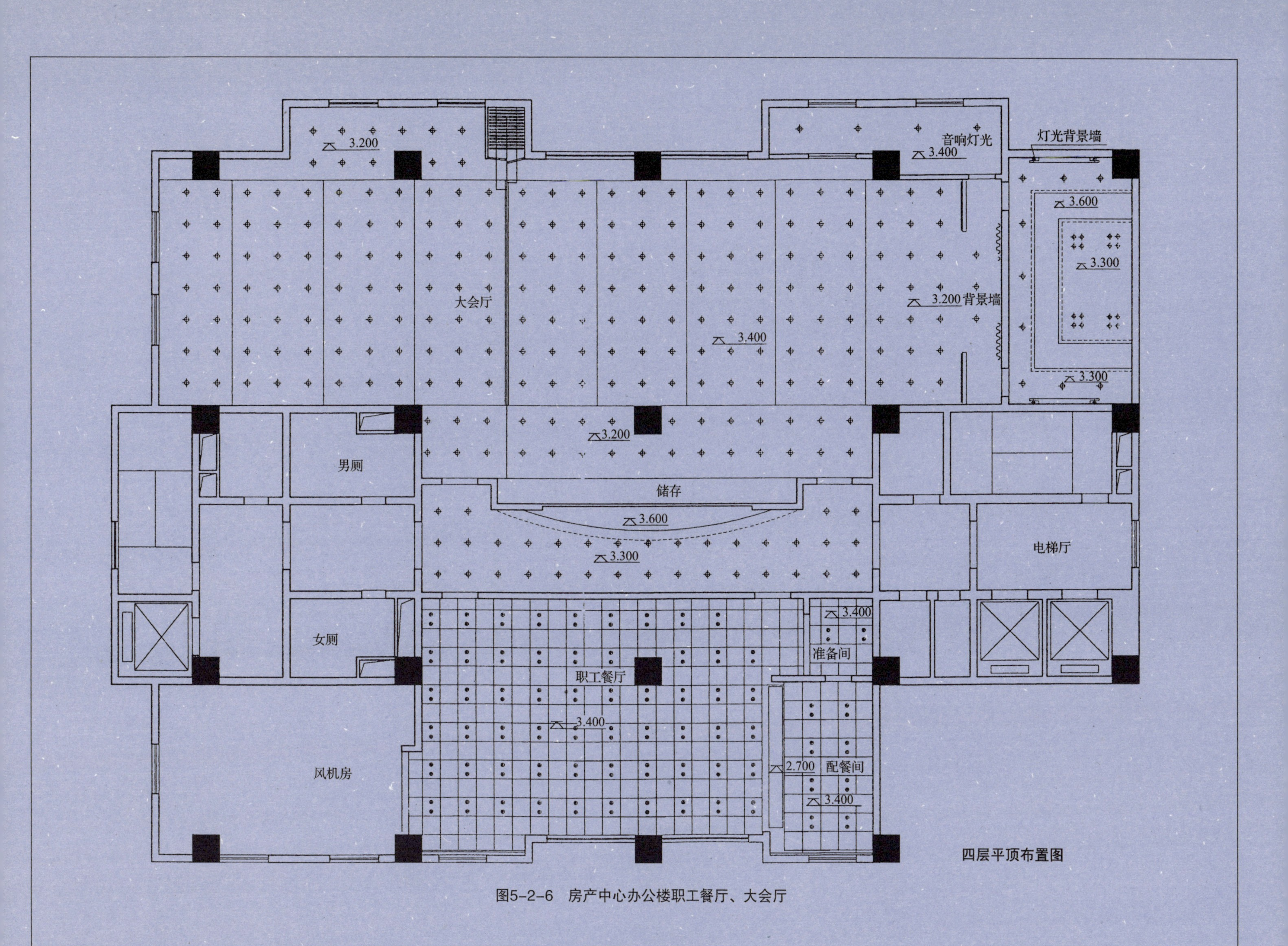

图5-2-6　房产中心办公楼职工餐厅、大会厅

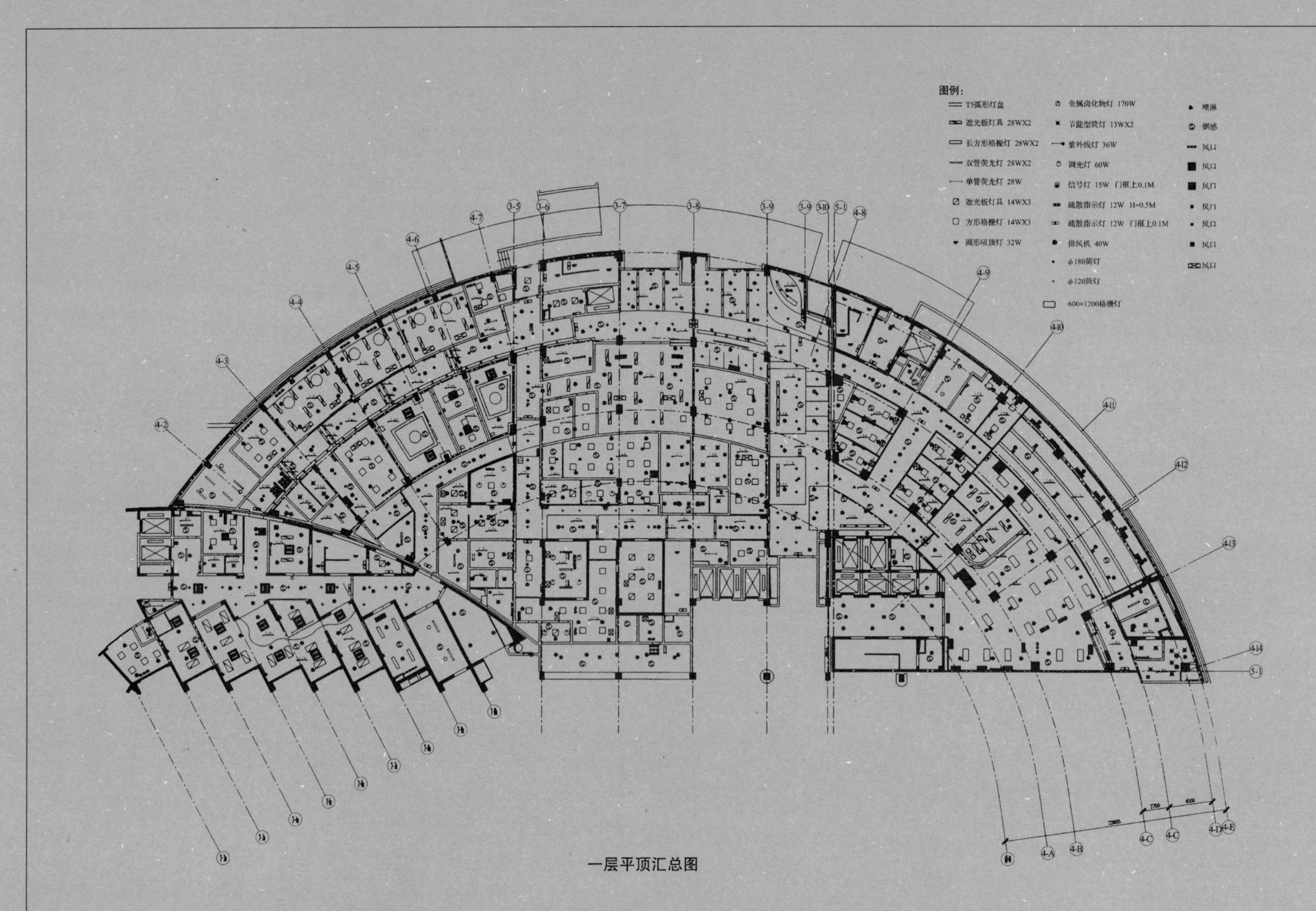
图例:
T5弧形灯盘
遮光板灯具 28WX2
长方形格栅灯 28WX2
双管荧光灯 28WX2
单管荧光灯 28W
遮光板灯具 14WX3
方形格栅灯 14WX3
圆形吸顶灯 32W
金属卤化物灯 170W
节能型筒灯 13WX2
紫外线灯 36W
调光灯 60W
信号灯 15W 门框上0.1M
疏散指示灯 12W H=0.5M
疏散指示灯 12W 门框上0.1M
排风机 40W
φ180筒灯
φ120筒灯
600×1200格栅灯
喷淋
烟感
风口
风口
风口
风口
风口
风口
风口
一层平顶汇总图

图5-3-1 中山医院

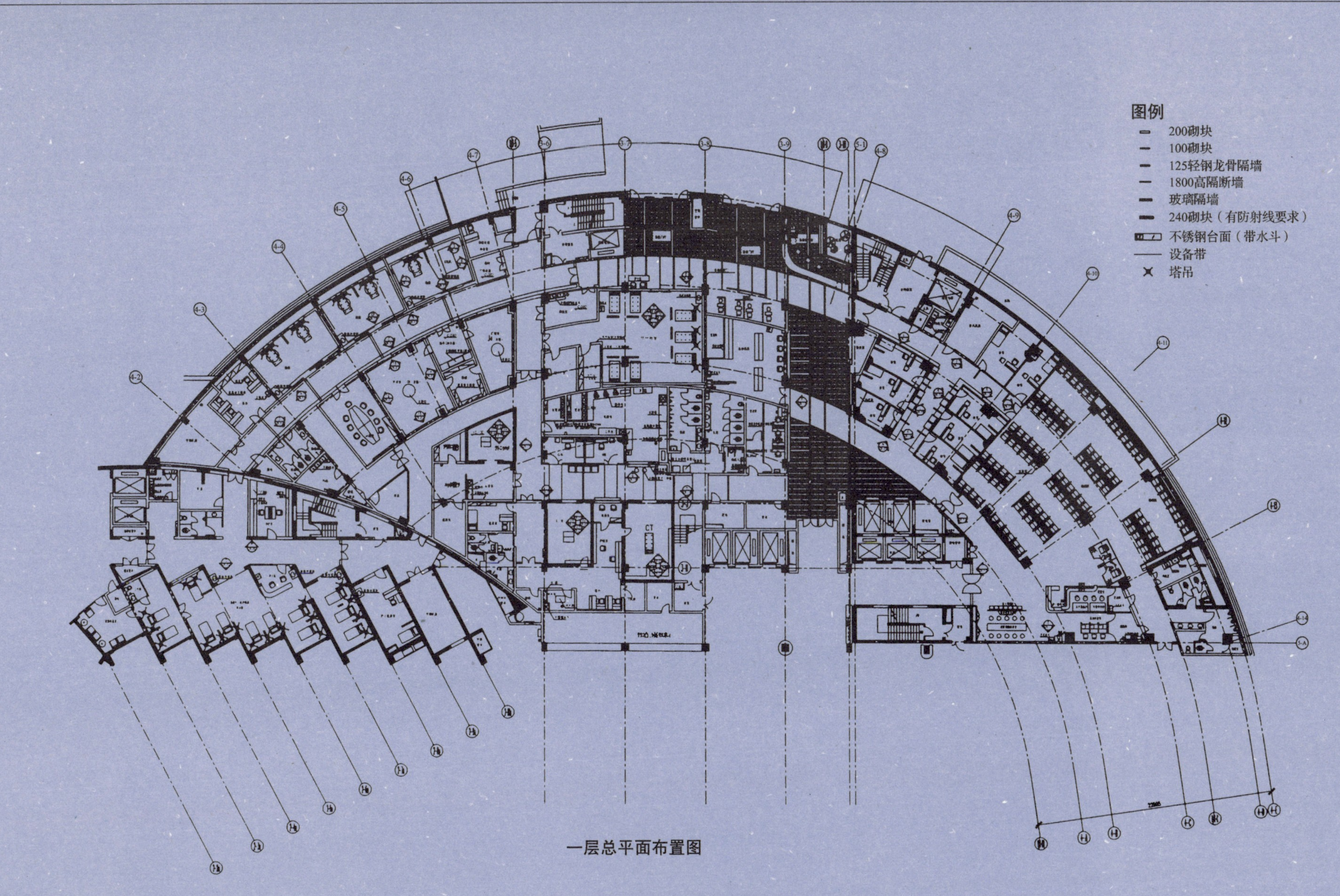
图例
200砌块
100砌块
125轻钢龙骨隔墙
1800高隔断墙
玻璃隔墙
240砌块（有防射线要求）
不锈钢台面（带水斗）
设备带
塔吊
CT
一层总平面布置图

图5-3-2　中山医院

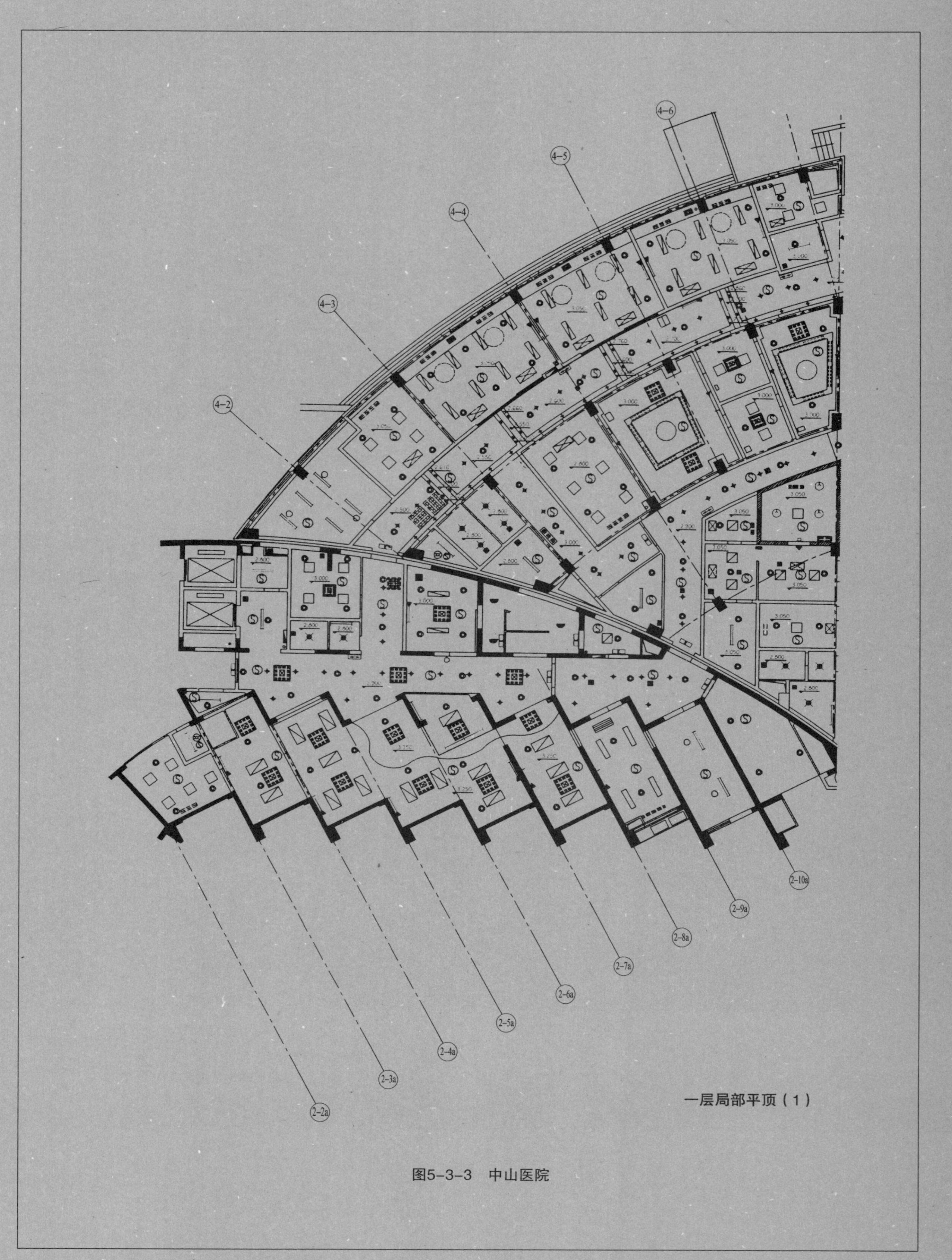

图5-3-3　中山医院

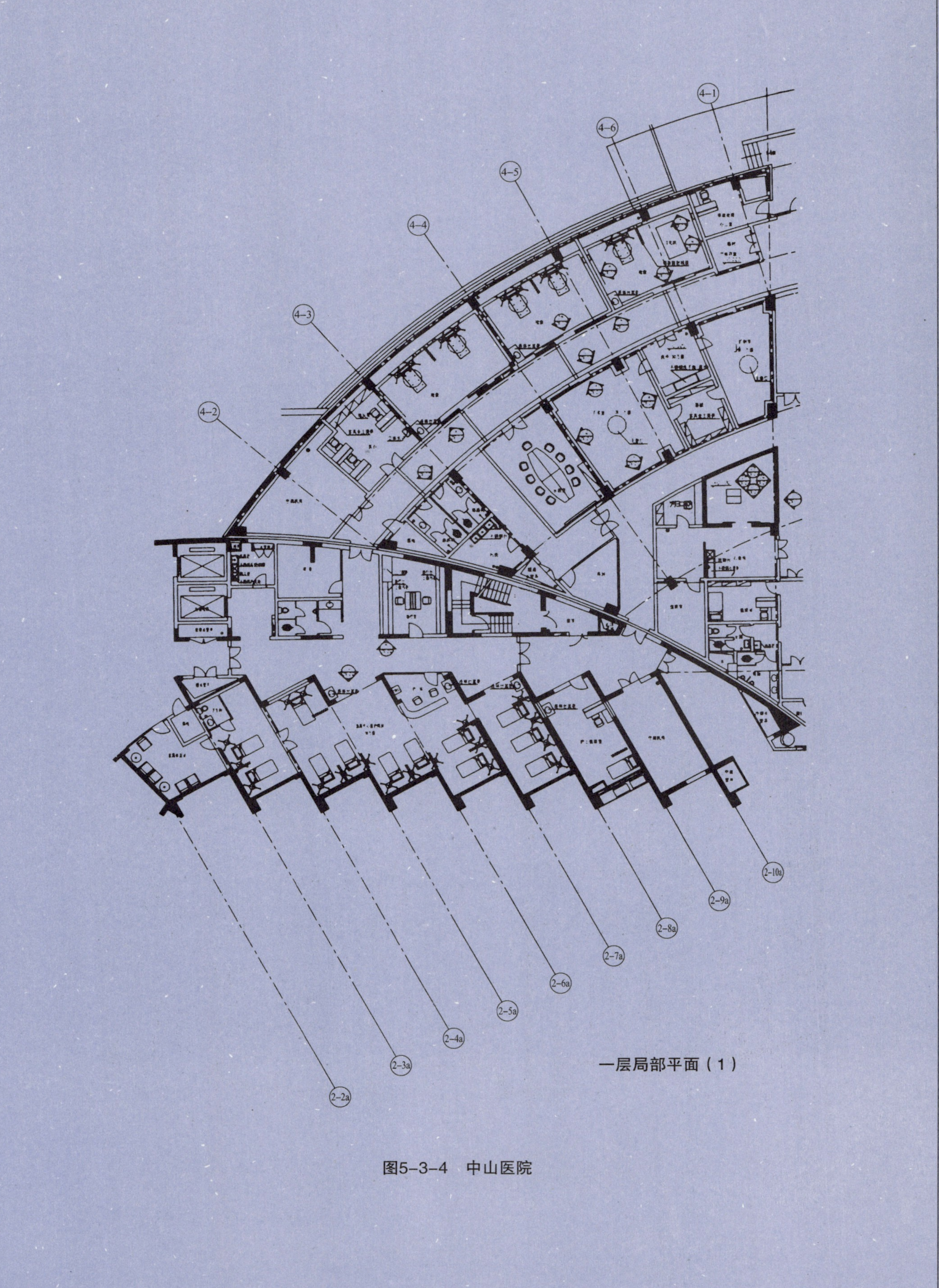

一层局部平面（1）

图5-3-4　中山医院

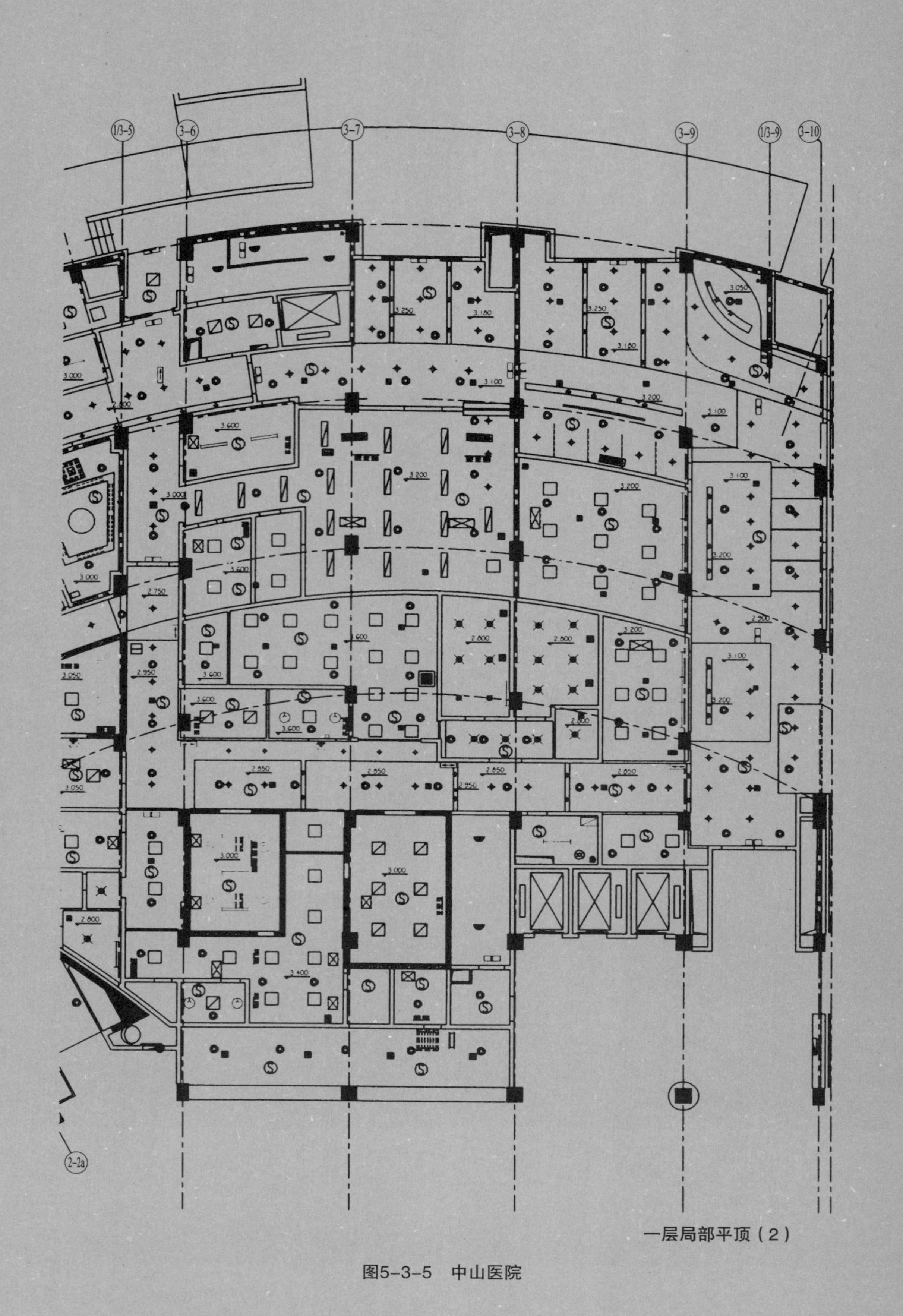

图5-3-5　中山医院

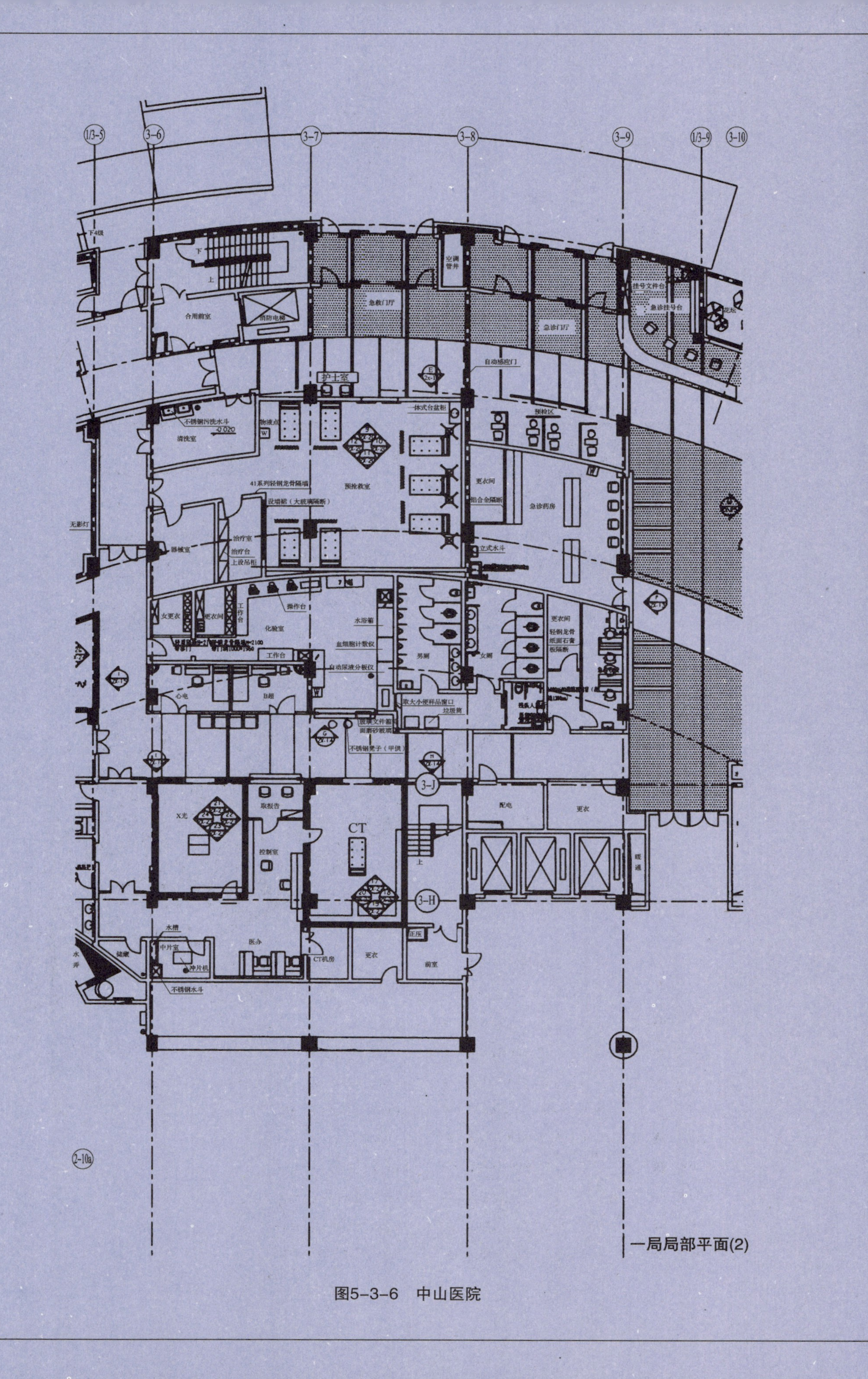
1/3-5
3-6
3-7
3-8
3-9
1/3-9
3-10
急救门厅
急诊门厅
护士室
预抢救室
急诊药房
化验室
男厕
女厕
X光
CT
控制室
配电
更衣
3-J
3-H
2-10a
一局局部平面(2)

图5-3-6　中山医院

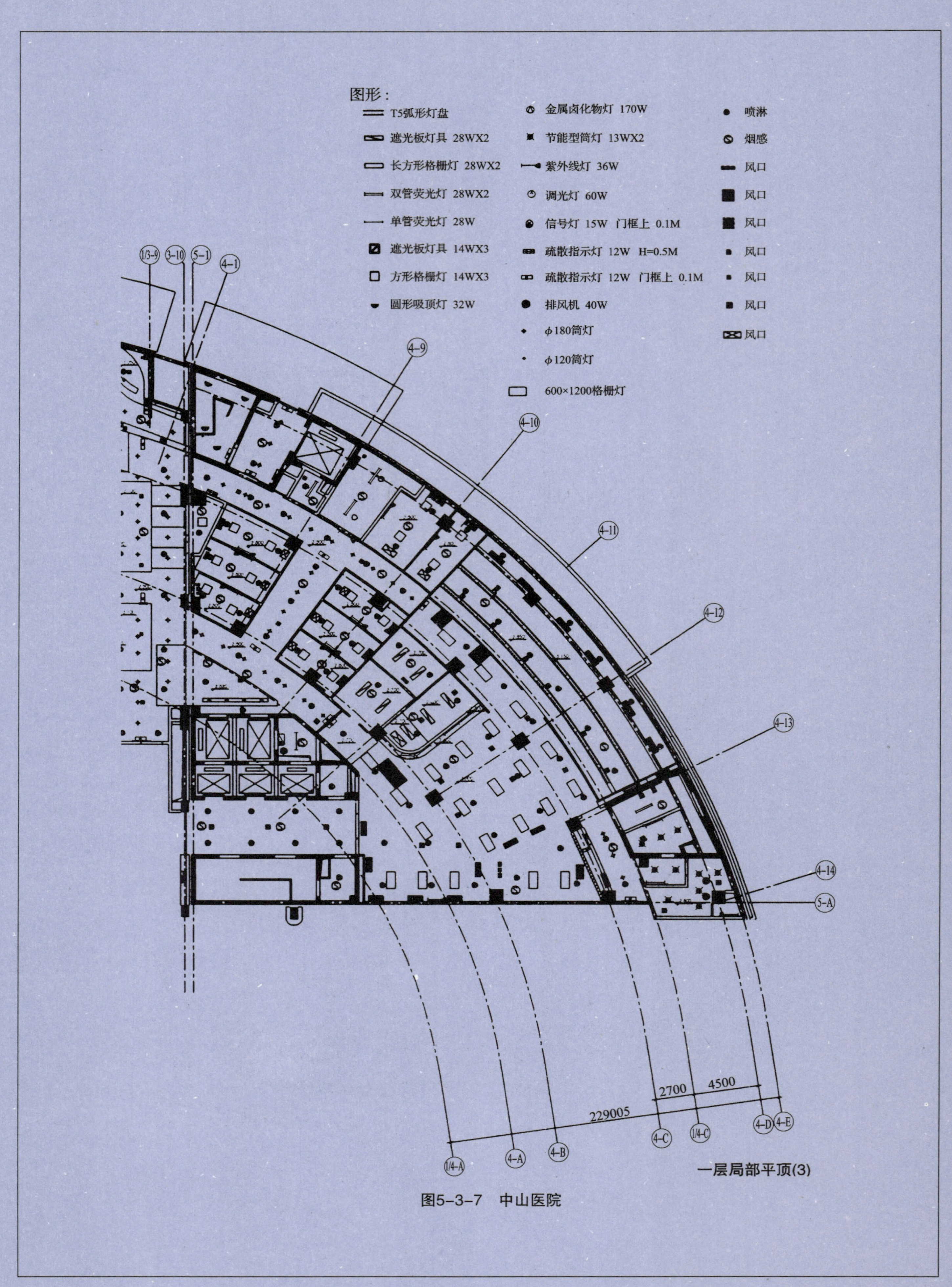
图形：
T5弧形灯盘
遮光板灯具 28WX2
长方形格栅灯 28WX2
双管荧光灯 28WX2
单管荧光灯 28W
遮光板灯具 14WX3
方形格栅灯 14WX3
圆形吸顶灯 32W
金属卤化物灯 170W
节能型筒灯 13WX2
紫外线灯 36W
调光灯 60W
信号灯 15W 门框上 0.1M
疏散指示灯 12W H=0.5M
疏散指示灯 12W 门框上 0.1M
排风机 40W
ϕ180筒灯
ϕ120筒灯
600×1200格栅灯
喷淋
烟感
风口
风口
风口
风口
风口
风口
风口
1/3-9
3-10
5-1
4-1
4-9
4-10
4-11
4-12
4-13
4-14
5-A
2700
4500
229005
1/4-A
4-A
4-B
4-C
1/4-C
4-D
4-E
一层局部平顶(3)

图5-3-7 中山医院

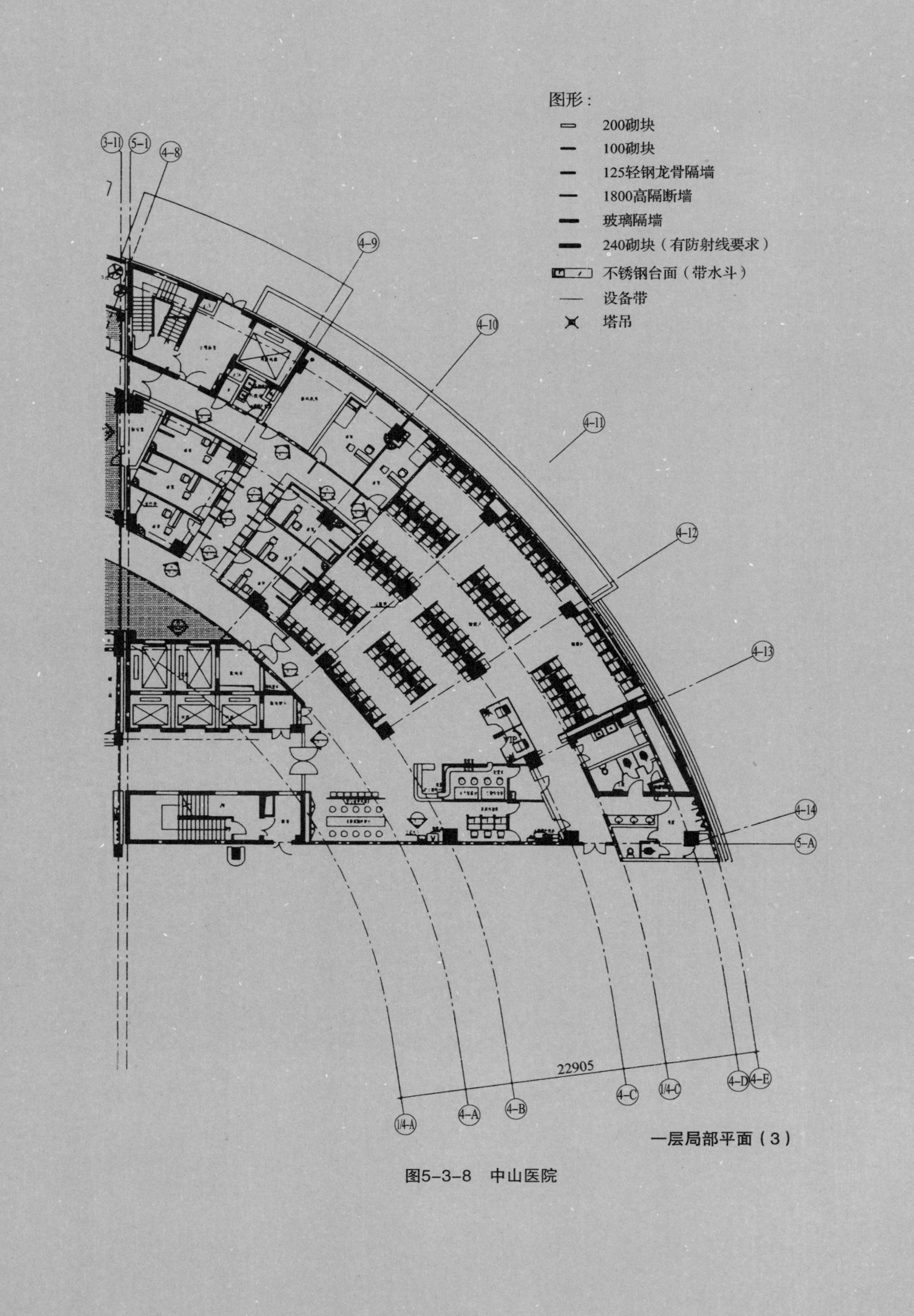

图形：
200砌块
100砌块
125轻钢龙骨隔墙
1800高隔断墙
玻璃隔墙
240砌块（有防射线要求）
不锈钢台面（带水斗）
设备带
塔吊
3-11
5-1
4-8
4-9
4-10
4-11
4-12
4-13
4-14
5-A
22905
1/4-A
4-A
4-B
4-C
1/4-C
4-D
4-E
一层局部平面（3）

图5-3-8　中山医院

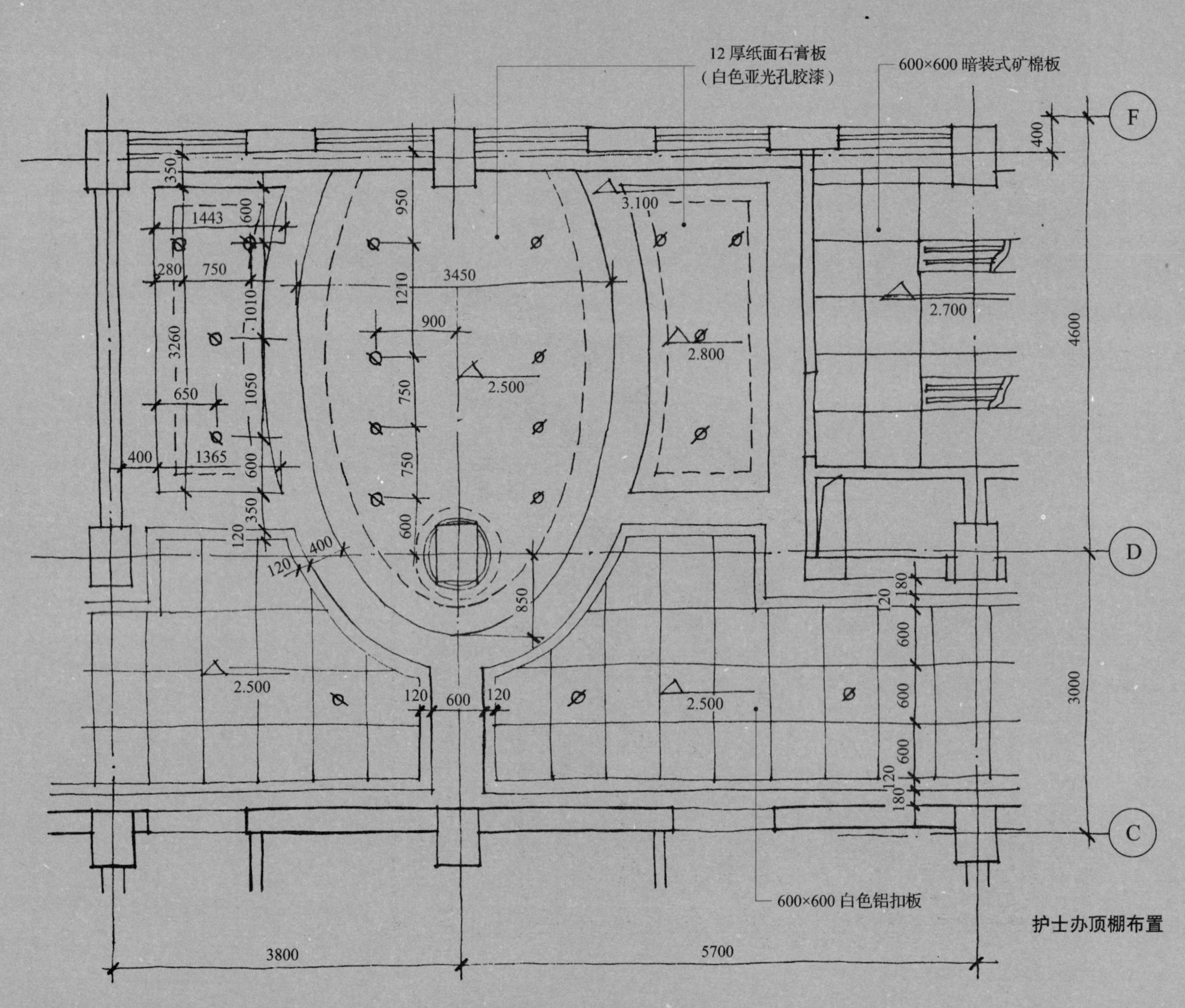

图5-3-9　普陀区人民医院

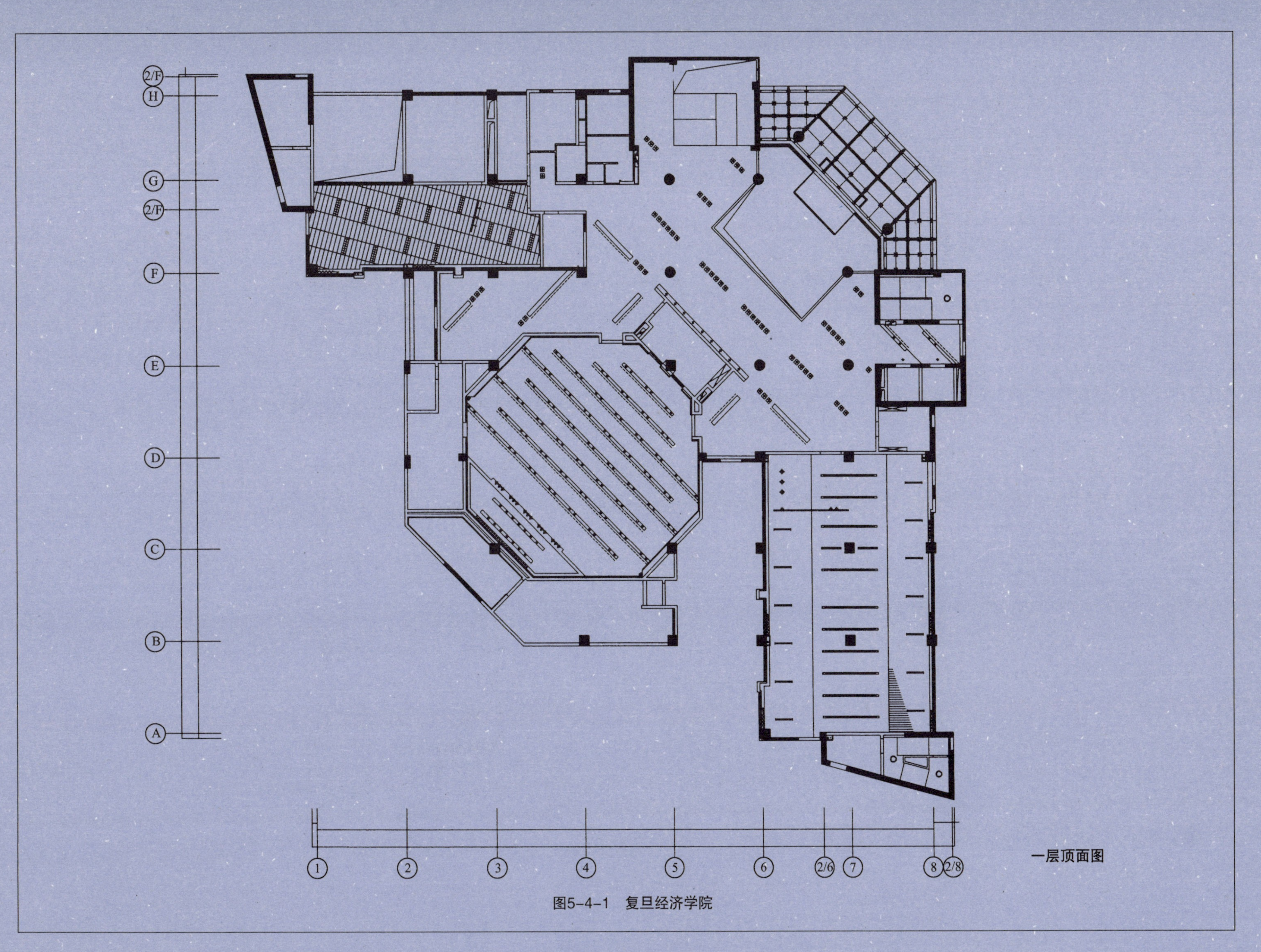

图5-4-1　复旦经济学院

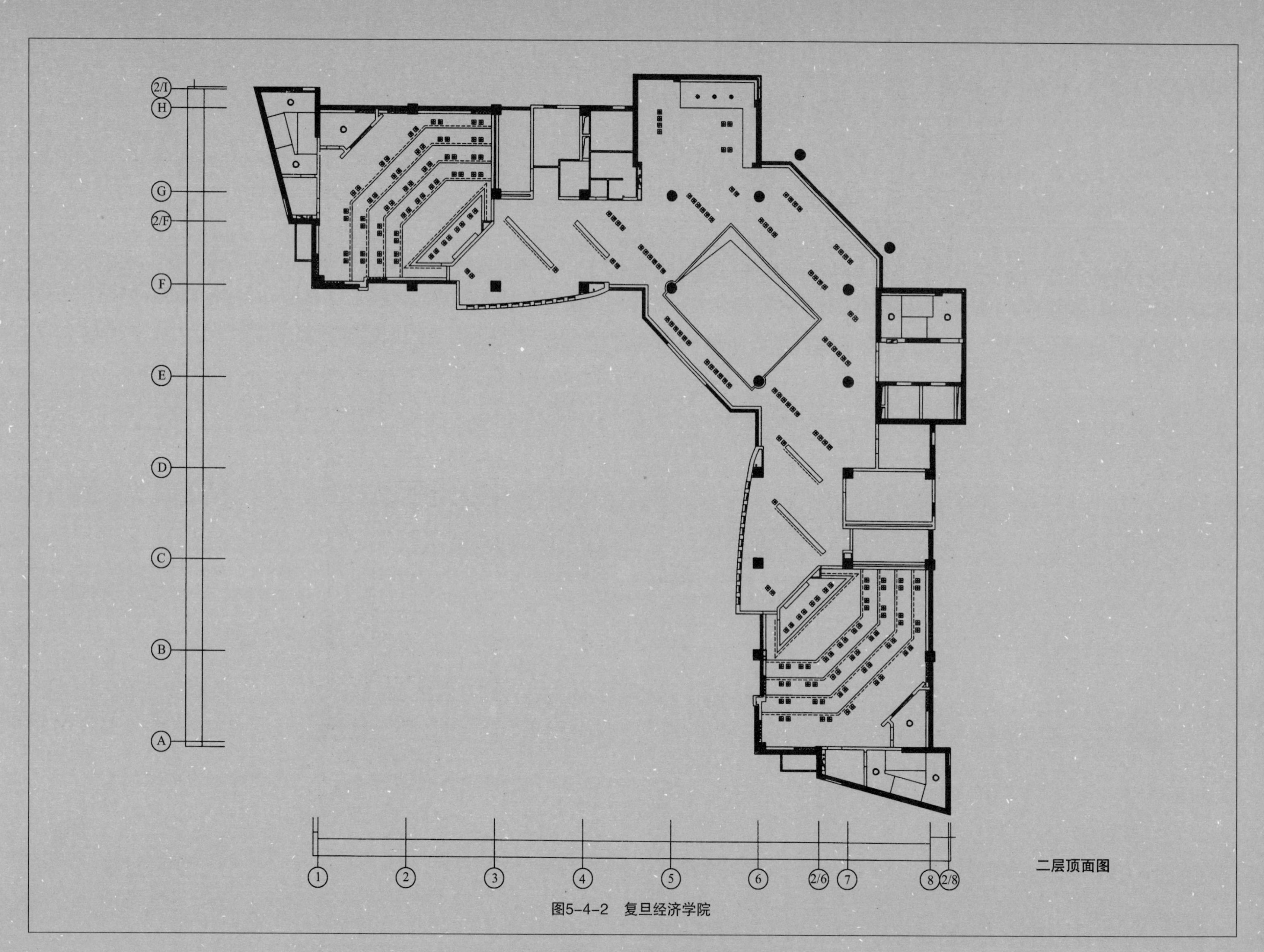

图5-4-2　复旦经济学院

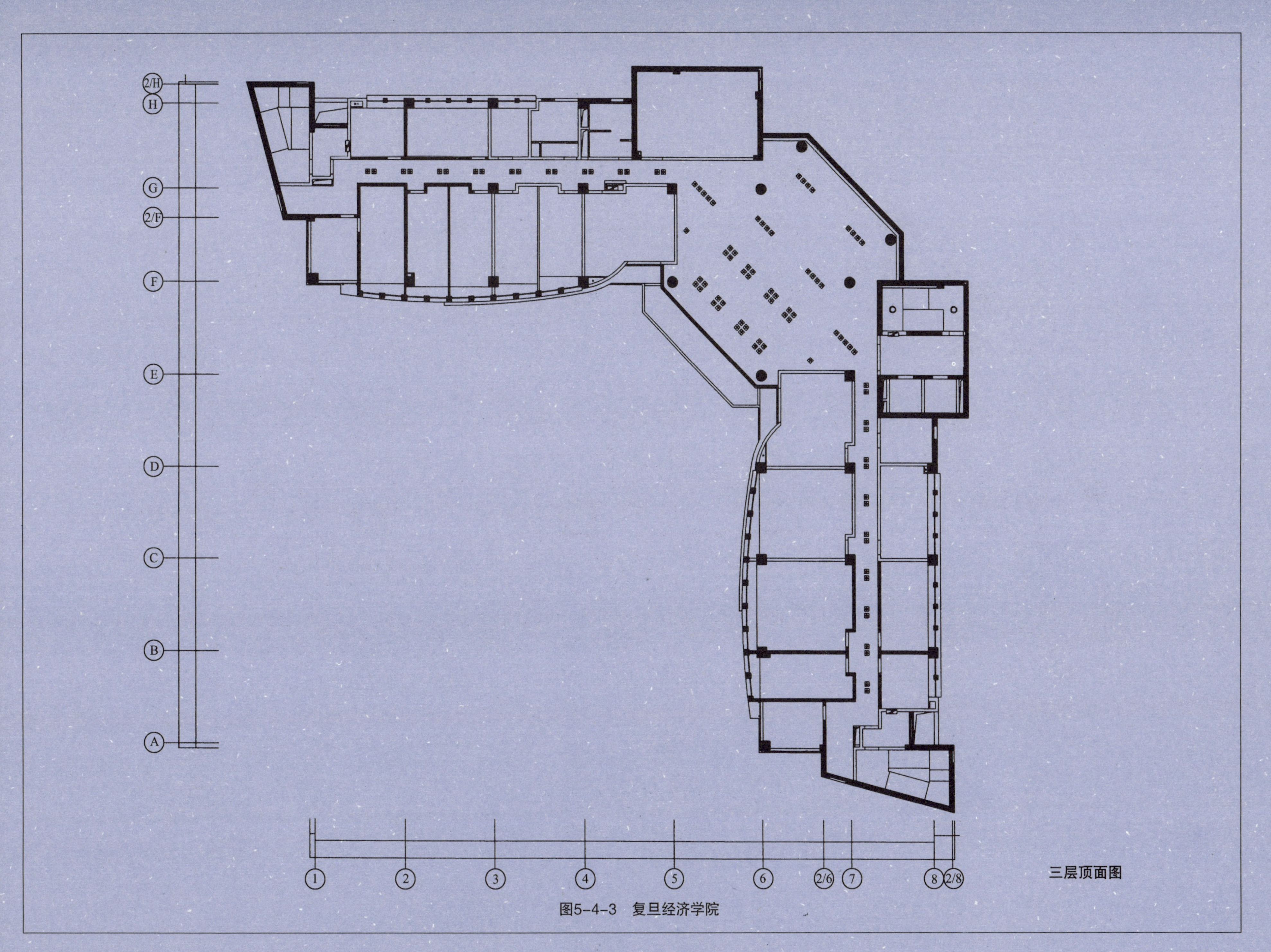

图5-4-3　复旦经济学院

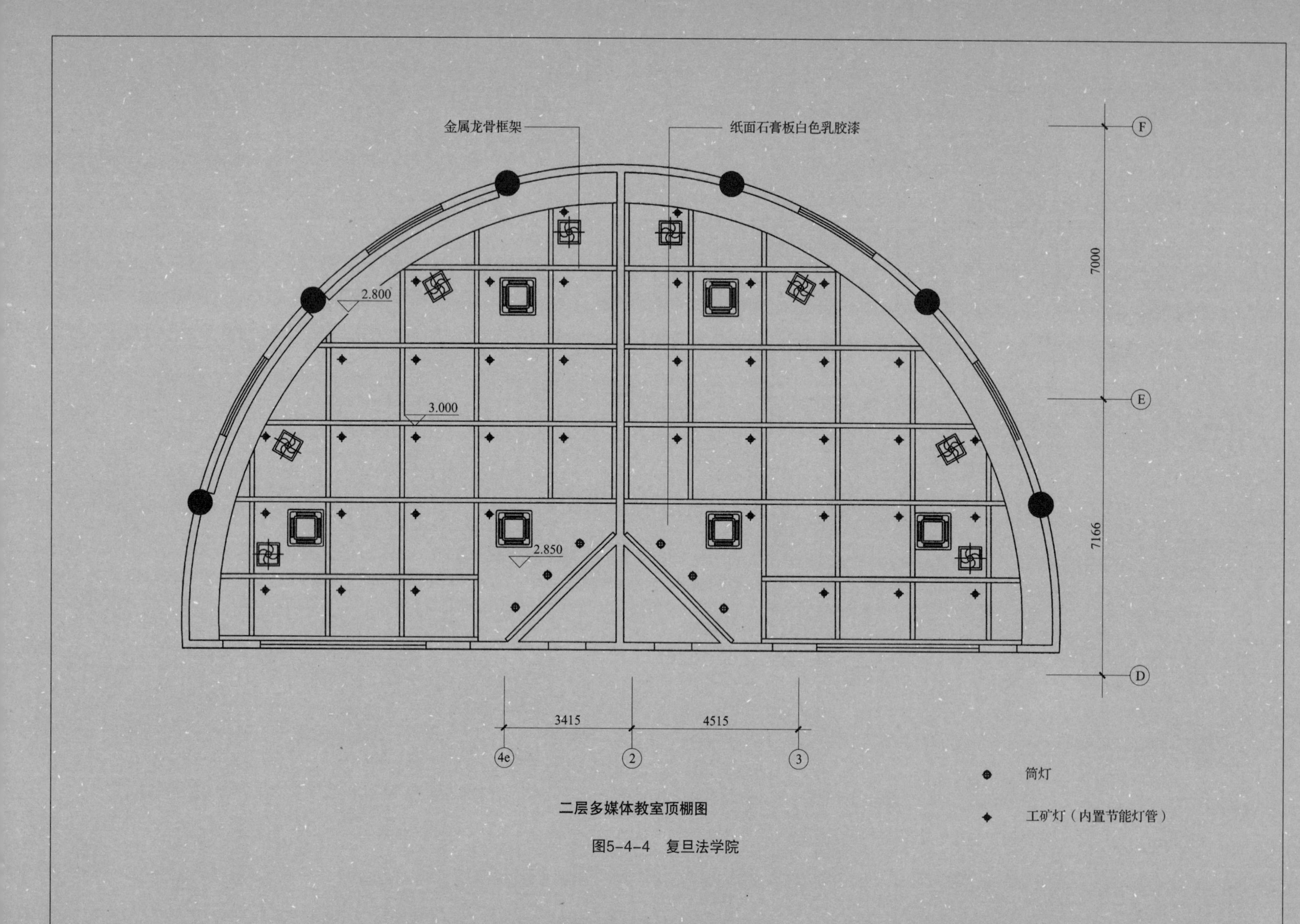

二层多媒体教室顶棚图

图5-4-4　复旦法学院

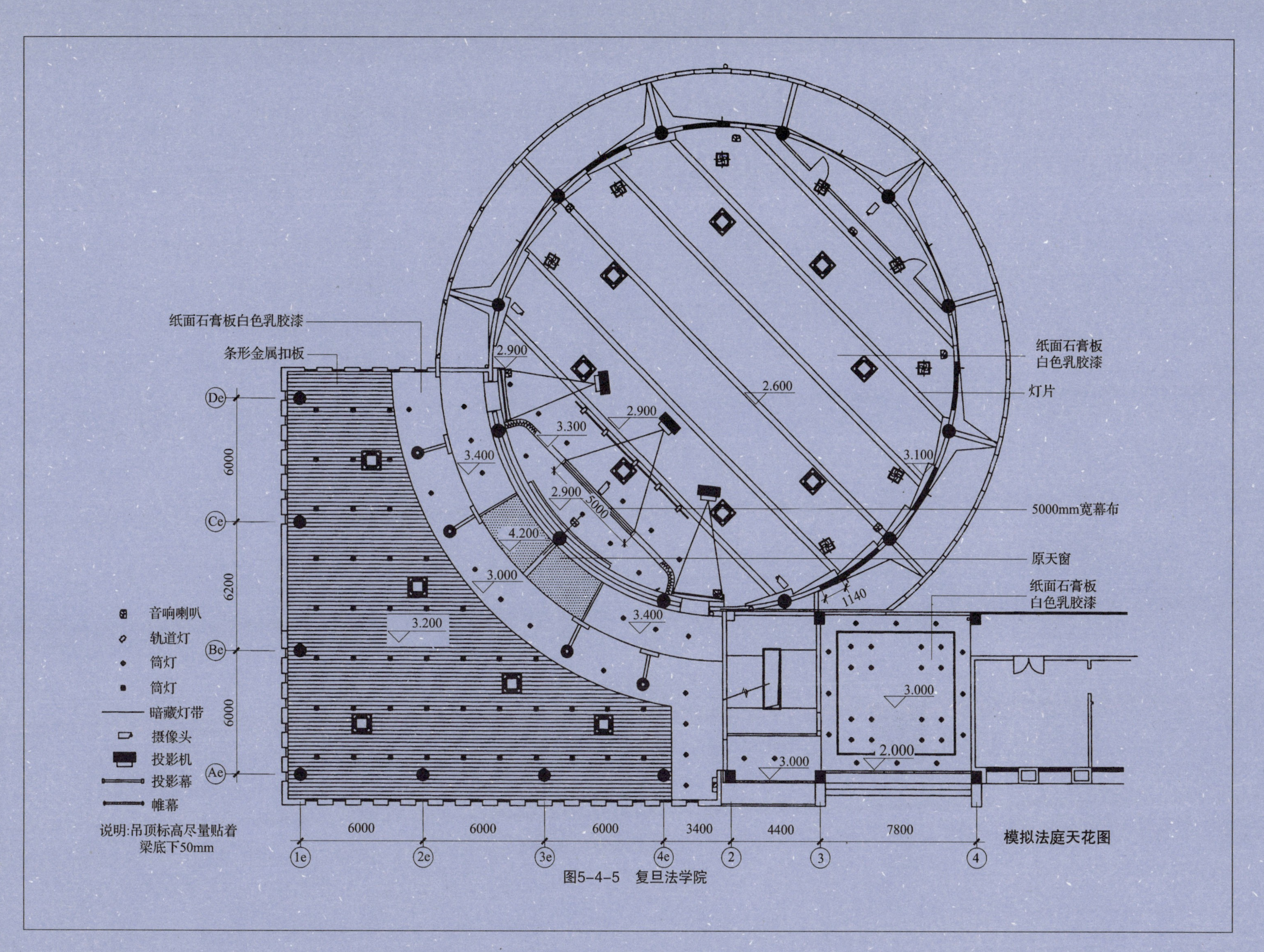
纸面石膏板白色乳胶漆
条形金属扣板
纸面石膏板
白色乳胶漆
灯片
5000mm宽幕布
原天窗
纸面石膏板
白色乳胶漆
音响喇叭
轨道灯
筒灯
筒灯
暗藏灯带
摄像头
投影机
投影幕
帷幕
说明:吊顶标高尽量贴着
梁底下50mm
模拟法庭天花图
2.900
2.600
3.300
3.400
3.100
4.200
3.000
3.200
2.000
1140
5000
6000
6200
3400
4400
7800
De
Ce
Be
Ae
1e
2e
3e
4e
2
3
4

图5-4-5　复旦法学院

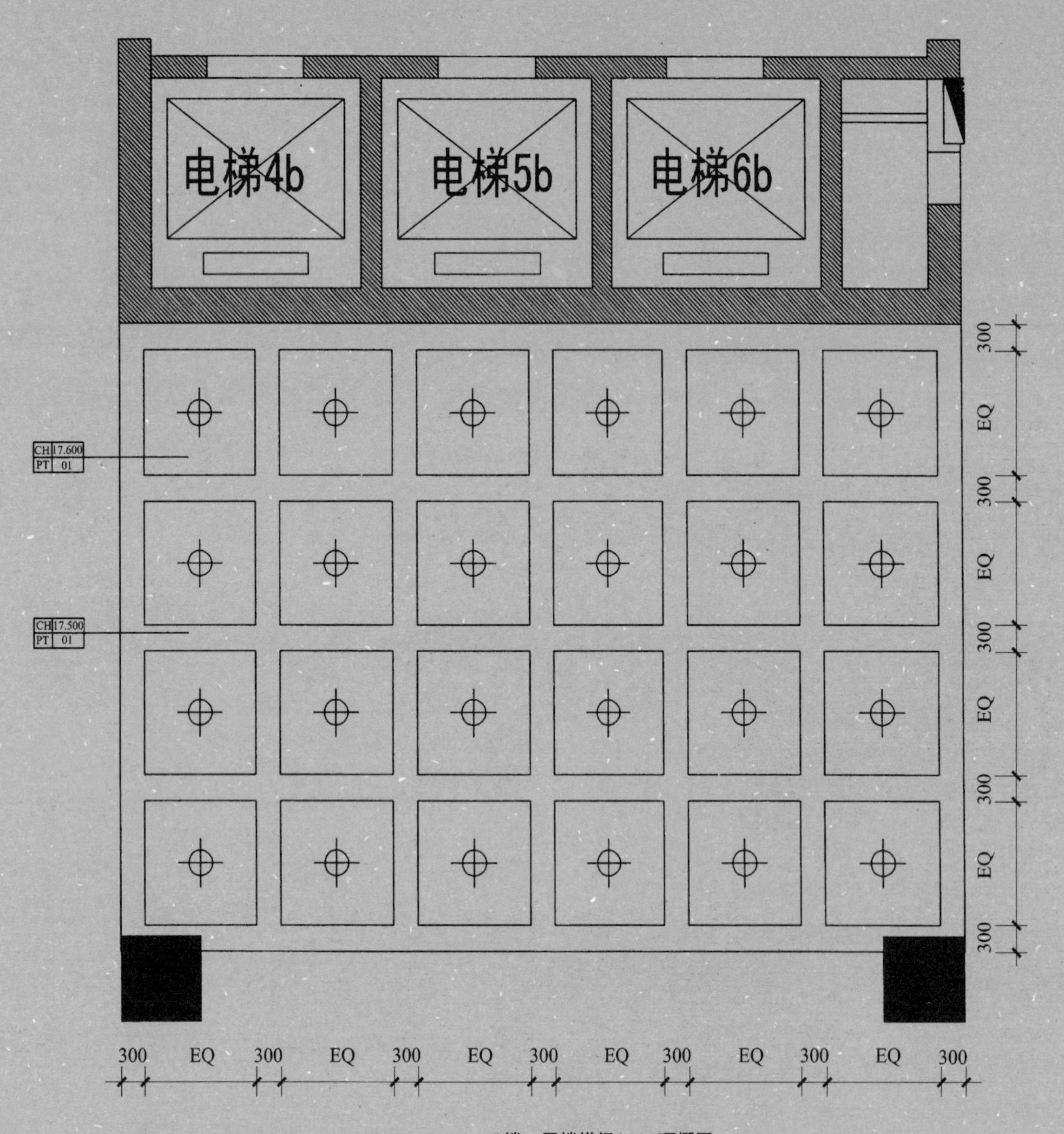

A楼一层楼梯间A106顶棚图

图5-4-6 复旦光华楼

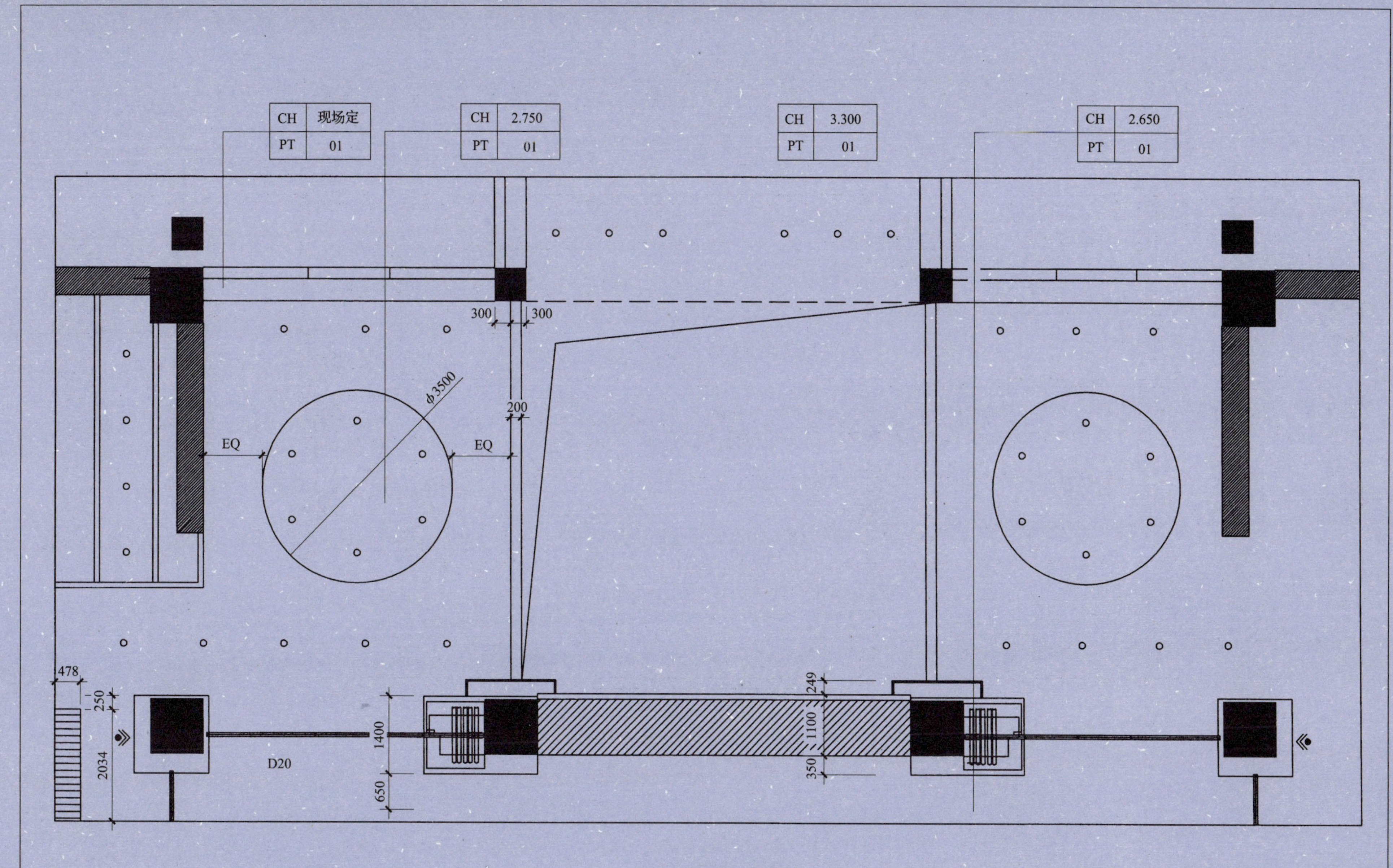

A楼一层局部顶棚图

图5-4-7 复旦光华楼

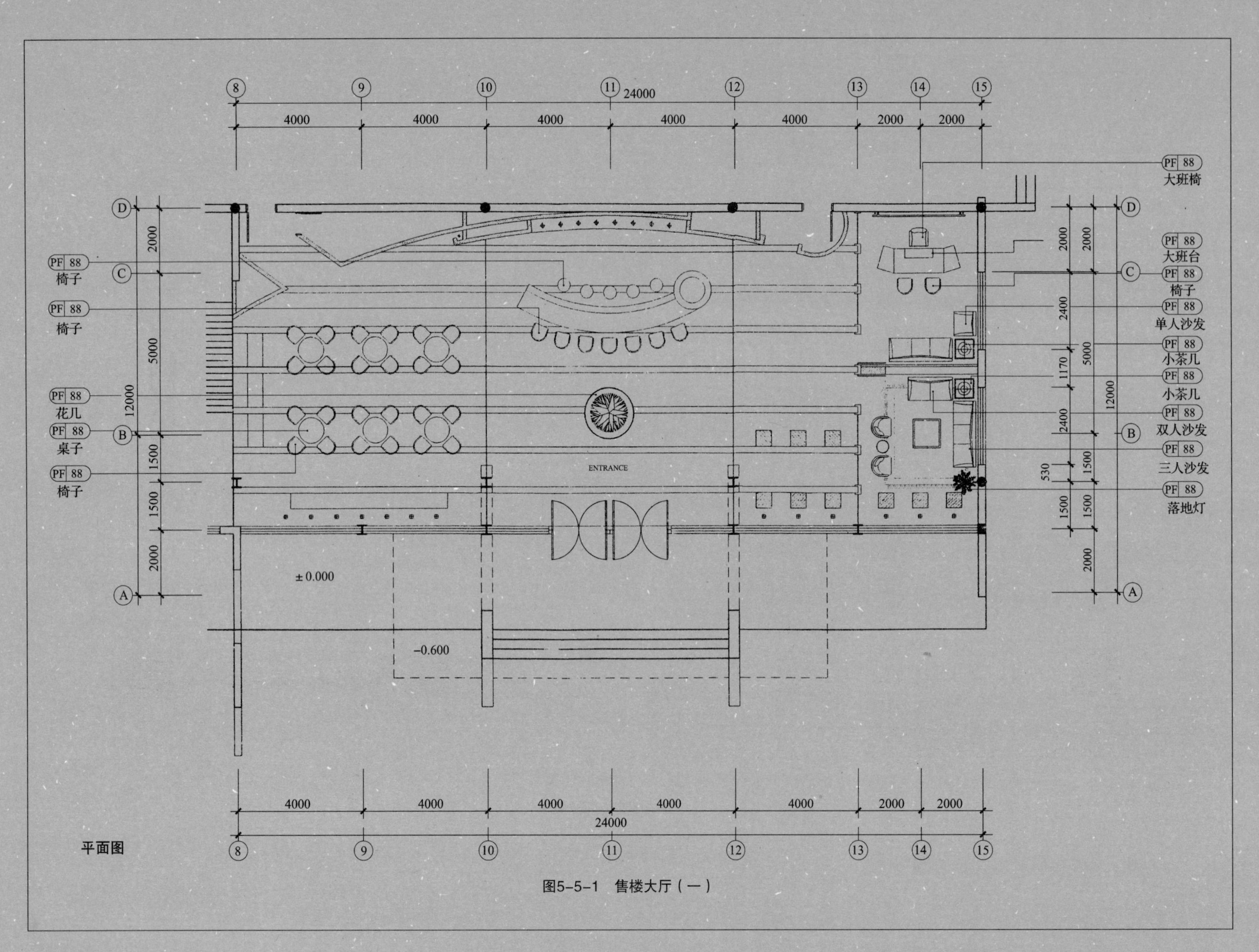
24000
4000
2000
PF 88
大班椅
大班台
椅子
单人沙发
小茶几
花儿
双人沙发
桌子
三人沙发
落地灯
ENTRANCE
±0.000
-0.600
5000
12000
2400
1170
1500
530
平面图

图5-5-1　售楼大厅（一）

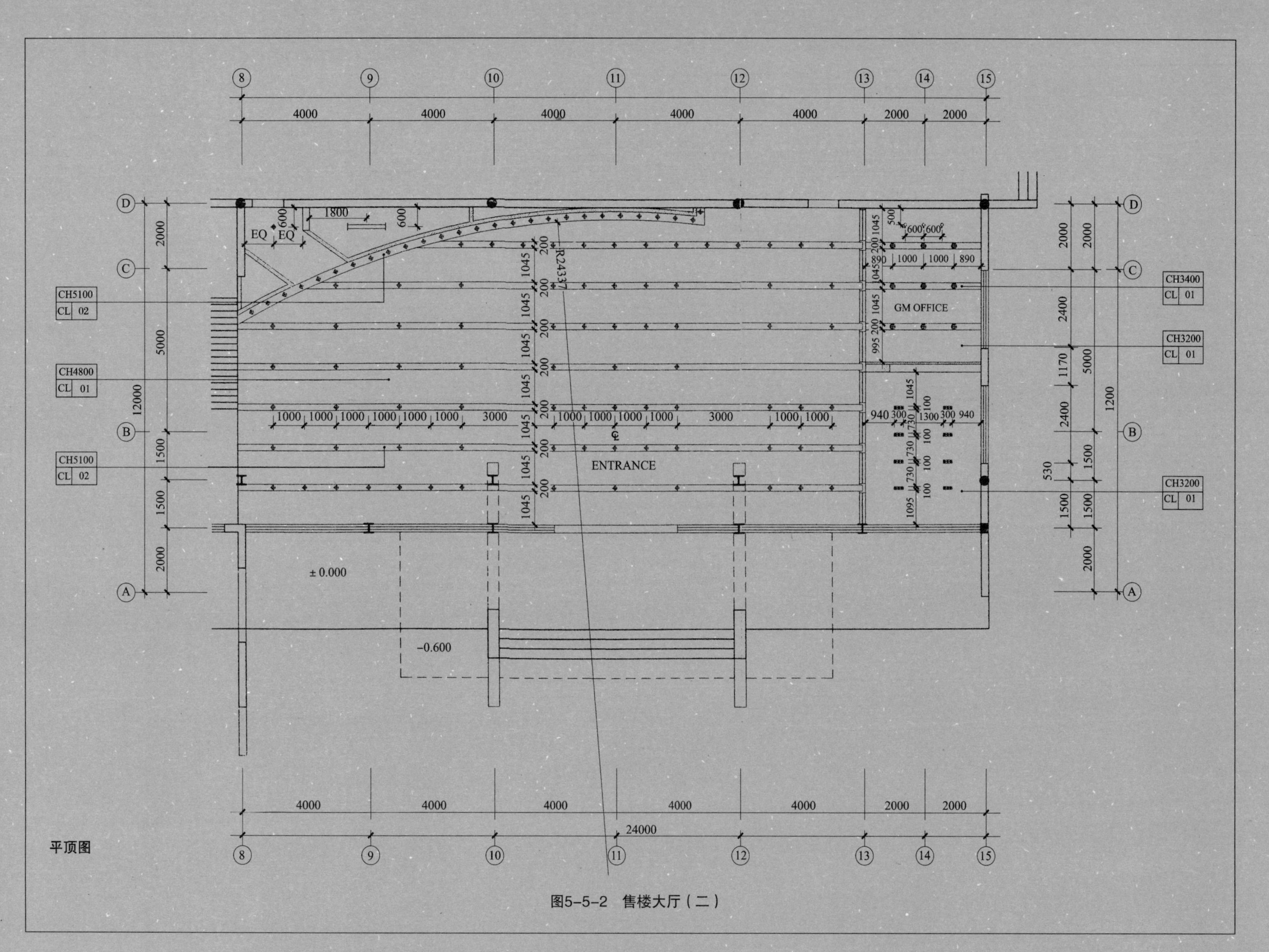
CH5100
CL 02
CH4800
CL 01
CH5100
CL 02
CH3400
CL 01
CH3200
CL 01
CH3200
CL 01
GM OFFICE
ENTRANCE
R24337
± 0.000
-0.600
24000
平顶图

图5-5-2 售楼大厅（二）

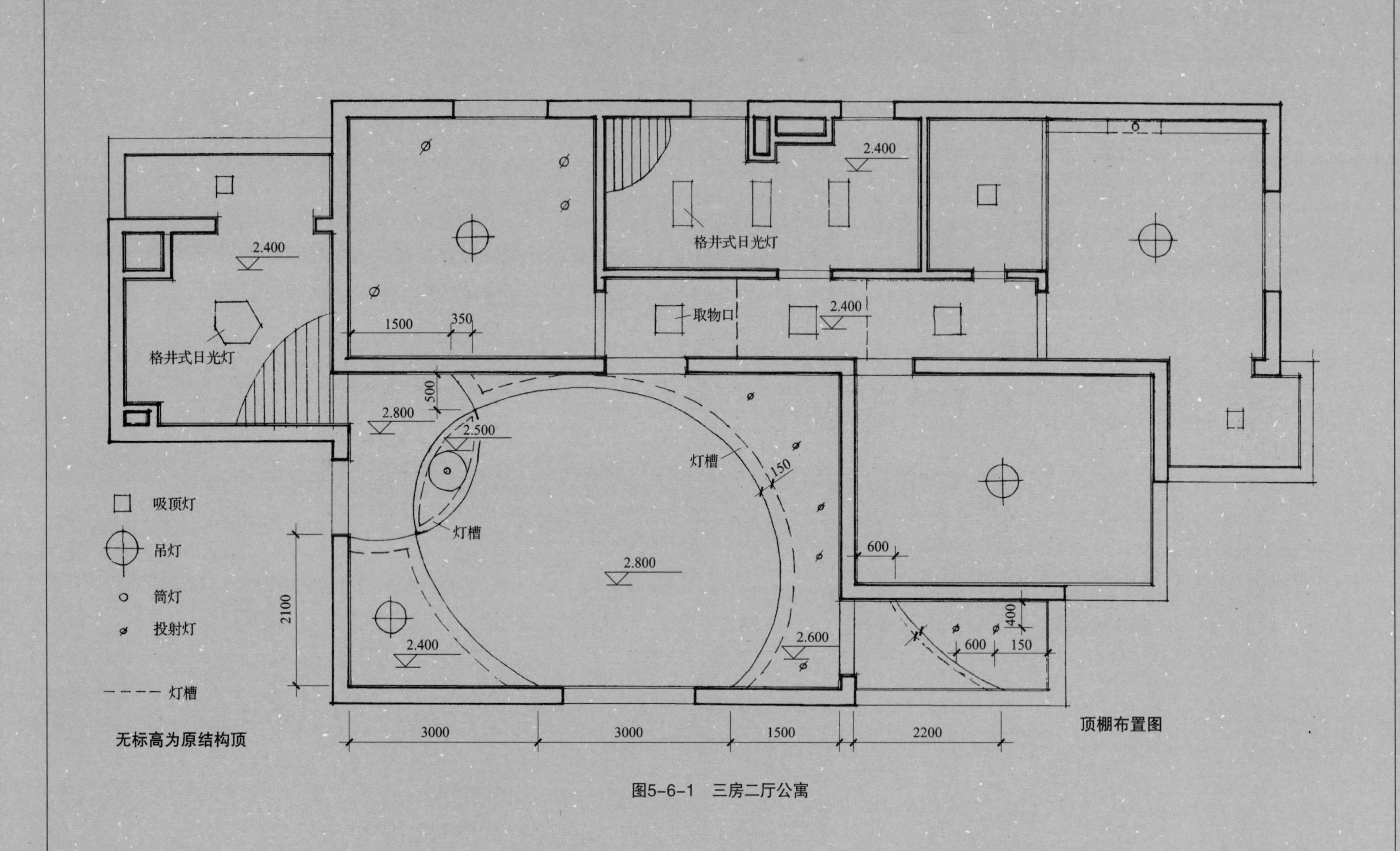
2.400
格井式日光灯
2.400
格井式日光灯
1500
350
取物口
2.400
500
2.800
2.500
灯槽
150
灯槽
600
2.800
400
600
150
2100
2.400
2.600
吸顶灯
吊灯
筒灯
投射灯
灯槽
无标高为原结构顶
3000
3000
1500
2200
顶棚布置图

图5-6-1　三房二厅公寓

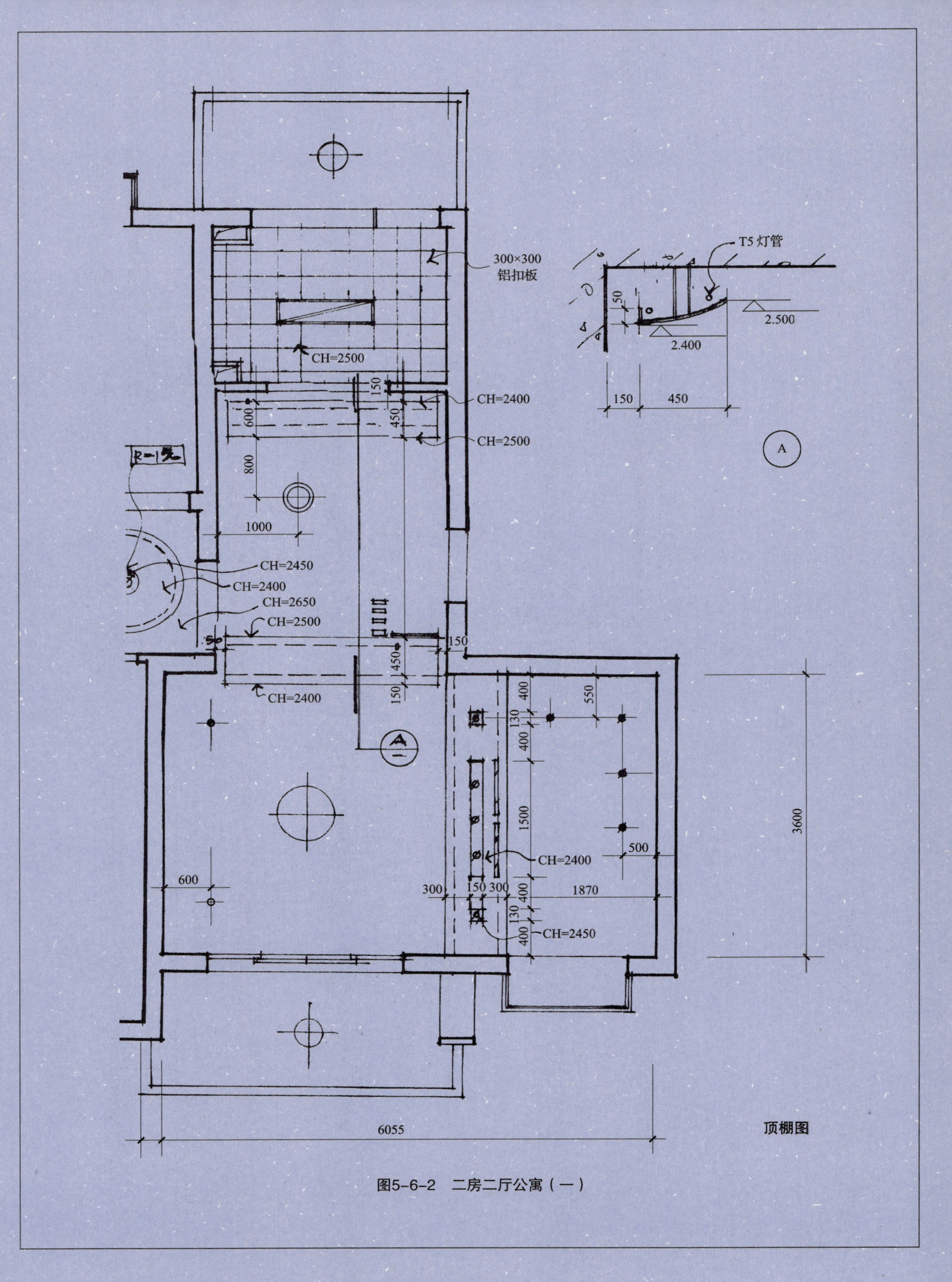

图5-6-2 二房二厅公寓（一）

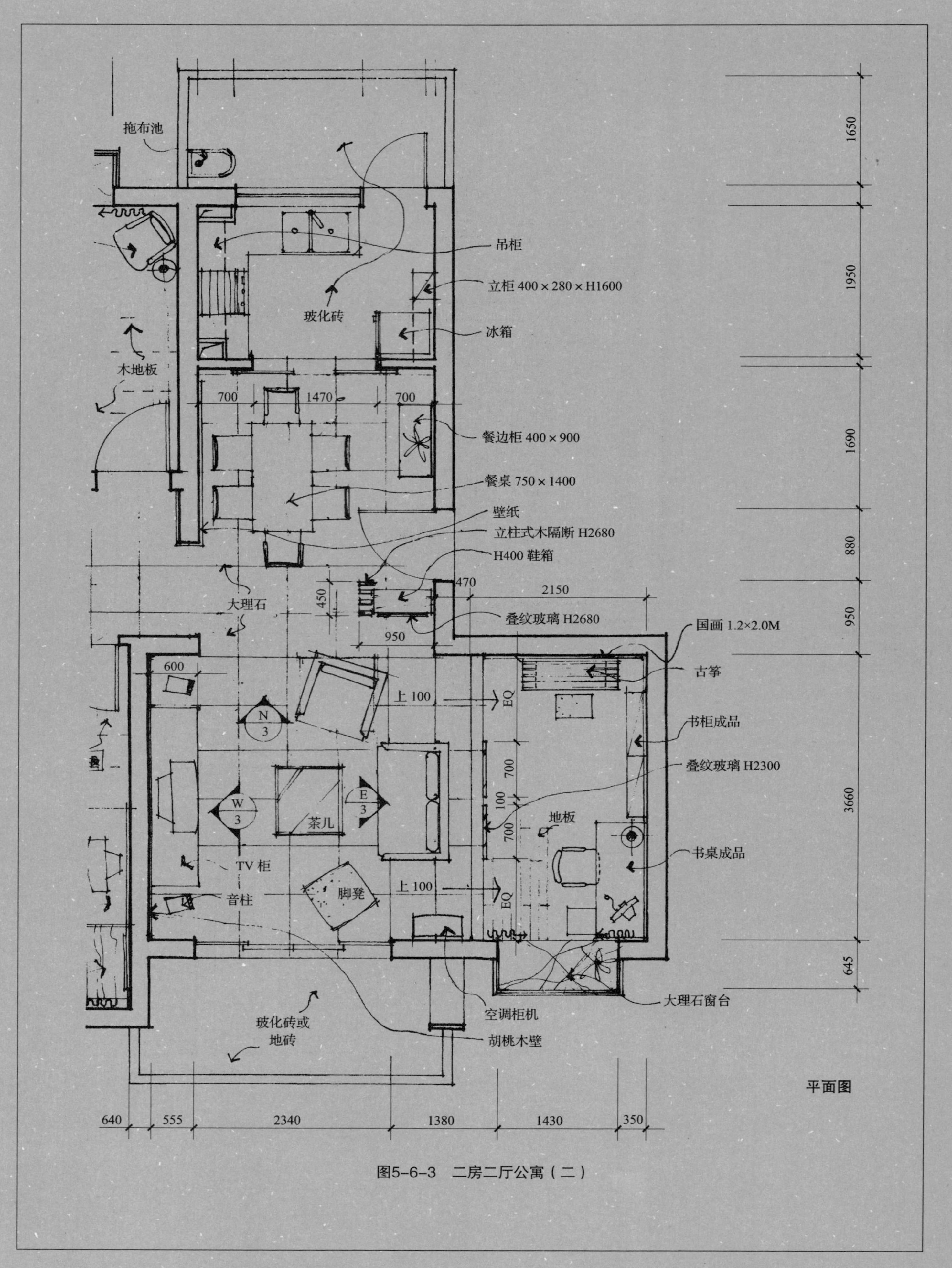

图5-6-3　二房二厅公寓（二）

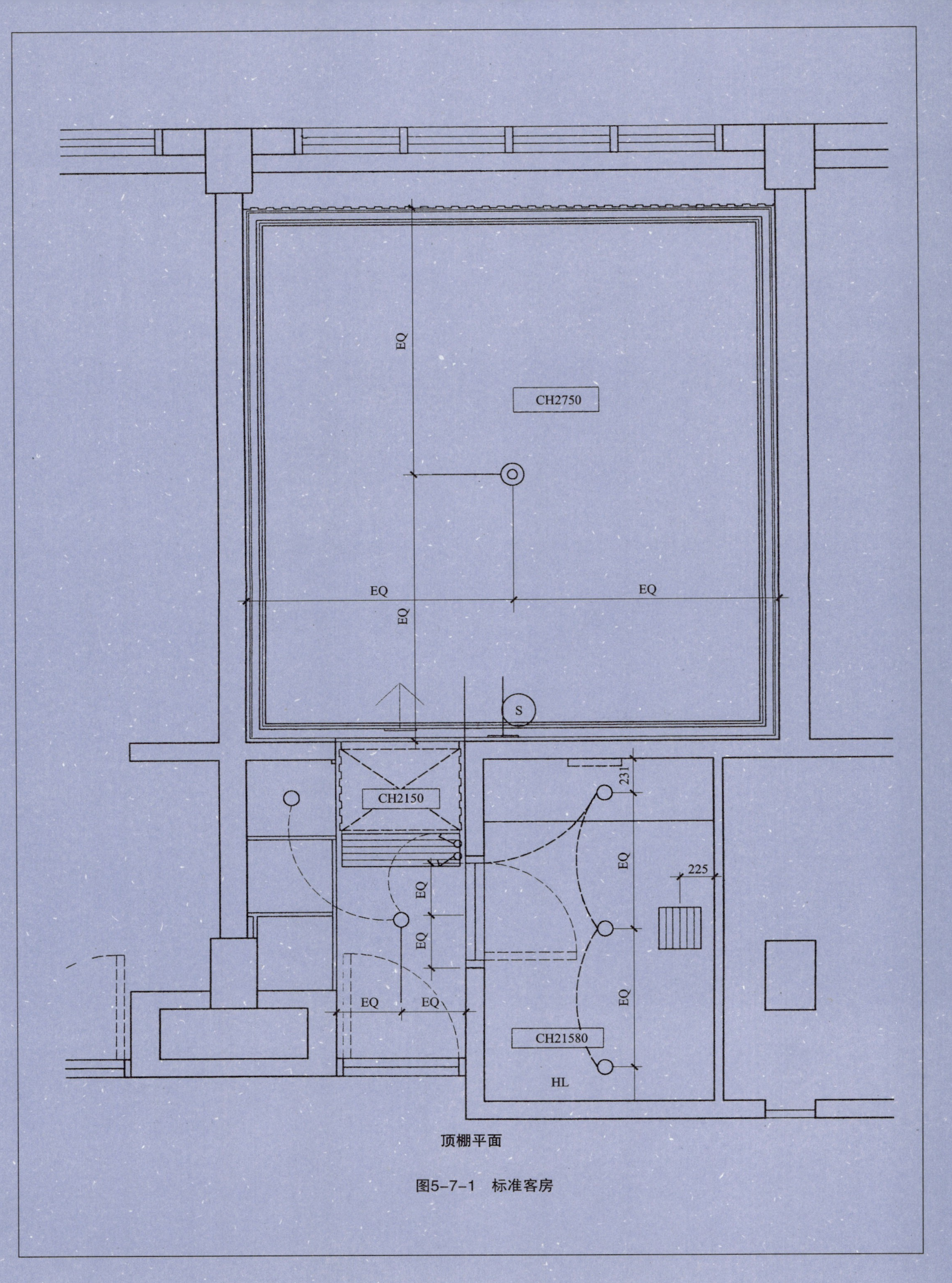

顶棚平面

图5-7-1　标准客房

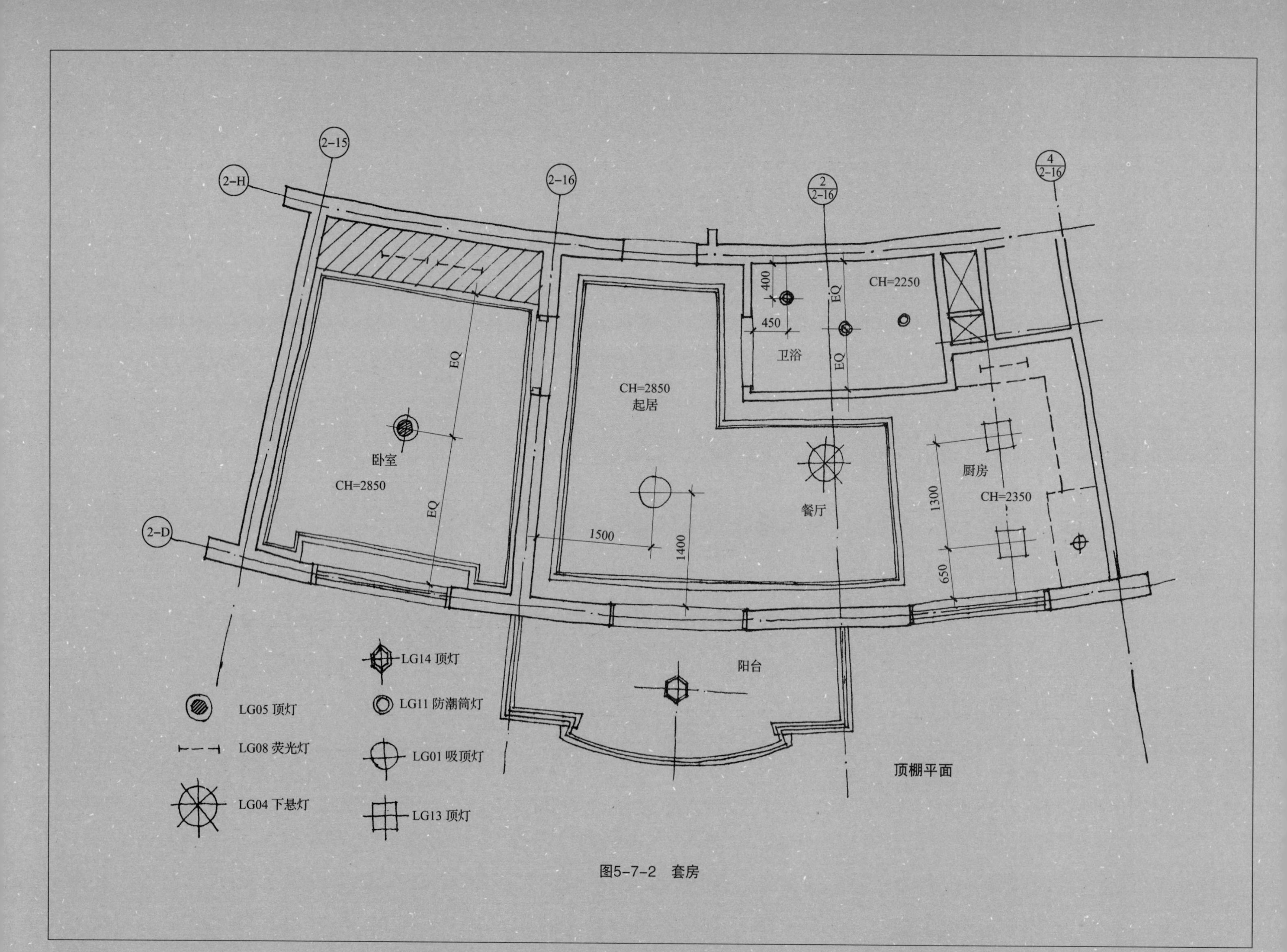
2–15
2–H
2–16
2
2–16
4
2–16
400
450
CH=2250
EQ
卫浴
EQ
CH=2850
起居
EQ
卧室
CH=2850
EQ
厨房
CH=2350
1300
餐厅
2–D
1500
1400
650
阳台
LG14 顶灯
LG05 顶灯
LG11 防潮筒灯
LG08 荧光灯
LG01 吸顶灯
顶棚平面
LG04 下悬灯
LG13 顶灯

图5-7-2 套房

主要参考书目

刘大可，中国古建筑瓦石营法．北京：中国建筑工业出版社，1993.
（英）埃米莉·科尔．世界建筑经典图鉴．上海：上海人民美术出版社，2003.
楼庆西．中国古建筑二十讲，北京：生活·读书·新知三联书店，2001.
陈志华．外国古建筑二十讲．北京：生活·读书·新知三联书店，2002.
《中国建筑史》编写组．中国建筑史．北京：中国建筑工业出版社，1986.
清华大学陈志华．外国建筑史（第二版）．北京：中国建筑工业出版社，1997.
同济大学、清华大学南京工学院、天津大学等．外国近代建筑史．北京：中国建筑工业出版社，1982.
（美）弗郎西斯·D·K 饮钦．建筑形式·空间和秩序．北京：中国建筑工业出版社，1987．国家建筑标准设计参考图．
变形缝建筑构造（三）04CJ01—3．北京：中国建筑标准设计研究院，2004-1-1.
内装修（2003 合订本）J502—1 ~ 3．北京：中国建筑标准设计研究院，2003-12-1.
室内设计与装修．南京：《室内》杂志社，2005，2006，2007.
陈同滨、英东、越乡．中国古典建筑室内装饰图集．北京：今日中国出版社，1995.
宗国栋、陆涛．世界建筑艺术图集．北京：中国建筑工业出版社，1992.
张绮曼．室内设计经典集．北京：中国建筑工业出版社，1994.